高品質軟體文件

持續分享技術與知識

Living Documentation

目錄

Chapter 2 行為驅動開發即為實例規格 53

Chapter 3 知識利用 69

Chapter 6 文件自動化 155

Chapter 11 超越文件：活設計 319

Chapter 12 活架構文件 345

Chapter 13 新環境導入活文件 381

Chapter 14 製作舊應用程式的文件 405

Chapter 15 額外收錄：醒目的文件 419

致謝

首先要特別感謝正式審稿人 Rebecca Wirfs-Brock、Steve Hayes、Woody Zuill 很快的檢視原稿，幫助內容的改善與組織的更好。

感謝 Pearson 的團隊，很幸運經常與開發編輯 Chris Zahn 合作、領導整個出版程序的 Mark Taub、文案編輯 Kitty Wilson、專案過程中與 Tonya Simpson 合作愉快。還要感謝執行編輯 Chris Guzikowski 於 2016 年在 Pearson 簽下這本書。

本書的靈感來自我很尊敬的人。Dan North、Chris Matts、Liz Keogh 發展出稱為行為驅動開發（behavioral driven development，BDD）的做法，這是製作有效文件的最佳範例之一。Eric Evans 在他的 *Domain-Driven Design* 中提出許多後來啟發 BDD 的想法。Gojko Adzic 在他的 *Specification by Example* 提出 *living documentation* 一詞。我在這本書中列舉這些想法並推廣至軟體專案的其他方面。DDD 強調思維隨著專案演進，它的支持者提出領域模型與程式碼的統一。同樣的，本書建議統一專案製作物與文件。

此動作模式與 Ward Cunningham 和 Kent Beck 等作者顯示出，參考已經出版或發表於 Pattern Languages of Programs（PLoP）的模式能製作更好的文件。

Pragmatic Programmers 系列、Martin Fowler、Ade Oshyneye、Andreas Rüping、Simon Brown 與其他作者呈現如何製作更好的文件的智慧。Rinat Abdulin 首先創造 living diagram 一詞。感謝你們！

感謝 Eric Evans 的討論與建議。

還要感謝 Brian Marick 分享他的視覺化工作成果。Vaughn Vernon 與 Sandro Mancuso 關於寫書的討論鼓舞了我並給我很多幫助，謝了！

有些討論比其他討論重要；特別是產生新想法、更加認識或令人驚喜的討論。感謝 George Dinwiddie、Paul Rayner、Jeremie Chassaing、Arnauld Loyer、Romeu Moura 的討論與經驗分享。

寫這本書的過程中，我盡量尋求想法與意見，特別是在軟體開發研討會中的開放討論環節。Maxime Sanglan 與 Franziska Sauerwein 給了我鼓勵。謝謝 Franzi 與 Max！我想要感謝所有在研討會內外以及 Meetup Software Craftsmanship Paris 的圓桌會議與多場 Jams of Code at Arolla 中與我討論的人，例如 Agile France、Socrates Germany、Socrates France、Codefreeze Finland。

我有時在研討會演講，但總是討論業界已經廣泛採用的做法。我也測試各類聽眾對活文件等更新穎的內容的看法，感謝第一批冒險接受這個主題的研討會：NCrafts in Paris、Domain-Driven Design eXchange in London、Bdx.io in Bordeaux、ITAKE Bucharest。感謝讓我上台嘗試第一版。各種回饋意見產生的啟發對這本書很有幫助。

我很幸運在 Arolla 有一群熱情的同儕；感謝你們的貢獻與當我的聽眾，特別是 Fabien Maury、Romeu Moura、Arnauld Loyer、Yvan Vu、Somkiane Vongnoukoun。Somkiane 建議加入故事讓文字不會“無聊”，這是改善本書最好的主意之一。感謝 SGCIB 的 Craftsmanship 中心的餐會與讓軟體製作更好的熱情。特別要感謝本書中多次提到的 Gilles Philippart 提供的想法，還有 Bruno Boucard 與 Thomas Pierrain。

也要感謝 Clémo Charnay 與 Alexandre Pavillon 在 SGCIB 資訊系統進行的實驗以及 Bruno Dupuis 與 James Kouthon 幫助實現。許多想法在我曾經工作過的公司嘗試過：SGCIB、Sungard Asset Management、Swapstream、CME 等。

感謝 Café Loustic 的咖啡師。它是作者最好的工作場所，很多章節在那裡靠 Caffenation 的衣索比亞咖啡寫成。感謝爸媽鼓勵自由精神。最後，感謝妻子 Yunshan 在寫作期間的鼓勵，你讓寫書體驗很愉快，謝謝你的圖畫！ Chérie，你的支持很重要，我想要以你幫助這本書的方式回報你的專案。

關於作者

Cyrille Martraire（Twitter 帳號 @cyriux）是 Arolla（Twitter 帳號 @ArollaFr）的 CTO、共同創辦人、合夥人，Paris Software Crafters 的創辦人、國際性研討會的講者。Cyrille 自稱是開發者，從 1999 年開始作為員工與顧問，為新創公司、軟體廠商、企業設計軟體。

他參與以及領導過多個重大專案，大部分是金融財務業，包括完全重寫交易所的利率計算，通常都是從糟糕的大型舊系統開始。

他對軟體設計各方面都有熱情：測試驅動開發、行為驅動開發、特別是領域驅動開發。

Cyrille 與妻兒 Yunshan、Norbert、Gustave 在巴黎生活。

前言

我從未計劃寫關於文件製作的書，也不覺得這個主題值得寫一本書。

很久以前我有個雄偉的夢想，打算製作能了解程式設計時的設計決策的工具。多年間我花很多閒暇時間嘗試建立這樣一個框架，最後發現非常難建立一個適合所有人的框架。但我還是在嘗試了對這個專案有任何幫助的想法。

2013 年我在 Øredev 談重構規格，最後提到我過去嘗試過的一些想法，意外的是我收到很多關於活文件想法的熱情回饋。此時我認識到有需要更好的製作文件方法。然後我又做了幾次同樣的演講，持續有關於文件製作、改善方法、實時自動化製作的回饋。

活文件（*living documentation*）一詞出自 Gojko Adzic 的 *Specification by Example* 一書，是實例規格的許多好處之一。但活文件這個名字不只適用於規格而已。

我對活文件有許多想法可以分享。我列出曾經嘗試過以及相關的東西。更多想法來自其他人——實際認識以及只在 Twitter 認識的人。隨著想法的累積，我決定寫一本書。相較於提供現成的框架，我認為書更能幫助你建立快速且自定的方案來製作你自己的活文件。

本書主題

活文件的想法出自於 *Specification by Example* 一書，描述寫文件的行為範例可提升為自動化測試。你知道測試失敗時文件就不再與程式碼一致，而你可以很快的修改。這個想法顯示出能夠製作有效且不會在寫完就過期的文件。我們還可以讓這個想法更進一步。

這本書擴展 Gojko 關於活文件的想法，讓文件從專案的業務目標、業務領域知識、架構與設計、程序、部署等各方面隨著程式碼演進。

這本書結合理論與實務，包含圖表與範例。你會認識到如何以良好的製作物以及合理的自動化投資，於會更新且成本最小的文件製作。

你會發現無需在可用軟體與大量文件間做選擇！

本書讀者

這本書主要是為了開發者或不怕原始碼控制系統中的程式碼的人。它以程式碼為中心，適合開發者、程式設計架構設計師、懂程式的資深角色。它也以修改原始碼並提交給原始碼控制系統的軟體開發者的觀點，討論業務分析與經理人等其他利益關係人的需求。

這本書不討論使用者文件的製作。寫使用者文件需要技術性寫作等特定技巧，而這絕對不是本書的主題。

如何閱讀本書

這本書的主題是活文件，以相關主題模式展開。每個模式的內容可獨立閱讀，但建議同時閱讀相關模式以充分認識各個模式的適用背景。本書網站有展示模式關係圖。

本書內容安排從管理知識問題開始，然後是 BDD 的啟示、一些初步理論、不同步調的知識變化與相對應的文件製作技術。接下來的內容專注於架構與舊系統上的應用，以及如何在你的環境中引進活文件。

建議從第 1 章開始，並在開始討論一般實務技術的第 5 章到第 9 章前先掌握第 3 章與第 4 章的重要概念。然後以第 10 章轉換觀點。第 11 章到第 15 章討論特定主題並提供額外範例。

有些讀者喜歡從第一頁讀到最後一頁；但也可以掃過、細讀、或隨意翻閱。

本書內容

第 1 章“重新思考文件”從第一原理檢視文件製作，提供後續章節的基礎。

第 2 章“行為驅動開發即為實例規格”說明 BDD 如何啟發活文件，但 BDD 本身並非本書的主題。

第 3 章“知識利用”與第 4 章“知識增強”為其他實踐奠基，特別是討論擷取知識並補漏增強。

第 5 章“有效整理展示：識別權威知識”展示如何透過整理與展示將知識轉換成有用的東西，並接受認同知識的持續變化。

第 6 章“文件自動化”將知識隨著改變的節奏化為文件與圖表。

第 7 章“執行即為文件”擴展前一章，討論如何運用執行時才能取得的資訊。

第 8 章“可重構文件製作”以程式碼為中心並專注於以開發工具輔助更新文件。

第 9 章“穩定的文件”討論不會改變而無需活文件技術的知識與這種知識的文件製作方法。

第 10 章“避免傳統文件”採取更激進的觀點，專注於文件紀錄的替代方案。

透過設計改善文件製作後，第 11 章“超越文件：活設計”採取另一種觀點：專注於文件製作如何幫助你改善設計本身。

第 12 章“活架構文件”將活文件應用於軟體架構並討論特定技術。

第 13 章“新環境導入活文件”指導如何對你的環境引進活文件，主要是人際挑戰。

由於我們身旁都是舊系統，第 14 章“製作舊應用程式的文件”以處理舊系統挑戰的特定模式終結。

附贈的第 15 章“額外收錄：醒目的文件”提出讓推動活文件更有效的實務建議。

Chapter 1

重新思考文件

忘掉文件。相反的，專注於軟體開發的速度。你想要更快的交付軟體。不只是讓現在加快，還要長期持續維持速度。不只是讓你加快，還要讓整個團隊或公司加快。

讓軟體開發更快不只涉及高生產力程式語言與框架、更好的工具、更高水準的技能，但業界在這些方面做出越多進步，我們就必須越檢查其他瓶頸。

除了利用科技外，寫軟體更多是關於基於知識的決策。沒有足夠的知識時，你必須透過實驗學習並與他人合作發現新知識。這需要時間，同時也表示知識的代價與價值很高。變快在於需要新知識時學得更快或快速發現以前的有用知識。讓我們用一個小故事説明。

活文件傳奇

故事是這樣的。有個開發新應用程式的軟體專案是公司資訊系統的一部分。你是此專案的開發者。你的任務是新增一種老客戶折扣。

為什麼要這個功能？

你與行銷團隊的 Franck 與測試者 Lisa 開會討論新功能、提問、找使用案例。Lisa 問：“為什麼要這個功能？”。Franck 解釋是因為要獎勵老客戶以遊戲化方式提升回購率並推薦維基百科的條目。Lisa 在筆記寫下討論要點與主要場景。

討論進行的很快，因為大家面對面溝通。還有，案例很容易理解且之前不清楚的地方也釐清了。全部清楚後，各自回到自己的座位。這次輪到 Lisa 寫紀錄並發給所有人（上一次輪到 Franck）。現在你可以開始寫程式。

你之前的工作程序不是這樣。團隊間透過難以閱讀、含糊的文件溝通。你笑了。你很快的將第一個場景寫成自動化測試、看著它失敗、開始寫讓它通過的程式碼。

你很高興的覺得你寶貴的時間沒有浪費而是花在重要的事情上。

接下來就不再需要這個草圖

當天下午，同事 Georges 與 Esther 問了一些必須做的設計決策。你們在白板前開會並快速的評估所有選項。此時不需要動用 UML [1]，只需要畫一些方塊與箭頭。你想要確保每個人都懂了。幾分鐘後選出一個解決方案。計劃是在訊息系統中使用兩種不同的主題；這麼做是因為必須分離訂單與出貨請求。

Esther 用手機將白板拍下來以防被擦掉，但她知道半天後就會實作出來，然後可以安全的從手機中刪除照片。一小時後，她在提交新訊息主題時加註原因為“分離訂單與出貨請求”。

隔天，前一天請假的 Dragos 注意到新程式碼並產生疑問。他執行 `git blame` 並立即得到答案。

抱歉，我們沒有行銷文件！

一週後，新來的行銷經理 Michelle 取代了 Franck。Michelle 比 Franck 更注重顧客回購率。她想要知道應用程式中已經做了哪些顧客回購率有關的功能，所以她查了行銷文件並很驚訝什麼都沒有寫。

1 統一模型語言，Unified Modeling Language: http://www.uml.org/

她叫道："不可能！"。但你馬上打開驗收測試紀錄給她看。她搜尋"顧客回購率"並檢視結果：

```
1  為了增加顧客回購率
2  身為一個行銷人
3  我想要提供忠實顧客折扣
4
5      情境：忠實顧客下次購買時折抵 10 元
6      ...
7
8      情境：忠實顧客上一週購買 3 次
9      ...
```

搜尋結果顯示很多給忠實顧客的特殊折扣情境。Michelle 笑了。她甚至不用查行銷文件也會得到這個知識。這些情境的正確程度超過她的預期。

Michelle 問："能不能歐元也做這種折扣？"。你回答："我不太熟悉外幣部分，但我們可以試試看 "。你從 IDE [2] 改變測試的幣別並再次執行測試。失敗，因此你知道需要改程式碼才能處理外幣。Michelle 馬上得到答案。她覺得你的團隊跟她以前遇到的不太一樣。

你一直用這個詞，但它不是這個意思

次日 Michelle 有另一個問題：購買與訂單有什麼不同？

她通常只會要求開發者檢查程式碼並說明差別。但團隊預見到這個問題，專案網站已經列出詞彙表。她問"詞彙表有更新嗎？"。你答"有，每一次建置都自動更新"。她很驚訝。為什麼沒有每個人都這麼做？你簡短的回答："程式碼必須與業務領域一致才行"，但其實你很想引用 Eric Evans 的 *Domain-Driven Design* [3] 一書的論述。

---

2 整合開發環境（integrated development environment，IDE）。

3 Evans, Eric. Domain-*Driven Design: Tackling Complexity in the Heart of Software.* Hoboken:Addison-Wesley Professional, 2003.

Michelle 從詞彙表中找到之前沒有人發現的命名問題並提出正確名稱的建議。但事情不是這樣做的。修改詞彙表名稱首先要改程式碼。將類別重新命名並執行建置，然後詞彙表也跟著改好了。每個人都滿意，而你今天又新學到電子商務的東西。

看大局就知道哪裡出錯

現在你想要消滅兩個模組間有害的相依性，但你不熟悉全部的程式，因此你問熟悉這一塊的 Esther 要相依圖。她說："我會從程式碼產生相依圖。我一直想要這個。這需要一小時，但跑完以後就可以用"。

Esther 知道有幾個開源函式庫可以擷取類別或套件的相依性，她很快的設定好 Graphviz 來自動產生圖表。幾個小時後，她的小工具產生出相依圖。你拿到你要的東西，你很滿意。然後她花了半小時將這個工具整合進建置。

有趣的是 Esther 第一次檢視此圖表時，她注意到一個問題：某兩個模組間不應該相依。比較記憶中的概觀與系統實際跑出來的圖就很容易找出設計缺陷。

這個設計缺陷在下一個迭代中改正，而相依圖在下一個建置中自動更新。圖變得更乾淨了。

活文件的未來是現在

這個故事不是未來。它已經發生，就是現在，已經出現好幾年。引用科幻作家 William Gibson 的話："未來已至，只是還未普及"。

工具已經到了。技術已經到了。人們早就開始這麼做了，只是還未成主流。可惜了這麼好的軟體開發想法。

接下來的內容會討論上述方法以及其他方法，你會學到如何在專案中應用它們。

傳統文件製作的問題

> 文件是程式設計的瀉藥——經理人認為它對程式設計師很好，但程式設計師討厭它！
>
> ——*Gerald Weinberg*，《*Psychology of Computer Programming*》

文件製作是很悶的主題。我不知道你怎麼想，但我的經驗顯示文件製作是沮喪的重大源頭。

嘗試閱讀文件時總是找不到我要的資訊。就算找到，通常也過時或有錯，無法信任。

為他人製作文件很無聊，我情願寫程式。*但事情不一定得這樣*。

很多時候我看過、用過、聽過更好的文件製作方法。我嘗試過很多方法。我蒐集了很多故事，你會在這本書中看到一些。

有比較好的方法，但需要對文件製作採取不一樣的心態。具備這種心態與相應的技術就能讓文件製作與寫程式一樣有趣。

製作文件通常不酷

聽到*寫文件*你會想到什麼？下面是幾個可能的答案：

- 無聊。
- 寫很多文字。
- 試著在移動 Microsoft Word 中的圖片時維持心平氣和。
- 身為一個開發者，我喜歡展現行動的動態、可執行的東西。對我來說，製作文件像是一潭死水。

- 它應該要有用，但通常只導致誤會。
- 寫文件是無聊的苦差事，我不如去寫程式（見圖 1.1）！

圖 1.1 天啊…我比較想寫程式！

文件需要很多時間撰寫與維護，它很快就會過時、最好的文件也不完整、完全沒有樂趣可言。製作文件令人頭疼。給你看這麼悶的主題我也覺得抱歉。

文件製作的缺陷

> 如同劣酒，紙本文件很快老化且讓你頭疼。
>
> ——*@gojkoadzic* 的推文

傳統文件有許多缺陷與反模式。*反模式*的意思是很糟糕且應該避免的復發問題。

下面是一些最常見的文件缺陷與反模式。你的專案出現幾個？

活動分離

就算是宣稱敏捷的軟體開發專案，建置、寫程式、測試、寫文件通常是分離的活動，如圖 1.2 所示。

活動分離引發很多浪費與失去機會。基本上，各個活動都在操作相同的知識，但形式不同且製作物也不同（或許有一些重複）。此外，“相同”的知識會在過程中演進而導致不一致。

圖 1.2 軟體開發專案中的活動分離

抄錄

等到寫文件時，團隊成員選取一些完成的知識元素，並以符合受眾預期的格式抄錄。基本上，這表示以另一種文件寫出程式碼已經做過的事情，像是印刷術發明之前的抄寫員（見圖 1.3）。

圖 1.3 抄錄

重複的知識

抄錄只產生重複的知識。最終得到的還是原始材料（通常是程式碼）與各種形式的複製品。不幸的是，修改某個製作物（例如程式碼）很難記得要跟著改其他文件。結果文件很快的過時，文件最終因不完整而不可信。這種文件有什麼用？

浪費時間

經理人想要可給使用者與團隊新人看的文件。但開發者討厭寫文件。它較寫程式或任務自動化無聊。死文字很快的過時且因為不能執行而讓開發者覺得特別無聊。開發者寫文件時會希望做點真正有意義的事情。矛盾的是他們使用第三方的軟體時又特別希望有更多的文件。

寫技術文件是一份工作，但所需的知識通常來自開發者，而且通常也只是抄錄而已。這很悶且消耗很多寶貴的時間（見圖 1.4）。

圖 1.4 文件很花時間

想到什麼寫什麼

由於寫文件很無聊且不得不寫，通常是隨便寫寫而沒有深思熟慮。結果就是當時想到什麼寫什麼（見圖 1.5），這對任何人都沒有幫助。

圖 1.5 想到什麼就寫什麼的文件不一定有用

美化圖表

反模式經常出現在喜歡使用 CASE 工具的人的身上。這些工具不是用來打草稿的，它是用來製作各種大圖表佈局與檢驗模型設計。這些工作很花時間。雖然這些工具有自動佈局的功能，但就算是簡單的圖也會花太多時間。

執迷於記號法

UML 越來越不流行，但從 1997 年成為標準以後就是所有大大小小軟體的通用記號法，無論是否合適。之後沒有其他記號法這麼流行，很多團隊不管是否適合都還在用 UML 製作文件。你只知道 UML 時，所有東西看起來都是它的標準圖表。

沒有記號法

事實上，執迷記號法的反方越來越常見。許多人完全忽略 UML，用別人看不懂的自定記號法畫圖表，並隨意混合如建置相依性、資料流程、部署考量等部分。

資訊墳場

知識死在企業知識管理解決方案。以下列項目來說：

- 企業 wiki
- SharePoint
- Microsoft Office 文件
- 共用資料夾
- 搜尋功能不佳的記錄系統與 wiki

這些文件製作方法通常都因很難找到正確資訊或很難更新而失敗。它們偏好唯寫或只寫一次的文件製作方式。

在一次 Twitter 對話中，Tim Ottinger（@tottinge）問到：

> 產品類別："文件墳場"——是否所有文件管理、wiki、SharePoint、共用資料夾都完了？

James R. Holmes（@James_R_Holmes）回答：

> 有個笑話是你說"在 intranet 裡面"時，對方的反應會是"你是不是叫我去吃 ___?"。
>
> （注意：不雅字眼已經拿掉；你知道是什麼意思）

誤導

文件未能嚴格更新時會誤導，如圖 1.6 所示。雖然看起來有用，其實是錯的。這種文件也許讀起來很有趣，但需要額外花大量時間分辨什麼還是對的與什麼已經不對了。

現在還有別的更重要的事情

寫文件需要很多時間，維護甚至需要更多時間。有時間壓力的人經常會略過文件工作或隨便做。

圖 1.6 會誤導的文件有毒

敏捷宣言與文件製作

敏捷宣言是由一群軟體從業者於 2001 年寫下，其中列出的價值觀包括：

- 個人與互動重於流程與工具
- 可用的軟體重於詳盡的文件
- 與客戶合作重於合約協商
- 回應變化重於遵循計劃

第二條“可用的軟體重於詳盡的文件”經常被誤解。許多人認為它完全摒棄文件。事實上，敏捷宣言並沒有說“不要製作文件”。它只是偏好而已。宣言的作者表示：“我們擁抱文件，但不為從不維護與罕用的文件浪費紙張”[4]。然而，隨著敏捷成為大公司的主流，誤解還是存在且許多人忽略文件製作。

4 Martin Fowler 與 Jim Highsmith，http://agilemanifesto.org/history.html

但我注意到最近的缺少文件是許多客戶與同事的麻煩的來源，而這些麻煩越來越嚴重。我很驚訝的是，我於 2013 年在瑞典 Öredev 的研討會首次提出活文件後，看到對文件製作主題很大的需求。

是時候開始文件 2.0

傳統文件製作有缺陷，但我們現在有更好的認識。從 1990 年代末，清潔程式、測試驅動開發（TDD）、行為驅動開發（BDD）、領域驅動設計（DDD）、持續交付等實踐越來越受歡迎。這些實踐改變了我們交付軟體的方法。

TDD 規範測試先行。DDD 識別業務領域的程式碼與模型設計，打破傳統的模型與程式碼分離。一個結果是我們預期程式碼能說出領域的完整故事。BDD 透過工具支援借用業務語言並讓它更白話。持續交付展示幾年前還看起來很離譜（以非事件的方式進行一天多次交付）但若遵循建議做法則實際上是能做到的，而且是很好的想法。

另一個有趣的事情與時間有關：雖然文學程式設計或 HyperCard 等舊想法未成為主流，但它們還是慢慢的產生影響，特別是在帶進舊想法的 F# 與 Clojure 等新程式設計語言社群中。

現在我們至少可以期待一種實用、保持更新、低成本、有趣的文件製作方法。我們知道傳統文件製作方法的所有問題，也看到必須滿足的需求。這本書討論以更有效率的方式滿足需求的方法，但先讓我們研究文件製作到底是什麼。

文件關乎知識

軟體開發關乎知識與根據知識做決定然後建立更多知識。要解決的問題、做出的決策、決策的方式、決策的根據、考慮過的替代方案都是知識。

你可能沒這麼想過，但打出來的每一行程式語言指令都是個決策。決策有大有小，但不論大小都是決策。在軟體開發中，設計階段之後就沒有昂貴的建構階段：建構（執行編譯器）太便宜，只有（有時沒完沒了的）設計階段才有成本。

軟體設計能持續很長時間，長到足以忘記前面的決策與其脈絡、人們離開而將知識帶走、新加入缺少知識的人。知識是軟體開發等設計活動的核心。

此等設計活動因很多原因而需要團隊。團隊合作意味著一起做決策或根據他人的知識做決策。

軟體開發獨特處在於設計不僅涉及人還涉及機器。電腦是其中一環，許多決策與執行的電腦有關。這通常透過稱為*原始碼*的文件完成。知識與決策以電腦能理解的程式設計語言傳入。

然而，寫出讓電腦懂的原始碼不難，沒有經驗的開發者也能辦到。困難的部分是讓其他人也能懂以讓他們做得更好更快。

野心越大，使知識的累積能超過個人大腦處理能力的文件就越重要。我們的大腦與記憶能力不足時，需要寫作、輸出、軟體等技術的輔助以記得與組織更大量的知識。

知識的起源

知識從何而來？知識主要來自於*對話*。我們透過與其他人對話產生知識。這在結對程式設計、開會、喝咖啡、打電話、群組討論、郵件討論等一起工作時發生，例如 BDD 的規格研究活動（specification workshop）與敏捷的三人行（three amigos）。

但軟體開發者也與機器對談，我們稱此為*實驗*。我們以某種程式設計語言告訴機器一些事情，然後機器執行並回覆我們一些事情：測試成功或失敗、UI 如預期動作、結果不如預期等，然後我們從中獲取新知識，例如 TDD、顯現設計（emerging design）、精實創業（Lean Startup）等實驗。

知識也來自對背景的*觀察*。你在公司上班，從觀察他人的交談、行為、情緒中學到很多東西，例如領域沉浸（domain immersion）、告示牆痴迷（obsession walls）、資訊輻射器（information radiator）、精益創業的“走出建築物”。

知識來自觀察人以及在可觀察的背景下以機器進行實驗。

知識如何演進？

有些知識長期穩定，有些知識變化的很快。

任何一種文件都必須考慮維護成本並要盡可能接近零。穩定的知識可採用傳統方法，但寫文件並隨著變化而更新對經常變化的知識來說不可行。

軟體產業的加速度效應使我們想要能非常快的讓軟體演進。這種速度讓我們來不及一頁一頁的寫文件，但我們還是需要文件的功能。

為什麼需要知識

建構軟體時，我們研究問題、做決策、然後依據所學做調整：

- 我們要解決什麼問題？大家最好從現在開始搞清楚。
- 我們*真正*要解決什麼問題（在發現一開始搞錯時嘗試回答這一題）？
- 我們分不清*訂單*與*出貨*，但最終明白它們不一樣。以後不應該再搞混。
- 我們嘗試過新的資料庫，但它不符合需求——有三個原因。如果需求不變就不用再試了。
- 我們決定將購物車模組與付款模組分離，因為我們注意到改變其中一個與另一個沒有關係。兩者不應該耦合。
- 我們意外發現這個功能沒有用，因此計劃下個月刪除。但我們可能會忘記為什麼刪除，如果不改程式碼則它永遠會是個謎。

遺失現有軟體在過去發展出的知識時，我們只好重新製作，因為我們不知道以前有什麼。我們也不知道功能與元件的關係，因為我們不知道原來是怎樣，而某個功能的程式碼也四散在各種元件中。

最好是有知識能夠回答下列常見問題：

- 這個問題要改哪裡？
- 這個功能要放在哪裡？
- 原作者會改哪裡？
- 刪除這一行看起來沒用的程式安全嗎？
- 我想要改參數，會有什麼影響？
- 是否只能靠逆向工程來理解它是如何運作的？
- 是否只能靠逐行讀程式碼才能知道目前的業務規則？
- 客戶要求新功能時要如何知道是否已經寫好了？
- 我們已經盡可能把程式改好了，但是否對它的認識還不夠完整？
- 如何快速找到處理特定功能的程式段？

缺少知識會造成兩項成本：

- **浪費時間**：這個時間可以用來改善其他部分。
- **次佳決策**：決策還能更好，或者長期來看更便宜。

這兩項成本會隨著時間複合：花時間找遺失知識就佔用做出更好的決策的時間，然後次佳決策會讓我們的日子更辛苦，直到我們不得不另起爐灶為止。

聽起來讓知識能夠以對開發任務有幫助的方式存取是個好主意。

程式設計是建立與傳遞理論

Peter Naur 在 1985 年於他著名的“Programming as Theory Building”論文中完美的闡述關於集體合作程式設計的真相：重點不在於告訴電腦要做什麼，而是與其他開發者分享透過耐心的學習、實驗、對話、深度反思而產生的理論（“心智模型”）。用他自己的話說：

正確的程式設計應該是對問題具有某種洞察、理論的程式設計師所進行的活動。此建議是相對於程式設計應該是程式與其他文件的製作這種更常見的看法[5]。

問題在於此理論的大部分是看不見的。程式碼只是冰山一角，更多的是開發者的心智中的理論的成果而非理論本身。Peter Naur 認為此理論包含三個主要知識領域：

- 程式碼與其表示的世界的對應關係：具有程式理論的程式設計師能夠說明解決方案與它處理的問題的關係。
- 程式的原理：具有程式理論的程式設計師能夠說明程式每個部分是什麼；換句話說，程式設計師能夠以某種道理支持實際程式。
- 擴展或改進程式的潛力：具有程式理論的程式設計師能夠有建設性的回應任何修改程式的要求，以透過新方法支持要處理的問題。

我們隨著時間學到能讓人們傳遞理論的技術。清潔程式碼與 Eric Evans 的領域驅動設計，鼓勵程式設計師找出以程式文字表達腦中理論的方法。舉例來說，DDD 的統一術語（ubiquitous language）連結世界語言與程式語言，幫助解決問題的對應。我希望未來的程式設計語言能認識到不只有表現程式碼行為的需求，還有產生程式碼的更大的程式設計師的心智模型。

還有實際上嘗試包裹理論的模式與模式語言。我們知道越多模式就越能納入看不見的理論、讓它明顯並擴展。模式在其作用的描述中體現了選擇它們的基本原理的關鍵要素，它們有時暗示應該如何擴展。它們可能暗示了該程式的潛力；舉例來說，策略模式在於以新增策略來擴展。

但隨著我們逐漸加深認識，我們還要處理更大的挑戰，因此挫敗感依然存在。 我相信 Naur 於 1985 年發表的論述在接下來的幾十年中仍然有效：

5 Peter Naur, “Programming as Theory Building,” Microprocessing and Microprogramming, Volume 15, Issue 5, 1985, pp. 253–261.

> 對一個要理解現有程式的理論的新程式設計師來說，有機會熟悉程式文字與其他文件是不夠的[6]。
>
> 我們絕對不會完整的解決知識傳遞問題，但可以接受這個事實並與之共存。理論在程式設計師腦中形成的心智模型無法完全分享給未參與建立過程的人。
>
> 結論似乎是必然的：特定類型的大型程式、持續適應、修改、矯正錯誤，取決於一群緊密且持續相互聯繫的程式設計師所擁有的某種知識。
>
> 值得注意的是經常一起工作的固定團隊不會有太多的理論傳遞問題。

文件製作關乎轉移知識

文件製作（*documentation*）一詞有很多意義：寫文件、Microsoft Word 或 PowerPoint 文件、根據公司範本寫的文件、印出來的文件、網站或 wiki 上長篇大論的無聊文字等。但這些意義將我們限制在過往的做法上並排除許多較新較有效率的做法。

本書對文件製作採用更廣義的定義：

> 轉移有價值的知識給現在與未來其他人的程序。

文件製作有個邏輯。它關乎在時空中轉移知識給他人，技術工作者稱此為*持續存在*（*persistence*）或*儲存體*（*storage*）。我們對文件製作的定義大體上像是貨物的運輸與倉儲，而此貨物是知識。

6 Peter Naur, “Programming as Theory Building,” Microprocessing and Microprogramming, Volume 15, Issue 5, 1985, pp. 253–261.

在人群間轉移知識實際上是在大腦間轉移知識（見圖 1.7）。從一個大腦到另一個大腦，重點在於轉換或擴散（例如傳播給一大群受眾）。從現在的大腦傳遞給未來的大腦，重點在於知識持續存在，這關乎記憶體。

轉移知識給其他人

轉移知識給未來

圖 1.7 文件製作關乎轉移與儲存知識

你知道嗎？

開發者的半衰期是 3.1 年，而程式碼是 13 年[7]。文件製作必須解決這個不匹配。

從一個技術工作者的大腦轉移知識到另一個技術工作者的大腦，在於讓知識可存取。另一個讓知識可存取的狀況是讓知識可有效的搜尋。

還有其他狀況，像是將知識轉換成特定文件格式以利匯編（因為你就是得這麼做）。

7 Rob Smallshire, Sixty North blog, http://sixty-orth.com/blog/predictive-models-of-development-teams-and-the-systems-they-build

專注於重點

作為一種轉移有價值知識的方法，文件製作有許多形式：寫文件、面對面交談、程式碼、社交工具上的活動、或不需要時什麼都不做。

我們可以透過文件製作的定義說明一些重要原則：

- 知識是值得記錄的*長期*利益。
- 知識是值得記錄的*大量人群*的利益。
- *有價值或重要*的知識也必須記錄。

另一方面，你無需在乎不屬於上述項目的知識記錄。為它花時間會是浪費。

知識的重點在於*價值*。無需花時間轉移沒價值的知識給很多人。常識若只對一個人有用或事後才有意義，則無需轉移或保存。

> **預設不記錄文件**
>
> 除非有合理必要的原因，否則記錄知識的投入是一種浪費。不要為了沒有記錄無需記錄的東西難過。

從轉移與保存知識以及初期應該如何管理文件的觀點來重新思考什麼是文件製作，接下來說明活文件的中心思想與核心原則。

活文件的核心原則

活文件（*living documentation*）一詞因 Gojko Adzic 的 *Specification by Example* 一書而聞名。Adzic 這麼描述採用 BDD 的好處：情境為規格建立且測試也因記錄業務行為而實用。文件因為測試自動化而在測試全部通過時更新。

活文件對軟體開發專案的各方面都有相同的好處：業務行為、當然還包括業務領域、專案願景與業務推動因素、設計與架構、舊策略、程式設計指引、部署、基礎設施。

活文件有四項原則（見圖 1.8）：

- **可靠性**：活文件在任何時間均正確且與交付的軟體一致。
- **低投入**：活文件減少文件製作工作量，包括修改、刪除、新增。它只需要最少的投入——且只需一次。
- **合作**：活文件鼓勵所有參與者交談與分享知識。
- **洞察力**：活文件透過吸引各方面的注意，來提供回饋的機會與鼓勵更深的思考。它幫助反映工作狀況與做成更好的決策。

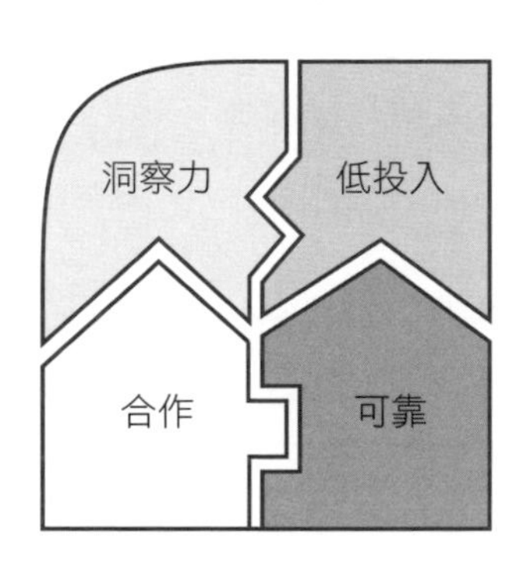

圖 1.8 活文件的原則

活文件也為開發者與其他團隊成員帶來樂趣。他們可在專注於工作的同時獲得活文件。

下一節簡短描述在活文件的四項原則指導下產出最大利益。接下來與後續三章內容會詳述這些原則。

可靠性

文件必須值得信任才有用；換句話説，它必須 100% 可靠。由於人從來都不可靠，我們需要輔助可靠性的紀律與工具。

可靠的文件製作依賴下列想法：

- **利用可用的知識**：大部分的知識已經呈現在專案製作物中，只是需要利用、加強、編輯以供文件製作。
- **正確性機制**：需要正確性機制以確保知識同步。

低投入

活文件在經常變化的環境下必須低投入才可行與可持續；你可以透過下列想法達成：

- **簡單化**：很明顯的，如果沒有需要聲明的東西，則文件是最好的。
- **標準重於自定方案**：標準應該是人盡皆知的，如果沒有則參考外部標準（例如你最喜歡的書、作者、或維基百科）。
- **長青內容**：總是有東西不變或不經常變，這種材料的維護成本很低。
- **重構知識**：有些東西在有變化時無需人力投入。這是因為能自動傳播相關變化的重構工具或知識，本來就在其中並隨著變化。
- **內部文件**：一個東西的額外知識最好跟著它，或盡可能靠近。

合作

活文件必須如下合作：

- **對話重於正規文件**：沒有事情比面對面互動交談更能有效的交換知識。不要不好意思記錄所有討論。雖然我通常偏好對話，但有些知識在長期間對許多人有用。要注意想法隨著時間沉澱的過程以決定什麼知識值得保存記錄。
- **可存取的知識**：活文件實踐中的知識，經常在原始碼控制系統的技術製作物中宣告，這讓非技術人員很難存取。因此，你應該提供工具讓所有受眾毫不費力的存取知識。
- **共同負責**：原始碼控制系統中的知識並非完全由開發者掌管負責。開發者不掌管文件；他們只是負責技術性的處理。

洞察力

上述原則很有用，但實現活文件的全部潛力必須具有洞察力：

- **清楚的決策**：如果不清楚你在做什麼，製作活文件時就會立即露出馬腳。這種反應能鼓勵你明白你的決定，而使得你在做什麼很容易說明。清楚的決策經常會提升工作品質。
- **內含學習**：你想要寫出能讓同事從交互過程中，學習到設計、業務領域、系統其他方面的程式碼與其他技術製作物。
- **事實核查**：活文件幫助顯露系統的實際狀況（舉例來說，“我以為實作不會這麼亂”與“我以為鬍子刮乾淨了，但鏡子顯示出並非如此”）。接受現實狀況與想像中不同也可以幫助改善。

接下來深入說明這些原則，而接下來的幾個章節會擴展至成功施行活文件的相關模式與實踐。但首先要說明啟發活文件的螞蟻，與其他社會性昆蟲的合作與知識交換方式。

螞蟻如何交換知識：共識主動性

Michael Feather（@mfeathers）最近分享了一篇 Ted Lewis 討論在軟體團隊中工作的共識主動性（stigmergy）的文章：

> 法國昆蟲學家 Pierre-Paul Grassé 將一種昆蟲的協調機制稱為“共識主動性”——一個角色的工作表現刺激相同或不同角色的後續工作。也就是建築、程式碼、高速公路、或其他實體建造物的狀態決定了接下來要做什麼，而無需中央規劃或裁決。角色（昆蟲或程式設計師）根據前面做了什麼而知道接下來要做什麼。這種擴展他人工作的本能衝動，成為現代軟體開發的組織原則。
>
> 螞蟻使用特殊的化學記號——費洛蒙，突顯其活動的結果[8]。

類似的，程式設計師透過電子郵件、GitHub、其他所有增強文件的方法製造自己的標記。如 Lewis 的結論：

> 現代軟體開發的本質是共識主動性智慧與埋在程式碼中的標記。標記透過集中程式設計師的注意力在工作中最需完成的部分，而讓共識主動性更有效率[9]。

共識主動性已經是人與機器間在設計軟體時最有效的知識交換方法。活文件的一個重要想法是認識到共識主動性的效應，並找出將它最大化的方法。從系統中盡可能提煉出知識開始，如同螞蟻的作為。

大部分的知識已經存在

已經存在於系統中的知識無需再記錄一次。

每個有趣的專案都是產生特定知識的學習過程。我們通常會期待文件能給我們所需的特定知識，但奇妙的是這種知識本來就在：原始碼、組態檔案、測試、應用程式執行時的行為、各種相關工具的記憶等，當然還有參與工作人員的腦中。

在軟體專案中，大部分的知識以某種形式存在於製作物裡。這類似螞蟻學習如何從巢穴中改建巢穴。

所以：認識到大部分的知識已經在系統本身中，有需要時從中尋找並利用。

就算知識在某個地方，這也不表示就沒事了。這些知識還有一些問題：

- **不能存取**：儲存在原始碼與其他製作物中的知識無法給非技術人員存取。舉例來說，非開發者無法閱讀原始碼。
- **巨量**：大量知識儲存在專案製作物中，這樣子很難有效利用知識。舉例來說，每一行程式都將知識編碼，但只有一兩行程式碼能回答特定問題。
- **破碎**：我們認為的一段知識，事實上分散在專案的多個製作物中。舉例來說，Java 的類別階層分散在多個子類別檔案中，但我們傾向將類別階層視為一個整體。
- **隱含**：很多知識隱含在製作物中。舉例來說，可能知識量有 99%，但少了讓他明確的 1%。舉例來說，使用複合模式時，只有當你熟悉該模式時才會從程式碼中看到模式。

8、9 Ted Lewis, Ubiquity blog, http://ubiquity.acm.org/blog/why-cant-programmers-be-more-like-ants-or-a-lesson-in-stigmergy

- **不可復原**：模式可能存在，但因程式碼混淆而沒有復原的方法。舉例來說，業務邏輯在程式碼中，但程式碼太爛而沒有人能理解。
- **未寫下**：最糟糕的情況是知識只在人腦與系統中。舉例來說，將通用業務規則寫成一系列的特殊規則，所以找不到所謂的通用業務規則。

內部文件

儲存文件最好的地方是文件描述對象所在地。

你或許看過 Google 資料中心與巴黎龐比度中心的照片（見圖 1.9）。它們都有很多各種顏色的管子，管子上有列印或焊接上的標籤。在龐比度中心，空氣管是藍色、水管是綠色。這種顏色編碼不只用於管子：電線是黃色、電梯與樓梯等與人移動有關的是紅色。

圖 1.9 龐比度中心以顏色編碼

這種邏輯也用於資料中心，甚至還有文件直接印在管子上，包括識別管子的標籤、指示水流方向的箭頭。在真實世界中，消防法規強制進行這種顏色編碼與就地標示：消防栓有非常明顯的標示，大樓的緊急出口也明顯的標示在門上，飛機的中央走道有明亮的招牌。緊急狀況下，你沒有時間讀手冊；你必須從最需要的地方得到答案：你所處的位置、你的目標。

內部與外部文件

文件保存有兩種：外部與內部。

外部文件的知識以與專案實作技術無關的形式表示。這是文件的傳統形式，以 Microsoft Office 文件放在共用資料夾或 wiki 自己的資料庫中。

外部文件的優點是格式不限且工具隨作者與讀者選。缺點是很難甚至無法確保外部文件與產品的最新版本一致。外部文件也很容易遺失。

相較之下，內部文件以實作技術直接表示知識。一個內部文件的好例子是使用 Java 的註解（annotation）或語言命名慣例宣告與說明決策。

內部文件的優點是與產品版本以及原始碼一致。內部文件不會遺失，因為它埋在原始碼中。它也隨時就緒且開發者看到程式碼時就會注意到。

內部文件也能讓你利用 IDE 的所有工具與功能，例如自動完成、即時搜尋、在元素間快速導覽。缺點是知識的表述受限於語言內建的擴展機制。舉例來說，你不太能對 Maven XML 加上相依性資訊。另一個主要缺點是由內部文件表述的知識不能立即展現給非開發者。但還是有辦法以自動化機制擷取知識，並轉化成受眾能讀取的文件。

如果你熟悉 Martin Fowler 與 Rebecca Parsons 寫的 *Domain-Specific Languages* 一書，你會發現相同的內部與外部領域專屬語言（domain-specific languages，DSLs）概念。外部 DSL 獨立於所選擇的實作技術。舉例來說，正規表示式的語法與專案選擇的程式設計語言無關。相較之下，內部 DSL 使用所選擇的技術，像是 Java 程式設計語言，使得它看起來像是由另一種語言偽裝。這種風格通常稱為流暢風（*fluent style*）並常見於模擬（mocking）函式庫。

內外部文件的例子

文件是內部或外部有時不容易區分，這與角度有關。Javadoc 是 Java 程式設計語言的標準，因此是內部。但從 Java 實作者的角度來看，它是埋進 Java 語法的另一個語法，因此是外部。一般的程式註解在灰色地帶。它們是語言正規的一部分，但除了文字也沒有其他功能。你自己決定寫什麼，而除了基於英文字典的拼字檢查外，編譯器不會幫助你檢查錯字。

從開發者的角度來看，建構軟體產品的所有標準技術都可視為外部文件的場所提供者，包括：

- 用於業務可讀規格與測試工具的功能檔案
- 伴隨程式碼的標記語言與圖片檔案，加上命名慣例或程式碼與功能檔案的連結
- 工具清單，包括相依管理清單、自動化部署清單、基礎設施說明清單等

以這些製作物新增檔案時，我們能夠利用標準工具組與享受原始碼控制的好處，因為與實作放在一起而能夠一起改進。

內部文件可能的媒體包括：

- 程式碼即文件並採用清潔程式碼實踐，包括類別與方法的命名、使用複合方法與型別
- 為程式設計語言元素加上知識的註解
- 公開介面、類別、方法的 Javadoc 註解
- 文件夾組織和解構、與模組和子模組的命名

相對的，外部文件的例子包括：

- README 與類似的檔案
- 與專案有關的 HTML 或 Microsoft Office 文件

偏好內部文件

前面說過：儲存文件最好的地方是文件描述對象所在地。

本書內容反覆重申我偏好內部文件，並在有需要發佈傳統文件時利用自動化。我建議預設為內部文件，特別是會經常改變的知識。

就算是穩定的知識，我建議先採用內部文件，只於明顯會有加值時再做外部文件，例如要吸引更多人看（或許是為了行銷）。在這種情況下，我建議使用手寫的投影片、人工仔細安排的圖表、吸引人的畫像。使用外部文件的重點在於增加真人的感覺，因此我會使用 Apple Keynote 或 Microsoft PowerPoint、選擇漂亮的圖片、請一群同事給意見以確保能很好的吸收資訊。

外觀與幽默很難自動化或編寫進正規文件，但不是不可能。

原位文件

內部文件又稱為原位（in-situ）文件，意思是文件 “in the natural or original position or place（在自然或源頭處）” [10]。

這表示文件不只用相同的實作技術，還直接混入原始碼與建置產品的製作物中。原位的意思是在某物的所在地加入額外的相關知識，例如原始碼中而非其他地方。

10 已取得授權。摘自 Merriam-Webster.com © 2019，Merriam-Webster, Inc. https://www.merriam-webster.com/dictionary/in situ.

這種文件對開發者非常方便。設計使用者介面時，原位的意思是特定的操作而不用打開其他視窗執行，且文件的編輯無需開啟其他檔案或工具。

機器可讀文件

好的文件製作專注於程式上層設計決策與背後的原因等高階知識。我們通常認為這種知識只有人會感興趣，但工具也可以利用它。由於內部文件使用實作技術表達，它通常也可以由工具解析。這開啟了工具輔助開發者進行日常工作的機會。特別是它能將知識整理展示、整合、格式轉換、自動化發佈、調和程序自動化。

專屬與通用知識

有些知識是針對你的公司、系統、或業務領域，有些知識是其他人、公司、產業通用的。

程式設計語言的知識、開發者的工具、軟體模式、實踐屬於通用知識，例如 DDD、模式、使用 Puppet 的持續整合、Git 教學。

成熟產業的知識也是通用知識。就算是金融定價或電商供應鏈最佳化等非常競爭的領域，大部分的知識也是公開並能透過產業標準書籍取得，只有一小部分業務知識是專屬與保密的——且只有短期間。

舉例來說，每個業務領域都有其基本讀物，它們通常稱為該領域的“聖經”（例如 John C Hull 的 *Options, Futures, and Other Derivatives*，Martin Christopher 的 *Logistics and Supply Chain Management*）。

好消息是通用知識已經記錄於業界文物中。有很多書籍、網路文章、研討會詳細的描述它們。它們有討論用的標準詞彙。有課程可快速的向有知識的人學習。

學習通用知識

你也會從工作中、讀書、參加訓練與研討會學到通用知識。這只要花幾小時，事前會知道要學的是什麼、需要多少時間、成本。學習通用知識跟上街買菜一樣容易。

通用知識是已經解決的問題。這種知識已經產生、隨時供任何人使用。運用這種知識時，你只需找到權威來源就完成文件製作。這不過只是一個網址或參考書目而已。

專注於專屬知識

為專屬知識製作文件並從訓練中學習通用知識。

專屬知識是公司或團隊（尚）未與同產業的其他人分享的知識。這種知識的代價較通用知識高；需要時間練習與犯錯。這種知識值得多加注意。

專屬知識很有價值且搜尋不到，因此必須特別關注。專屬知識值得你與同事更大的投入。身為一個專家，你應該知道很多通用的業界標準知識，以便專注於發展專屬你的知識。

所以：要確保每個人受過通用知識訓練，然後專注於專屬知識的文件製作。

確保文件正確性

文件只在有機制確保其正確性時才可信任。

說到文件製作，因過時而導致不正確往往是主要的問題。不是隨時保持 100% 正確性的文件不可信。一旦您發現可能會不時被文件誤導，它就會失去可靠性。它可能還有參考價值，但需要花很多時間分辨什麼是對的。當製作文件若知道不會持續更新時，就很難花時間去寫；文件的有效壽命是動機的殺手。

但更新文件是最惹人厭的工作之一。它既無趣又不被感激。但如果你認真對待並決定以好的機制隨時加強正確性則會得到好文件。

所以：你必須思考如何解決文件的正確性。

可靠文件的正確機制

如前述，可信賴的權威知識已經出現在某處，通常是原始碼形式。因此，重複的知識會有問題，因為保持更新與一致的成本也重複。當然這適用於原始碼，也適用於其他製作物。我們通常將“設計”稱為確保修改在任何時候都維持低成本的原則。我們需要設計程式碼以及其他關於文件製作的設計技能。

製作文件的好方法在於設計。需要設計技能來設計保持正確且不會延遲軟體開發工作的文件製作。

對隨時會改變的知識，有很多方法保持文件正確。它們會在接下來的章節，從最好的方法開始依序說明，而第 3 章會加以擴展。

考慮保存在單一來源的一段知識。此知識只有能讀這些檔案的人可以存取。舉例來說，原始碼是開發者的自然文件，好的程式碼無需其他文件。舉例來說，Maven 或 NuGet 等相依性管理工具的組態清單是相依性的權威文件。只有開發者關心此知識時則無妨；其不需要發佈機制讓所有人都能存取此知識。

有發佈機制的單一來源

單一來源在有可能時是最好的。單一來源的知識保存在權威的單一來源中。它透過自動化發佈機制以各種形式發佈與管理版本。有變動時就跟著修改這唯一來源。

舉例來說，原始碼與組態檔案通常是很多知識的自然權威來源。有需要時，擷取來自這種單一來源的知識並以其他形式發佈，但還是明確維持只有它才是權威。發佈機制應該自動化執行；自動化可避免手動文件製作常見的錯誤。

就算沒有其他註解，Javadoc 是這種方法的好例子：參考文件是原始碼本身，由 Javadoc Doclet 解析，並在有人瀏覽介面、類別、方法結構時，自動以方便且一定對的方式發佈。

有傳播機制的冗餘來源

知識可多處複製，但由可靠的工具自動傳播一處變化給其餘各處。IDE 的自動化重構是這種方式最好的例子。類別名稱、介面名稱、方法名稱在程式碼中多次出現但很容易改變，因為 IDE 知道如何可靠的追逐所有參考並依此更新。這比有可能會意外替換其他字串的搜尋與替換功能更好。

同樣的，AsciiDoc 等工具有內建的機制來宣告可埋在文字中其他地方的屬性。透過內建的引用與替換功能，你可以在一處重新命名並毫不費力的傳播到其他地方。

有調解機制的冗餘來源

若知識從兩個來源宣告，一個來源可能改變而另一個沒有改變——這是個問題。必須有機制檢測兩者是否不一致。這種調解機制應該自動化定期執行以確保固定一致。

BDD 與 Cucumber 等自動化工具是這種方式的例子。在這種情況下，程式碼與情境是知識的兩個來源，兩者皆描述相同的業務行為。情境測試失敗表示情境與程式碼不一致。

反模式：專職人類

專職人類是反模式。若知識在多處重複，有時會讓團隊中的某人專門負責手動確保隨時一致。實務上，這種做法不可行，也不是建議的做法。

文件不需要正確性機制時

如下述，某些情況下文件無需正確性機制。

單一用途知識

有時候不需要考慮正確性，因為知識記錄會在幾小時或幾天後拋棄。這種廣度知識不會老化或演進，因此不需要考慮一致性——如果只在短時間內使用完就拋棄。舉例來說，結對程式設計的對話與 TDD 的嬰兒階段寫的程式，在工作完成後就無關緊要。

過去的紀錄

部落格文章等過去的事件不是正確性的問題，因為讀者很清楚它的文字不保證永遠正確。舉例來說，該文章的重點在於說明一個狀況，包括當時的想法與情緒。

這種在某個時間點是正確的且記錄該時間點的背景的知識，不會視為過時的文件。部落格文章中的知識會過時，但這不是問題，因為部落格文章有時間且故事明顯發生在過去。這是記錄工作過程與想法的好方法，無需假裝它要更新。部落格文章不會讓人誤會是新資訊，因為它很明顯的是反映過去。定位在過去的故事一定是正確的故事，就算你不相信其中引述的程式碼或例子。它如同史書，無論是否確實發生，都有很多可以參考的經驗教訓。

過去的紀錄最糟糕的是不再有關，此一時也，彼一時也。

文件製作大哉問

> 寫文件一分鐘就失去了做其他事情的一分鐘。值得嗎？需要嗎？
>
> ——*@dynamoben* 的推文

假設老闆或客戶要求“更多的文件”。這時候有幾個重要的問題必須回答，以決定接下來要做什麼。這些問題背後的目標是確保接下來的盡可能有效率的運用時間。

下一節列出的重要問題的次序視狀況而定，你也可以略過或重新安排題目。下一節解釋如何製作文件的完整程序，看懂之後你就可以自定程序。

追究為何需要製作文件

製作文件並非答案；必須找出目的。除非知道目標否則沒有意義。因此第一個問題是：

為什麼需要製作這個文件？

如果不能很快的回答，則你一定還沒準備好開始投入製作額外的文件。那麼你應該等到認識得更清楚時再做，你不會想要浪費時間在不清楚的目標上。

下一個問題是：

受眾是誰？

如果答案不清楚或是“所有人”，則你還沒準備好。有效的文件製作必須針對特定受眾。就算是“每個人都應該知道”的文件也有目標受眾，例如“對業務領域只有初步認識的非技術人員”。

接下來，還是要避免浪費時間，你已經準備好面對第一個文件製作問題。

文件製作的第一個問題

真的需要這個文件嗎？

可能有人只為了個人興趣或個人工作而為某個主題建立文件。甚至在 wiki 新增一個條目也沒什麼意義。但還有其他更糟糕的原因。

因為缺乏信任

第一個問題的答案可能像是“因為怕你沒有認真工作，所以我需要有東西確保你有做事”。在這種情況下，問題不在於文件。

如 Matt Wynne（@mattwynne） 與 Seb Rose（@sebrose） 於 2013 年 在 BDD eXchange 研討會所說的：“需要細節可能表示缺乏信任”。在這種情況下，缺少文件只是症狀，根源在於缺乏信任。這是你應該把書放下來並嘗試改善狀況的嚴重問題。沒有任何文件可以改善信任關係。但交付價值是建立信任的好方法，好文件可以擔任補救角色。舉例來說，讓工作更明顯本身是一種文件形式，且或許能幫助建立信任。

及時文件，或未來知識的便宜選項

如果你需要一個文件，可能不是馬上就要。因此還有另一種第一個問題。

> **另一種第一個問題**
>
> 真的**立即**需要這個文件嗎？

製作文件有成本，未來的利益是不確定的利益。不確定的利益是因為你不確定未來是否有人需要這個資訊。

我過去幾年從軟體開發學到的經驗是人們不擅長預測未來。人們通常用賭的，通常會輸。因此要依靠幾項策略判斷文件是否重要：

- **及時**：真的需要時才新增文件
- **事前低成本**：先做低成本小文件
- **事前高成本**：先做文件，就算要花時間也做

及時

考慮到未來的不確定性，你可能會判斷現在做文件的代價是不值得的。在這種情況下，你可能延後文件製作直到真的需要。等到某人要求製作文件是個好主意。對有很多利益關係人的大專案來說，你可能會等到第二個或第三個人提出要求再決定是否值得花時間製作文件。

注意這假設到時候知識還在團隊中某處。這也假設未來製作文件的投入不會比現在製作文件高很多。

事前低成本

你可能判斷現在製作文件的成本很低所以就算不會真的使用也無需推遲。這在知識新出現在腦中且之後很難記住重要細節時特別重要。當然，若有如後面所述便宜的方法，事前建立文件也合理。

事前高成本

你可能賭未來會需要這個知識並立即製作此文件，不管現在做的成本很高。這樣做的風險是它可能是浪費，但你樂於承擔——希望是有堅實的理由（舉例來說，指南或法規的要求、有信心不止一個人需要）。

要記住現在對文件製作的投入會影響工作品質，因為需要注意它如何進行與原因以及審核等活動。這表示就算未來沒有用到，但至少現在會仔細思考這個決策與背後的原因。

傳統文件需求問題

假設有個傳統文件的需求，目的明確，受眾也明確，現在你準備好回答第二個問題。

文件製作的第二個問題

能不能只透過交談或一起工作來分享知識？

傳統文件不應該作為預設選擇，除非絕對有必要否則就是浪費。有需要將某人的知識轉移給另一個人時，最好用說的——以問答取代交換文件。

一起工作並交談是特別有效率的文件製作形式。結對程式設計、交叉程式設計、敏捷三人行、多人程式設計等技術完全改變了文件製作，讓人與人之間的知識轉移，持續在產生知識或應用在任務時一起完成。

交談以及一起工作是文件製作最好的形式，但有時候這還不夠。有時候確實需要讓知識正規化。

挑戰正規化文件製作需求

它需要保存嗎？它需要分享給很多受眾嗎？它是重要的知識嗎？

若答案都是“no”，交談與一起工作應該就夠了，無需更多正規文件。

當然，若問經理這些問題，答案很可能是安全的“yes”。多做不會錯，是吧？這有點像安排優先順序然後讓高優先毫無意義。對文件製作來說，安全的選擇有較高的成本，最後可能危害專案。安全的選擇其實是平衡考量這三個問題，而不是自動回答“yes”或“no”。

就算知識必須分享給大量受眾、必須長期保存、很重要，文件製作還是有幾個選項：

- 讓全部受眾參加大會或聽課並做筆記
- 研討會或訪談的錄音錄影
- 自我註解的製作物或內部文件方式加強的文件

- 手動寫文件

重點是，就算是特別重要的文件，預設不必是手寫文件。

減少立即的額外工作

假設你有合理的需求要以正規形式保存某些知識。由於你知道大部分的知識已經以某種形式存在於某處，你必須回答另一個問題。

知識位置的問題

知識此時在何處？

如果知識只在人腦中，則必須編碼到某個地方——文字、程式碼、或其他東西。若知識已經呈現在某個地方，則盡可能使用它（*知識利用*）或重複使用它（*知識增強*）。

你可能可以使用在原始碼、組態檔案、測試、應用程式執行行為、各種工具的記憶體中的知識。後面會詳述的程序內容包括回答下列問題：

- 知識可利用、混亂、或不可復原？
- 知識量是否太大？
- 目標受眾是否能存取？
- 知識集中或分散？
- 漏了什麼能讓知識 100% 明確？

知識不完整或不明確時要找出方法，讓知識直接加入產品的源頭。第 4 章會討論這個部分。

減少之後的額外工作

建立文件還不夠；你必須考慮如何隨時保持正確。因此有這重要的問題。

> **知識穩定性問題**
>
> 此知識有多穩定？

穩定的知識好處理，因為你可以忽略維護的問題。另一方面，活文件是個挑戰。它會經常改變，你不想反覆更新多個製作物與文件。

變化率是重要標準（見圖 1.10）。常年穩定的知識可依靠傳統形式處理，例如手動寫文件並列印紙本。常年穩定的知識甚至可以大量複製，因為無需更新。

圖 1.10 知識變化率是重要標準

相對的，經常改變的知識不能只靠傳統形式的文件。重點是文件的演進與維護成本。修改原始碼然後手動更新其他文件不是可行的選項。

下一章會說明的程序包括回答下列問題：

- 它改變時會跟著改變什麼？
- 重複的知識要如何保持一致？

讓活動有趣

讓活動可持續，讓它有趣。

有趣對可持續實踐很重要。若不有趣，你不會想經常做，然後實踐機會慢慢消失。要持續實踐，它必須有趣。這對文件製作這種無聊的主體特別重要。

所以：盡可能選擇有趣的活文件實踐。若有趣就會經常做。若完全無趣，尋找替代方案，例如以其他方法或自動化解決問題。

偏好有趣的活動很明顯的假設與人合作是有趣的，因為沒有其他辦法。舉例來說，若你覺得程式設計有趣，你會盡可能在程式碼中製作文件。這是本書許多建議背後的想法。若從某個地方複製資訊到另一個地方很無聊，則讓它自動化或想辦法避免移動資料。修改程序或讓程序的一部分自動化比較有趣，因此你可能比較想做這些事情（見圖 1.11，運氣不錯）。

圖 1.11 有趣從工作自動化開始

混合樂趣與專業精神

只要你認真工作，讓工作有趣沒什麼錯。這表示你要盡可能解決重要問題、交付價值、降低風險。因此你可以自由選擇讓你覺得有趣的做法與工具。18 年的工作經驗讓我相信認真工作同時還能有趣。認為工作應該無聊且不愉快的原因是工作就是如此，或你的薪水就是用於補償不愉快的這種想法，很蠢。你領薪水是因為交付更多的價值。交付價值很有趣，執行也專業很有趣。有趣是良好團隊工作氛圍的基礎。

文件製作重啟

本書名字也可以叫*文件製作 2.0：活文件、持續製作文件，或不製作文件*。雖然採用“*活文件*”，但本書的重點是從目的開始重新思考製作文件的方式，可適用的場合近乎無限。本書討論各種類型的通用實踐與技術，歸納了幾乎 100 個模式。表 1.1 列出模式摘要。

表 1-1 模式摘要

模式	簡要
重新思考文件製作	
大部分的知識已經存在	無需記錄已經記錄在系統本書的知識。
偏好內部文件	儲存文件最好的地方就是記錄對象本身。
專注於專屬知識	以文件記錄專屬知識並從訓練中學習通用知識。
正確性機制	具有保證正確性機制的文件才能信任。
有趣的活動	讓活動可持續，讓它有趣。
利用知識	
單一來源發佈	以單一來源保存知識並在有需要時從此處發佈。
調節機制	若知識重複出現在多個地方，設立調節機制以立即檢測不一致。

整合分散的事實	不同的事實放在一起變成有用的知識。
工具歷史	你的工具記錄關於系統的知識。
已經準備好的文件	大部分要做的東西已經記錄在文字中。
增強知識	
增強程式碼	程式碼沒有說出完整故事時，加入遺漏的部分使其完整。
以註解製作文件	以註解擴展程式設計語言的文件製作。
以慣例製作文件	依靠程式碼慣例記錄知識。
增強模組知識	跨多個製作物的共同知識最好抽出集中。
增強固有知識	只記錄元素的固有知識。
嵌入學習	將更多的知識放入程式碼能幫助維護人員在工作中學習。
邊車檔案	無法將註解加入程式碼時，將它放在程式碼旁邊的檔案。
元資料資料庫	無法將註解加入程式碼時，將它放在外部資料庫。
機器可存取文件	機器可存取的文件開啟工具輔助設計的新機會。
記錄你的思路	決策後面的思路是增強程式碼最重要的東西之一。
確認你的影響	對團隊主要的影響是認識他們所建構的系統。
提交詳細記錄的訊息	仔細撰寫記錄使每一行程式都有很好的文件記錄。
整理展示知識	
動態整理展示	就算蒐集了各種藝術品，還有展示的工作要做。
突顯核心 [11]	有些領域元素比其他元素重要。
範例啟發	好的程式碼通常是最好的文件。
導覽、觀光地圖 [12]	有導覽與觀光地圖更容易快速發現最佳新位置。

11 Evans, Eric. *Domain-Driven Design: Tackling Complexity in the Heart of Software*. Hoboken: Addison-Wesley Professional, 2003.

12 Brown, Simon. *Software Architecture for Developers, Vol 2: Visualize, document, and explore your software architecture*. https://leanpub.com/visualising-software-architecture

文件製作自動化	
活文件	文件隨著系統以相同步伐演進。
活詞彙表	文件隨著系統以相同步伐演進，反映程式碼中使用的領域語言。
活圖表	有任何改變時圖表能再次產生以保持隨時一致。
一圖表 / 一故事	一個圖表只說一個特定訊息。
執行期文件製作	
可見測試	測試可產生供人檢視領域專屬記號的視覺輸出。
可見工作[13]	工作軟體於執行期就是文件。
內省工作	記憶體中的程式碼是知識的來源。
可重構文件	
程式碼即文件	程式碼通常就是文件。
整合文件製作	你的 IDE 已經滿足許多文件製作需求。
純文字圖表	無法成為真正活圖表的圖表，應該從純文字文件產生以方便維護。
穩定文件	
長青內容	長青內容是長期不會改變並維持有用的內容。
長期命名	偏好較其他方式更持久的命名機制。
連結知識	知識連結時更有價值，前提是關係穩定。
連結紀錄	可間接改變以修補單一位置中的斷連。
書籤搜尋	深入連結的搜尋較直接連結更穩定。
斷連檢測器	盡快檢測斷連以保持文件可信任。
投資穩定知識	穩定知識是有長期回報的投資。

13 Brian Marick, “Visible Workings” :https://web.archive.org/web/20110202132102/http://visibleworkings.com/

如何避免傳統文件製作	
一起工作以持續分享知識	一起工作是持續分享知識的機會。
咖啡機溝通	不是所有知識交換都必須規劃與管理。在輕鬆的環境下自發的討論通常效果更好且必須鼓勵。
想法沉澱	判斷一個知識是否重要需要花時間。
丟掉文件	有些文件只在一段時間有用，之後可以刪除。
隨需文件	你沒看到的文件不一定還沒製作。
新人報告	新人的超能力可帶來新的觀點。
互動文件	文件可以嘗試模擬交談。
宣告式自動化	每次將軟體任務自動化時，你應該利用此機會讓它變成某種形式的文件。
強制指引	最好的文件甚至無需閱讀，它在正確時機會以正確知識提示你。
受限行為	以影響或限制行為代替製作文件。
可替換優先	設計成可替換以減少知道如何運作的需求。
一致性優先	維持一致以減少文件製作的需求。
超越文件：活設計	
傾聽文件	文件是改善機會的信號。
可恥文件	隨意的說明通常是程式碼中可恥行為的信號。
深思決策	更好的設計與更好的文件從深思熟慮後的決策開始。
衛生透明	透明導致更好的衛生，因為骯髒無處可躲。
標籤雲	程式碼識別名稱的標籤雲應該能顯示程式碼做什麼。
格式調查[14]	深入檢視程式碼可顯示其外形。
文件驅動	從解釋目標或結果開始，例如系統會如何使用。

14 Ward Cunningham, "Signature Survey: A Method for Browsing Unfamiliar Code" :https://c2.com/doc/SignatureSurvey/

霸凌活文件（反模式）	活文件無需一板一眼，但要專注於交付價值給使用者。
活文件拖延	在活文件工具中找樂子以避免在程式碼中找太多樂子。
可降解文件	製作文件的目標應該是讓本身多餘。
全面設計技能	學習與實踐好設計；程式碼與文件同樣好。
活架構	
文件與問題	記錄解決方案而沒有說明它解決的問題幾乎是無用的。
利益驅動架構	你在這個領域最大的挑戰，是理解品質屬性還是社會技能方面？
明確品質屬性	朋友不會讓朋友猜測系統設計的品質屬性。
架構圖景	組織多種文件製作機制成為容易導覽的一致整體。
決策日誌	在決策日誌中保存主要決策。
碎形架構文件	你的系統由較小的系統組成；據此組織你的文件。
架構法典	記錄做決策的方式使決策去集中化。
透明架構	架構是為了要存取資訊的人設計的。
架構實況檢查	確保架構實作符合目的。
測試驅動架構	測試驅動是終極或架構。
以小規模模擬作為文件	以較小的版本製作大系統的文件。
系統譬喻[15]	客戶、程式設計師、經理人等所有人共享的具體類比——幫助你認識系統如何運作。
介紹活文件	
隱匿實驗	從不公開的容許失敗實驗開始。
前沿文件製作	新實踐通常只應用於新工作。
精神合規	針對精神而非教條時，活文件方法甚至可符合最嚴格的規範。

15. Evans, *Eric. Domain-Driven Design: Tackling Complexity in the Heart of Software.* Hoboken: Addison-Wesley Professional, 2003. also Beck, Kent. *Extreme Programming Explained.* Hoboken: Addison-Wesley Professional, 2000.

製作舊應用程式的文件	
知識僵化	舊系統不應該盲目視為可靠文件。
泡泡背景[16]	建立不受舊系統限制的獨立工作空間。
疊加結構	將理想的結構與現有的較不理想的結構關聯。
突顯結構	讓疊加結構在現存原始碼中明顯。
外部註解	有時你不想只是為了增加一些知識而碰脆弱的系統。
可降解轉移	臨時程序的文件應該在程序完成時消失。
認同格言[17]	舊系統的大改變由一群有共同目標的人完成；以格言共享願景。
實施舊規定	舊系統比製造者更長壽；以自動化實施大決策來保護它們。

活文件：非常短的版本

如果你只想花一點時間認識活文件，請記得下列重點：

- 交談與合作重於各種文件。大部分的知識已經存在而只需釋出。
- 大部分的知識已經存在。只需以遺漏的背景、目的、原因增強。
- 注意經常性的改變。
- 視文件製作為讓系統品質引起注意的方法。

若這麼說就很清楚，那麼你已經了解這一章的重點。

16. Eric Evans, "Getting Started with DDD when Surrounded by Legacy Systems" :http://domainlanguage.com/wp-content/uploads/2016/04/GettingStartedWithDDDWhenSurroundedByLegacySystemsV1.pdf

17. Demeyer, Serge, Stéphane Ducasse, Oscar Nierstrasz. *Object Oriented Reengineering Patterns.* San Francisco: Morgan Kaufmann Publishers, Inc., 2002.

更好的文件製作方法

文件製作有很多思考方法。這些方法涵蓋從*避免製作文件*與*文件最大化*兩端，到再次質疑製作文件的必要性的再回頭減少文件製作的循環。你可以將這個循環視為從輕量化到重量級方法的過程。

此循環涉及知識的變化率（揮發性），從穩定知識到持續變化的知識。

本書討論下列文件製作方式的類型：

- **避免製作文件**：最好的文件通常是沒有文件，因為該知識不值得特別投入。關鍵在於交談或合作。有時候改善狀況比製作文件更好。例如自動化並改正根源。
- **穩定文件**：並非所有知識都會改變。足夠穩定時，文件製作變得更簡單且更有用。有時候只需一個動作就能讓一個知識更穩定——你會想要利用這種機會。
- **可重構文件**：因為新式的 IDE 與工具，程式碼、測試、純文字等特別有機會能持續同步。可重構文件讓整理文件的成本很小甚至不需要成本。
- **文件製作自動化**：文件製作自動化是最好的辦法，它涉及以特定工具隨時根據軟體的變動自動產生文件。有一種文件製作自動化涉及軟體執行時的各種方法；它與其他建置時期的方法正好相對應。
- **超越文件**：最後來到超越文件的領域，質疑所有事情並認識到文件製作不只是轉移與儲存知識。這是我們啟蒙並以更批判的方式思考其他方法與技術的時刻。活文件實踐讓你注意到工作，其副作用是提升工作品質。

本書章節結構是依據這些類型——但方向相反，從更技術與更容易掌握到更抽象與更人性。這種方向意味著章節進度從較不重要到更重要。

本書在這些方法類型中討論一些指導你有效率製作文件的核心原則。

通往 DDD 的大門

對活文件的投入讓你更接近領域驅動設計。

活文件可以在團隊採用 DDD 實踐的過程中給予指引。它能幫助這些實踐更具體並專注於所產生的製作物。當然，具有 DDD 心態的工作方式較所產生的製作物更重要。然而，製作物至少能幫助 DDD 的視覺化，它們可以突顯有問題的做法並指導如何正確（或不）進行。

領域驅動設計概述

領域驅動設計是一種處理軟體開發複雜性的方法。它主要主張將重點放在要考慮的特定業務領域上。它提倡編寫以多方面表達領域知識的程式碼，而在領域分析和可執行程式碼之間不進行翻譯。因此，與許多有關模型設計的文獻相反，它要求直接用程式語言編寫的程式碼進行模型設計。只在與領域專家進行頻繁且密切的對話且每個人都使用相同的通用語言（業務領域的語言）才有可能做到這一點。

領域驅動設計要求專注投入於核心領域，也就是可以與競爭者產生差異的業務領域。因此 DDD 鼓勵開發者不只是寫程式，還要以有建設性的雙向關係作為業務合夥人參與，讓開發者認識生意與獲得對重要利益的洞見。

領域驅動設計發源於 Kent Beck 的 *Extreme Programming Explained: Embrace Change*。它也根基於模式文獻，特別是 Martin Fowler 的 *Analysis Patterns: Reusable Object Models* 與 Rebecca Wirfs-Brock 引發 "xDD" 命名風潮的 *Object Design: Roles, Responsibilities, and Collaborations*。

Eric Evans 的 *Domain-Driven Design: Tackling Complexity in the Heart of Software* 也成功的運用 DDD 在各種模式上。其中最重要的概念之一是限定內容（bounded context）。限定內容定義系統中語言保持精確不模糊的區域。限定內容對系統設計很重要；它們簡化並分割大而複雜的系統成較小較簡單的子系統（沒有很多缺點）。有效分割系統與工作給團隊很難，而限定內容就是處理這種問題的強力設計工具。

由於 Evans 的*領域驅動設計*出版於 2003 年，大部分例子是以物件導向程式設計語言寫作，但後來很清楚 DDD 也適用於函式程式設計語言。我經常說 DDD 甚至鼓勵在物件導向程式設計語言中也採用函式程式設計風格。

活文件與領域驅動設計

這本書專注於 DDD 的幾個方面：

- 提倡在專案中採用 DDD，特別是選擇例子。
- 展示文件製作可支援 DDD 的採用並作為改善做法的回饋機制。
- 它本身是 DDD 在文件製作與知識管理上進行方法的應用。
- 許多活文件的實踐實際上直接使用 Eric Evans 書中的 DDD 模式。
- 寫這本書的目的是，透過突顯團隊做出不良設計決策時的文件製作實踐引起對設計的注意。

這些因素是否讓本書成為 DDD 的書？我覺得是。作為一個 DDD 的粉絲，我喜歡這樣看。

活文件的目的在於讓每個決策明確，不只是對程式碼的影響，還有以程式碼作為文件媒體表述的原理、背景、相關業務利益表示（或稱為*模型*）。

要處理的問題沒有標準答案的專案很有趣。專案必須透過持續學習與研究很多領域知識來找出解決辦法。因此，專案產生的程式碼會經常改變，從小改變到大突破。

“再試試看”需要容易修改的文件。但在任何時候，保留那些花了很多精力去學習的寶貴知識都是很重要的。一旦有了這些知識，您就可以透過編寫和重構原始碼和其他技術工件，將其轉化成有價值的和可交付的軟體。但是你需要透過這個過程找到保存知識的方法。

DDD 提倡“用程式碼設計模型”作為基本解決方案。基本想法是程式碼本身就是知識的表現。只有當程式碼不夠才需要其他東西。戰術模式利用了程式碼是主要媒介的想法，並指導開發者如何在實踐中使用它們的普通程式設計語言。

所以：你在活文件方面的投資也是在領域驅動設計的某些方面的投資。學其中一個就可以免費學另一個的一半！

活文件是 DDD 的應用

活文件不只支援 DDD，本身也是 DDD 方法應用在領域知識管理生命週期的案例。在許多案例中，活文件是 DDD 以不同名稱的直接應用。

BDD、DDD、XP、活文件的共同起源故事

*活文件*一詞由 Gojko Adzic 在討論行為驅動開發（BDD）的 *Specification by Example* 中介紹。BDD 是由 Dan North 提出的一種參與軟體開發的每個人合作的方法，他將測試驅動開發（TDD）與領域驅動設計的通用語言相結合，而引入了這一思想。因此，即使是*活文件*一詞也已經深入領域驅動設計了！

活文件高度遵循下列 DDD 原則：

- **程式碼即模型**：程式碼就是模型（反之亦然），因此你想要盡可能讓程式碼具有模型的知識——這也就是文件的定義。
- **戰術技術讓程式碼表達所有知識**：你想要利用程式設計語言將表達能力最大化，甚至是執行期沒有執行的知識。

- **隨著 DDD 渦流（whirlpool）演進知識**：知識濃縮主要在於業務領域專家與開發團隊間的合作。某些最重要的知識透過此程序體現在程式碼中——或許是其他製作物。由於知識有時可能演進或不演進，任何記錄下的知識必須擁抱改變而無需維護費用。

- **清楚什麼重要什麼不重要**：換句話說，必須專注於整理展示。“專注於核心領域”與“突顯核心概念”來自於 Evans 的 DDD 著作，但還有更多整理展示工作可保持知識在人類有限記憶與認知能力下受到控制。

- **注意細節**：許多 DDD 模式強調注意細節很重要。決策需深思熟慮而不隨意，它們應該受具體回應的指引。活文件方法必須鼓勵注重細節，讓它容易記錄考慮過什麼並從程序中獲得有見識的回饋。

- **策略決策與大規模結構**：DDD 提供處理策略層次與大規模的技術，也提供更智慧的文件製作機會。

如果不改寫其他書籍的某些部分，就很難討論活文件化思想和領域驅動設計之間的所有對應關係。但可以用一些例子來表達（見表 1.2）。

表 1.2 活文件與 DDD 的對應關係

活文件模式	DDD 模式 （來自 Evans 或其他人的著作）	註記
可供擷取的知識；已知條目	盡可能利用已確立的形式主義；閱讀這本書；應用分析模式	明確宣告所有可擷取的知識與參考來源。
長青文件	領域願景陳述	更高階的知識是以長青文件寫成穩定知識的好例子。
程式碼即文件	模型驅動設計；意圖顯露介面；宣告式設計；模型驅動設計的基礎元件（產生表述式程式碼）	DDD 在於平直程式碼的模型設計，目的是讓領域知識體現在程式碼與測試中。
活文件詞彙表	普及語言	程式碼依循普及語言而成為該領域詞彙表的單一參考來源。

傾聽文件	模型設計者參與	用從程式碼中擷取的活文件進行模型設計，可以透過參與而對設計的品質提供快速的回饋。
對改變友善的文件製作	重構以朝向更深的洞察；嘗試再嘗試	“擁抱改變”是 XP、DDD、活文件的不變主題。
整理展示	突顯核心；標示核心；隔離核心；核心抽象	特別重要隔離是 DDD 的重點；目標是最好的投入分配與認知注意力。

活文件超越傳統文件與其限制。它詳細說明 DDD 技術並建議關於業務領域、以及關於專案利益關係人的設計、基礎設施、交付程序等技術領域的知識。領域驅動設計的思想，對於指導開發者如何以戰術和策略的方式投資於知識、處理短期和長期的變化非常重要。因此，採用活文件方法時，你也在學習領域驅動設計。

總結

你從這一章看到文件製作經常因為傳統習慣未受挑戰而出現問題。這在某種程度上是一個好消息，因為這意味着有很多機會來解構這個主題，以根據我們現在的處理快節奏和改變友善的專案從最初的原則再解構。

活文件在於注意與軟體開發相關的知識。有些知識比其他知識更重要，而最重要的知識幾乎肯定已經存在於專案的某個製作物中。活文件的目標和樂趣是識別已經存在的有價值知識，並確定可能缺少什麼以及多久更改一次，以最小的代價獲得最大的收益。換句話說，它是關於設計程式碼本身內含知識的系統，它需要設計技能，就像寫程式一樣！

Chapter 2

行為驅動開發即為實例規格

關於業務行為的文件製作呢？（因為你知道經營者從不三心兩意）

行為驅動開發（BDD）是活文件的第一個例子。Gojko Adzic 在 *Specification by Example* 一書中說明，很多採用 BDD 的團隊表示最大的好處是，說明應用程式做什麼的活文件及始終保持更新而可信任。

以下內容討論 BDD 是什麼與不是什麼，以及與活文件的相關性。

BDD 是關於對談

如果你以為 BDD 是關於測試，那你就錯了。BDD 是關於有效的分享知識。這表示你可以在沒有任何工具的情況下進行 BDD。首先，BDD 鼓勵如圖 2.1 所示的三人行（three amigos）（或更多）深度對談。BDD 也依靠具體情節（必須使用業務領域的語言）來及早偵測誤解與模糊。

圖 2.1 三人行

自動化 BDD 在於活文件

只有對話的 BDD 提供很多價值，但加上一些自動化會有更多好處。使用 Cucumber 等工具時，BDD 還是涉及利益關係人與三人行間使用領域語言，專注於更高階的目的、經常使用稱為情境的具體範例。這些情境然後變成工具中的測試，同時變成活文件。

冗餘與調和

BDD 情境描述應用程式的行為，但應用程式的原始碼也描述此行為。情境與原始碼互為冗餘，如圖 2.2 所示。

另一方面，這種冗餘是個好消息：以純領域語言正確描述的情境，可供無法閱讀程式碼的業務人員讀取。但此冗餘也是個問題：若某些情境或程式碼獨立演進，則你有兩個問題：你必須判斷要信任情境或程式碼，且（更嚴重的是）你必須以某種方式發現情境與程式碼不一致。

圖 2.2 情境與程式碼都描述相同行為

此時需要調和機制。以 BDD 來說，你可以使用 Cucumber 或 SpecFlow 等測試與工具。這些工具就像兩個冗餘知識之間的 Roberval 天平，如圖 2.3 所示。

這些工具將情境解析成純文字，並以開發者提供的膠合程式推動實際程式碼。擷取情境數量、日期、“前提”與“何時”等其他值，並在呼叫實際程式碼時傳入。另一方面，從情境的“然後”擷取的值，根據相符程式碼評估檢查情境的預期結果。

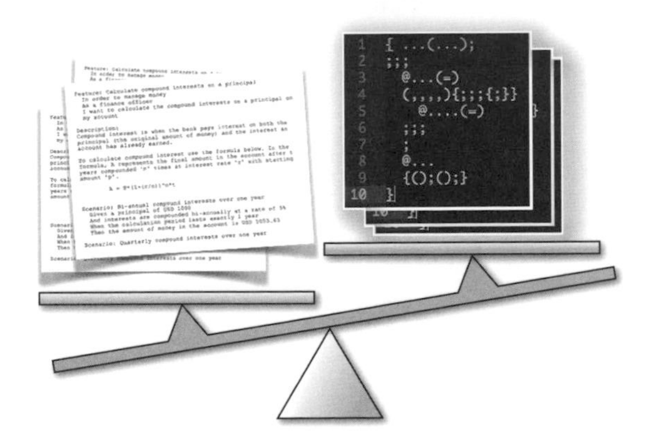

圖 2.3 工具定期檢查情境與程式碼描述相同的行為

工具將情境轉換成自動化測試。優點是這些測試也提供檢測情境與程式碼不一致的方法。這是調和機制的例子，一種確保冗餘資訊相符的方法。

情境檔案解析

使用 Cucumber 或 SpecFlow 等工具自動化將情境轉換成測試時，你建構出所謂的*功能檔案*。這些純文字檔案如同程式碼儲存在原始碼控制系統中。它們通常儲存在測試或 Maven 測試資源附近。這表示它們如同程式碼一樣有版本，很容易檢查不同處。

讓我們深入檢視一個功能檔案。

功能檔案的目的

功能檔案必須說明其中所有情境的目的。它通常依循“為了…作為一個…我想要…”模式。從“為了”開始能幫助你專注於最重要的事情：你追尋的價值。

下面的例子是物流車隊管理檢測詐欺的應用程式的摘要：

```
1  功能：加油卡交易異常
2  為了檢測駕駛人不正常行為
3  作為一個車隊管理者
4  我想要自動化檢測加油卡交易異常
```

注意工具只考慮文字摘要；它們除了在報告中引用外不做任何事情，因為它們知道這很重要。

功能檔案情境

功能檔案的其餘部分通常是列出與功能有關的其他情境。每個情境都有個標題，情境通常依循“前提 ... 當 ... 然後 ...”模式。

下面是物流車隊管理檢測詐欺的應用程式，許多具體情境其中一個例子：

```
1  情境：發生比油箱容量更大的加油卡交易
2  車號 23 的油箱容量為 48L
3  當加油卡交易為 52L 時
4  車號 23
5  然後報告“加油卡交易 52L 超過油箱容量 48L”
```

功能檔案通常有 3 到 15 個情境描述正常、變化、與最重要的狀況。

有很多其他方式描述情境，例如使用大綱格式，還有一些方法可以排除情境與背景情境之間的共同假設（更多大綱格式與背景情境資訊見 https://docs.cucumber.io/gherkin/reference/）。

規格細節

有很多情境本身足以描述預期行為，但對會計或財務等複雜的業務領域是不夠的。在這種情況下，你還需要抽象規則與公式。

相較於將所有額外知識寫在 Word 文件或 wiki，你可以直接將它嵌入相關功能檔案的目的與情境清單間。下面是個與前面功能檔案相同的例子：

```
1  功能：加油卡交易異常
2  為了檢測駕駛人不正常行為
3  作為一個車隊管理者
4  我想要自動化檢測加油卡交易異常
5
6  說明：
7  監控下列異常：
8  * 油箱有洞：只要容量 > 1 + 容許範圍
9  容量 = 交易量 / 貨車油箱大小
10  * 交易遠大於車輛： 只要距離 > 限值
11  車輛距離 = 地理距離（車輛座標、加油站
12  座標），
13  且車輛座標由 GPS 提供
14  記錄（車輛，時間）
15  且加油站座標由
```

```
16  郵遞區號提供
17
18  情境：異常加油卡交易
19  當加油卡交易發生
20  …/// 更多情境
```

這些規範細節只是作為自由文字的註釋；工具完全忽略了它。但是，把它放在那裡的目的是與相應的場景放在一起。修改情境或細節時，你更有可能更新規範細節，因為它們非常接近。正如我們所説，“眼不見為淨”，但並不能保證這麼做。

功能檔案中的標籤

功能檔案的組成部分還有標籤。每個情境可以有多個標籤，例如：

```
1  @acceptance-criteria @specs @wip @fixedincome @interests
2  情境：一年期兩年複利
3    前提是本金 1000 元
4    …///
```

標籤是文件。某些標籤説明專案管理知識，例如 @wip 代表工作進行中並標示情境開發中。其他類似標籤可列出誰參與開發（例如 @bob 與 @team-red）或衝刺段（例如 @sprint-23）或目標（例如 @learn-about-reporting-needs）。這些標籤是臨時的且會在任務全部完成後刪除。

有些標籤説明情境有多重要。舉例來説，@acceptance-criteria 表示該情境是使用者驗收條件的一部分。其他類似的標籤可幫助整理展示情境，例如 @happy-path、@nominal、@variant、@negative、@exception、@core。

最後，有些標籤描述業務領域的分類與概念。以前面的例子為例，@fixedincome 與 @interests 説明此情境與固定收入以及財務利息有關。

標籤也應該製作文件。舉例來説，相對應的文字檔案可以列出全部有效的標籤加上説明。為確保功能檔案中的每個標籤有文件記錄，我的同事 Arnauld Loyer 會加入另一個單元測試作為調和機制。

組織功能檔案

功能檔案數量變多時必須以資料夾組織，組織方式也是傳遞知識的方法；資料夾可說出故事。

當業務領域是最重要的東西時，我建議依功能領域組織資料夾，以展現業務整體概觀。舉例來說，你可能有下列資料夾：

- 會計
- 報告規則
- 折扣
- 優惠

如果有任何其他文字與圖片內容，你也可以將它們納入同一個資料夾，讓它們盡可能靠近相對應的情境。

Gojko Adzic 在 *Specification by Example* 一書列出組織故事到資料夾的三種方式：

- 依功能領域
- 依 UI 瀏覽路徑（記錄使用者介面時）
- 依業務程序（需要記錄端至端使用案例時）

使用此方法時，資料夾即為業務文件的章節（如這一章後面的例子）。

情境作為互動活文件

情境組成活文件的基礎。更好的是此文件通常是互動的，如同產生出互動網站。舉例來說，若你使用 SpecFlow 的 Pickles，每個建置會產生一個一頁網站（見圖 2.4）。若資料夾代表功能章節，則該網站顯示依章節組織的導覽面板。它顯示所有情境，加上測試結果與其統計資料。這相當好用，比任何其他你看過的文件都好。

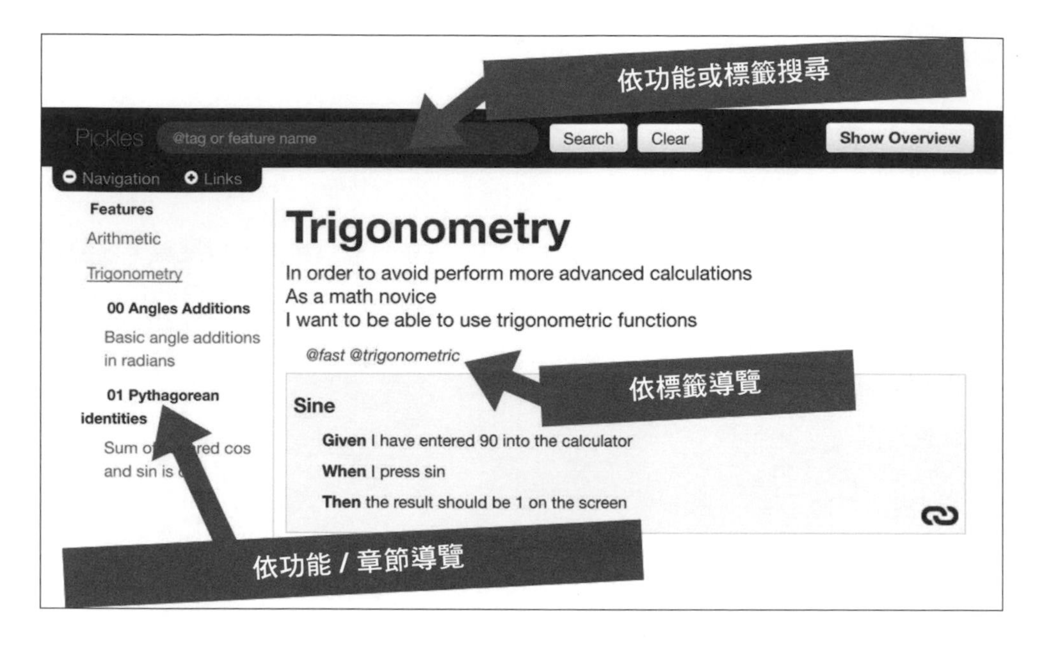

圖 2.4 Pickles 產生的互動文件網站

Pickles 內建的搜尋引擎能依關鍵字或標籤存取任何情境。這是標籤第二有力的效應：讓搜尋更有效率與精確。

無聊紙文件中的情境

前一節顯示的這種互動網站對團隊很方便，能快速存取業務行為知識。但在某些情況下，例如有合規要求時，你必須提供無聊的紙文件（boring paper document，有些人稱為 "BPD"）。

有工具能製作這種文件，其中一個是我在 Arolla 的同事 Arnauld Loyer（@aloyer）做的 Tzatziki [1]，名稱來自青瓜（Cucumber）酸乳酪醬汁。它將功能檔案輸出成美麗的 PDF 文件。不止如此，它還將 Markdown 檔案和圖片與功能檔案一併儲存。因此它有助於在每個功能區域章節的開頭建立漂亮的說明。

1 Tzatziki, https://github.com/Arnauld/tzatziki

註

若環境中沒有你要的工具，你應該基於現有工具建立或擴展。沒有限制。有空時自定工具或擴充工具是有趣的練習專案；它們無需由廠商或他人製作。

BDD 是活文件的好例子：它不是額外的工作，而是正確進行工作的一部分。因為工具作為調和機制使它總是保持一致。若原始碼中的功能檔案不夠，產生出的網站將說明如何使文件變得有用、互動、可搜索和組織良好。

功能檔案範例

這一節提出虛構但完整的財務業務領域功能檔案範例。為保持簡短，此範例只有一個情境與相對應的資料表。它使用 Cucumber、SpecFlow、與類似的工具描述另一個風格。此情境評估該表的每一行。下面是完整的功能檔案範例：

```
1  功能：計算本金複利
2  為了管理公司現金
3  作為一個財務經理
4  我想要計算帳戶上的本金複利
5
6  說明：
7  複利是銀行支付利息與本金（原始金額）以及帳戶已經收到的利息
8
9  使用下列公式計算複利
10
11  公式中的 A 代表帳戶公式中的 A 代表本金 p 於 t 年後 n 次計算複利率 r 的賬戶最終餘額
12
13
14
15     A = P*(1+(r/n))^n*t
16
17
18  情境：半年期複利一年獲利
19  本金 1000USD
```

```
20 半年期複利率為 5%
21 計算期間一年整
22 然後帳戶餘額為 1053.63USD
23
24 情境：季複利一年獲利
25 //… 說明情境
26
27 範例：
28
29   約定               利率       時間     金額              附註
30 |-----------------------------------------------------------------|
31 | LINEAR         | 0.05    | 2     | 0.100000     | (1+rt)-1           |
32 | COMPOUND       | 0.05    | 2     | 0.102500     | (1+r)^t-1          |
33 | DISCOUNT       | 0.05    | 2     | -0.100000    | (1 - rt)-1         |
34 | CONTINUOUS     | 0.05    | 2     | 0.105171     | (e^rt)-1 (rare)    |
35 | NONE           | 0.05    | 2     | 0            | 0                  |
36 |-----------------------------------------------------------------|
```

透過工具的輔助，所有情境都同時變成自動化測試與活文件。情境只是功能檔案中的純文字。為聯繫情境中的文字與實際程式碼，你建立一些步驟。每個步驟被特定文字句子觸發，以正規表示式搜尋，然後呼叫程式碼。文字句子有用於解析並以不同方法呼叫程式碼的參數，例如：

```
1 舉例來說：
2 VAT 為 9.90%
3 當我買書時，加值稅前為 25EUR
4 然後我必須付加值稅 2.49EUR
```

要將此情境自動化，你必須在情境中定義每一行的步驟。舉例來說，你可以如下定義句子：

```
1 "當我買書時，加值稅前為 <exVATPrice>EUR"
```

這會觸發相依的程式碼：

```
1 Book(number exVATPrice)
2 Service   = LookupOrderService();
3 Service.sendOrder(exVATPrice);
```

在這一段程式碼中，工具（Cucumber 或 SpecFlow）將參數 *exVATPrice* 傳遞給程式碼；此變數的值自動從情境的句子中擷取。以上面的情境為例，exVATPrice 的值是 25。

使用這種機制，情境就變成了由情境及其宣告的值驅動的自動化測試。如果在不更改程式碼的情況下更改情境中價格的舍入模式，則測試會失敗。如果更改程式碼中價格的舍入模式而不更改情境，測試也會失敗。這是指示冗餘兩方不一致的調和機制。

全方面活文件典範

BDD 已經展示小心執行特定工作以製作與程式碼保持一致的精確文件的能力。BDD 是活文件的典範，活文件的所有核心概念都已展現在 BDD 中：

- **合作**：BDD 主要的工具是人群中的談話，確保三人行（或更多）的每個角色都會在場。
- **低投入**：圍繞著具體例子的討論對要做什麼很有幫助，再加上一些工作就能讓測試與文件製作自動化：一個活動，多重好處。
- **調和機制產生的可靠性**：由於業務行為是同時在情境文字與實作程式碼中說明，Cucumber 與 SpecFlow 等工具能確保情境與程式碼隨時保持一致（或顯示出不一致）。這在有重複的知識時是必要的。
- **富有洞察力**：對談提供回饋，如同情境的撰寫與自動化。舉例來說，若某個情境太長或很糟糕，這可能表示要尋找讓情境更短更簡單的遺漏的概念。

它還展現出本書後面會說明的其他想法：

- **針對目標受眾**：所有這些工作都是針對業務人員在內的受眾，因此在討論業務需求時專注於清晰的、非技術語言。

- **想法沉澱**：對話通常就夠了，不是每件事情都需要寫下。只有最重要的關鍵情境才需要寫下歸檔或自動化。
- **純文字文件**：純文字對於管理更改的內容，以及與原始碼一起在原始碼管理系統中使用非常方便。
- **存取公佈快照**：不是每個人都必須或想要存取原始碼管理系統來讀取情境。Pickles 與 Tzatziki 等工具可匯出目前的情境快照，成為互動網站或可列印的 PDF 文件。

你已經看到 BDD 的活文件典範，可以繼續研究可應用活文件的其他背景。活文件不限於説明業務行為，BDD 也是如此；它可以輔助軟體開發專案的其他部分，甚至是軟體開發以外。

進一步探索：讓你的活文件更好

功能檔案説明業務情境是有效率的蒐集豐富領域知識最好的地方。

大部分支援團隊進行 BDD 的工具都認識 Gherkin 語法。它們預期功能檔案依循固定的格式，例如：

```
1  功能：功能名稱
2
3  為了…身為一個…我想要…
4
5  情境：第一個情境的名稱
6  前提…
7  當…
8  然後…
9
10  情境：第二個情境的名稱
11  …
```

財務或保險等豐富領域的團隊隨著時間發現，他們不只需要在前面記錄意圖與在後面記錄具體情境。因此，他們開始在業務案例中間加入額外的說明，而這被工具忽略。Pickles 等從功能檔案產生活文件的工具採用這種做法，並開始對所謂的“説明區域”支援 Markdown 格式：

```
1  功能：投資現值
2
3  為了計算投資機會的平衡點
4  作為一個投資經理
5  我想要計算未來現金的現值
6
7
8  説明
9  ====
10
11  我們必須找出現值 *PV* 的前提為未來現金 \
12  總數 *FV*。公式為：
13
14  - 使用負指數記法：
15
16      PV = FV * (1 + i)^(-n)
17
18  - 或等式形式：
19
20      PV = FV * (1 / (1 + i)^n)
21
22  範例
23  ----
24
25    舉例來説，n = 2, i = 8%
26    PV?                     FV = $100
27    |          |            |
28    ---------------------------------------> t (years)
29    0          1            2
33  情境：單一現金現值
34    前提是 100$ 兩年內未來現金數量
35    利率為 8%
36    計算其現值時
37    然後它的現值是 $85.73
```

此文件會在活文件網站上顯示為“功能：投資現值”文件。

此例顯示功能檔案提供直接從原始碼控制系統同一個地方蒐集大量文件的機會。注意檔案中間有文字、公式、ASCII 圖表的説明區域並非真的活著；它只是寄放在情境中；若我們修改情境，你可能也需要更新附近的説明，但不一定有保證。

最好的策略是將不常改變的知識放在説明段落，並將常變動的部分放在具體情境中。一種方式是澄清説明使用範例數字，而非任何時間必須用於業務程序組態的數字。

Pickle [2]、Relish [3]、Tzatzikinow 等工具認識 Markdown 説明，與功能檔案旁邊的純 Markdown 檔案。這讓它很容易有個整合與一致的領域文件製作方法。Tzatziki 可從所有知識匯出金融管理單位要求的 PDF。

基於屬性的測試與 BDD

需求通常自然的以屬性出現（舉例來説，“應付與應收和必須為零”或“球員不能兼裁判”。進行 BDD 或 TDD 時，你必須將這些通用屬性寫入具體範例，這能幫助尋找問題並漸進建立程式碼。

記錄一般屬性的文件值是一個好主意。你通常如這一章所述在功能檔案中以純文字註釋的形式進行。但基於屬性的測試技術，可以精確的針對隨機生成的樣本使用這些屬性。這透過一個基於屬性的測試框架執行，該框架反覆運行相同的測試，並使用樣本產生程序產生的輸入。Haskell 的典範框架是 QuickCheck，其他程式設計語言中大多有都有類似的工具。

整合基於屬性的測試到功能檔案最終讓通用屬性也可執行。實務上在於加入特殊情境説明通用屬性，並呼叫底下的基於屬性測試框架，例如：

2 Pickle, http://www.picklesdoc.com

3 Relish, http://www.relishapp.com

```
1 情境：兌換的所有現金金額之和必須為零
2
3 對任何衍生金融工具
4 與生命期中的隨機日期
5 當我們在該日期為應付方和應收方產生相關現金流量時
6 那麼，應付方和應收方的現金流加總為零
```

這種情境通常使用類似“對然後購物車…”之類的句子。這種用詞對常規情境是個程式異味，但在基於屬性測試工具上的屬性導向情境來補充常規具體情境則還好。

建立詞彙表

理想的詞彙表是活的，直接從程式碼擷取。但通常不可能建立活詞彙表，你必須手動建立。

手動建立 Markdown 檔案詞彙表，並放在其他功能檔案旁邊是有可能的。這種方式也能將它納入活文件網站。你可以將它做成假的空功能檔案。

連結非功能性知識

並非所有知識都應該在同一個地方說明。你不想混合領域知識與 UI 專屬知識或舊知識，它們很重要且應該另行存放。該語言與領域語言有關時，你應該以連結表示關係並使它容易尋找。

如本書其他部分所述，你可以使用不同的方法連結。你可以如下直接連結 URL，但這樣做會有改變時連結失效的問題：

```
1 https://en.wikipedia.org/wiki/Present_value
```

你可以使用維護管理連結的連結登記簿，並以新連結取代失效連結，例如：

```
1 go/search?q=present+value
```

你也可以使用書籤搜尋來連結包含相關內容的地方，例如：

```
1 https://en.wikipedia.org/w/index.php?search=present+value
```

連結非功能性知識是有彈性連結相關內容的方式，代價是讀者每次得選取最相關的結果。

總結

BDD 是活文件的典範。它主要依靠團隊成員間經常交談。它是製作軟體所需工作的一個直接部分，但是它以業務人員和開發人員都可以存取的形式保留了在專案期間收集的知識。儘管這會導致程式碼和情境中的知識冗餘，但是相關工具可以確保它們保持一致。但 BDD 只處理軟體的業務行為。後續的內容會討論如何推展這些想法到其他與軟體開發有關的活動上。

Chapter 3

知識利用

對一個專案或系統來說，很多知識已經存在，並且到處都是：在軟體的程式碼中、在各種組態檔案中、在測試的原始碼中、在應用程式的執行期行為中、在各種工具的隨機檔案與資料中、在參與者的大腦中。

傳統文件嘗試蒐集知識到紙質或線上文件中。這些文件複製已經出現在別處的知識。這在其他文件具有權威與可信任但會演進時會是問題。

由於知識已經出現在很多地方，你只需設置擷取機制，並在有需要時將它帶到需要它的地方。且由於你沒有很多時間這麼做，這種機制必須輕量、可靠、低投入。

識別權威知識

學習找到系統中權威知識來源很重要。知識在不同地方重複時，我們必須知道從何處找到可以信任的知識。改變決定時，什麼地方的知識能最精確的反映改變？

所以：要識別所有權威知識的位置。對某個需求設置自動化機制來擷取知識並轉換成適當的形式。要確保此機制簡單而不會造成困擾。

關於軟體如何運作的知識在原始碼中。最理想的狀況下，它很容易讀取，無需其他文件。在不是很理想的狀況下，或許是因為原始碼本身有問題，你必須讓此知識更容易存取。

知識在哪裡？

假設同事或經理問你："給我 X 的文件"。要處理這個要求，你首先問自己或團隊："知識在哪裡？"。

答案通常很明顯：知識在程式碼中、在功能測試中、在專案目標文件中。有時候不明顯：知識在人的腦中，不管本人是否知道。它甚至在人群中，此時你需要集體研討會來說明。有些知識只存在於軟體評估過程、在程式執行期的記憶體中。

找到權威知識的位置後，要如何運用知識並讓它變成活文件？

知識以不可存取或對受眾不方便的形式存在時，必須從單一來源擷取並轉換成更容易存取的形式。這個過程應該自動化，以發佈有明顯版本的文件與最新版本的連結。

有時候知識無法擷取。舉例來說，業務行為無法從程式碼擷取成英文業務句子，在這種情況下，你需要手寫這些句子成功能情境或測試。這麼做就會造成知識的冗餘，因此你需要前一章所述的調和機制來判斷不一致。

知識散落在各處時，你需要整合所有知識到一處的方法。有大量知識時，仔細選取的程序（整理展示程序）是必要的。

單一來源發佈

將知識保存在單一來源並在有需要時從該處發佈很重要。權威知識來源為程式設計語言寫的程式碼或工具格式的組態檔案時，通常需要讓不能讀取這種格式的受眾可讀取。標準做法是提供每個人都能讀的格式的文件，例如純文字英文 PDF 文件、Microsoft Office 文件、試算表、投影片。但若你直接建立這種文件並將所有知識都以複製貼上的方式納入，當它改變時你就有麻煩。對一個進行中的專案來說，你應該預期它會經常改變。

Dave Hunt 與 David Thomas 的 *The Pragmatic Programmer* 說英文可視為程式設計語言。他們表示："寫文件如同寫程式：遵循 DRY 原則、使用元資料、MVC、自動化產生等"。關於重複，Hunt 與 Thomas 表示規格文件中的資料庫結構是 SQL 等正規語言中的資料庫結構檔案的冗餘。其中一個來自另一個。舉例來說，規格文件可透過能將 SQL 或 DDL 檔案轉換成純文字與圖表的工具產生。

所以：只在一個具有權威性的地方保存各個知識。必須讓無法直接存取的受眾能存取時，從單一知識來源發佈文件。不要將知識的元素包含到要透過複製和過去發佈的文件中，而是使用自動機制直接從單一的權威知識來源產生發佈的文件。

圖 3.1 顯示已經存在的權威知識可透過自動化機制擷取以發佈文件。

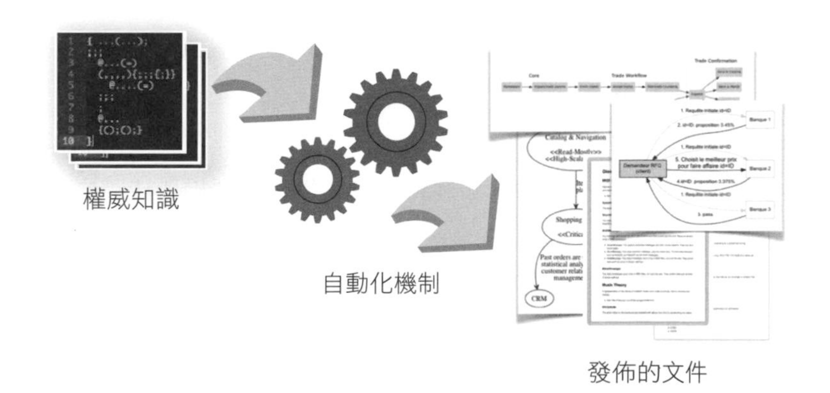

圖 3.1 從權威知識發佈文件

產生發佈文件的一些例子

有許多工具可從原始碼與其他技術製作物產生文件。下面是一些例子：

- **GitHub**：GitHub 的 README.md 檔案是關於專案目標的單一知識來源，它會轉換成漂亮的網頁。
- **Javadoc**：Javadoc 擷取結構與所有公開或私用 API，並作為參考文件發佈到網站。你可以根據標準 Javadoc Doclet 自定工具來產生特定報告、詞彙表、圖表，如第 6 章所述。

- **Maven**：Maven 與某些內建各種報告工具（通常是網站）產生一致性文件的方法。舉例來說，Maven 蒐集測試報告、靜態分析報告、Javadoc 輸出目錄、任何 Markdown 文件並整理成標準網站。每個 Markdown 文件可在程序中產生。

- **Leanpub**：我用來寫這本書的 Leanpub 出版平台是單一來源出版機制的典範：每一章寫成獨立的 Markdown 檔案、圖片放在外面、程式碼是獨立的原始檔案、甚至目錄也是獨立的檔案。換句話說，內容以最方便工作的方式儲存。我需要預覽時，Leanpub 的出版工具鏈會根據目錄整合所有檔案，並透過 Markdown 繪製、字體設定、程式碼突顯等各種工具，產生各種格式的高品質書籍：PDF、MOBI、ePUB。這類似出版世界中的小說原稿的書本、漫畫、改編電影的發佈一全都從原始手稿開始（見圖 3.2）。你可以依循這個基本模式與範本機制加上一些自定程式碼。舉例來說，你可以從程式碼中列出各國貨幣的資源檔案中產生 PDF。

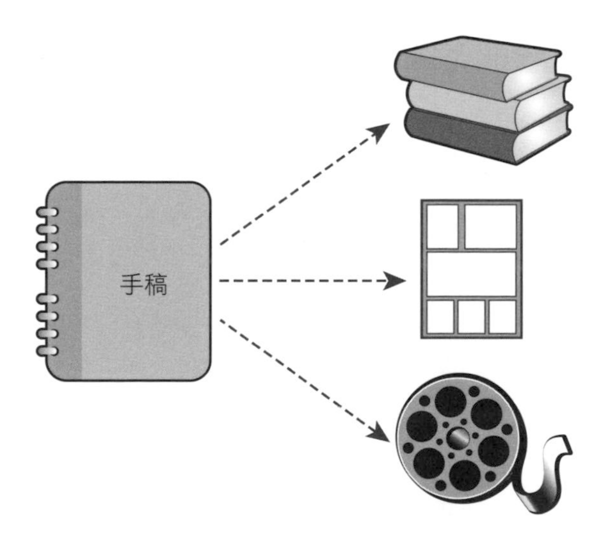

圖 3.2 單一來源與可能的多種文件

發佈快照與版本編號

任何從單一來源發佈的文件都是快照：必須視為絕對不可變且不應該修改。為避免有人修改發佈後的文件，你應該採用防止修改的文件格式，或至少很難改。舉例來說，PDF 優於 Microsoft Office 文件，後者很容易改。無論是什麼格式，考慮使用旗標防止修改。這不是要讓駭客也改不了，而是讓修改的最容易做法是修改權威來源並再次發佈。

任何發佈文件必須有明顯的版本與最新版位置的連結。

若必須列印很多紙質文件，你可以考慮加上連結最新版本資料夾的條碼。這種方式讓列印出的文件也能導引讀者到最新版本。

標注

你應該只在無法從現有專案製作物擷取時才手寫，並且應該將這種標注儲存在有自己的生命週期的檔案中。這種檔案最好較從其他地方擷取的知識更少改變。另一方面，若你必須發佈的文件少了一些資訊，你應該盡量讓它加入最有關的製作物中，或許使用註解、標籤、命名慣例、或新建的獨立製作物。

設置調和機制（又稱為查證機制）

知識在多處重複時，你應該設置調和機制以立即檢測不一致。關於軟體的重複知識是壞事，因為它導致在冗餘處重複的更新工作，且這也表示有忘記更新而發生不一致的風險。

但若必須要有冗餘，你可以使用查證機制來緩解，例如檢測兩份拷貝是否一致的自動化測試。這不會消滅更新多處的成本，但至少能確保你不會忘記更新某個部分。

一種大家都熟悉的調和機制是餐廳買單（見圖 3.3）。你知道你吃了什麼（證據在桌上的餐盤），你核對帳單上的每一條以確保沒有不一致。

圖 3.3 核對帳單是一種調和機制

所以：想要或需要調和儲存在不同位置的冗餘知識時，要以調和機制確保所有冗餘知識維持一致。使用自動化以確保所有東西維持一致，與立即檢測出不一致並通知你改正。

執行一致性檢查

如第 2 章所述，情境提供行為的文件製作。只要情境與程式碼不一致，你會立即知道，因為測試自動化失敗，很像 Roberval 天平（見圖 3.4）。

這種機制之所以成為可能，是因為有一些工具可以解析自然領域語言中的情境來驅動它們的實作程式碼。程式碼是透過一小層黏合程式碼驅動的，這層黏合程式碼是專門為此編寫的，通常稱為 “步驟定義”。這些步驟是經過解析的情境和實際驅動的程式碼之間的適配程序。

想像測試下列情境：

- Given party BARNABA is marked as bankrupt（已標記為破產）
- And trade 42 is against BARNABA,（有個交易 42）

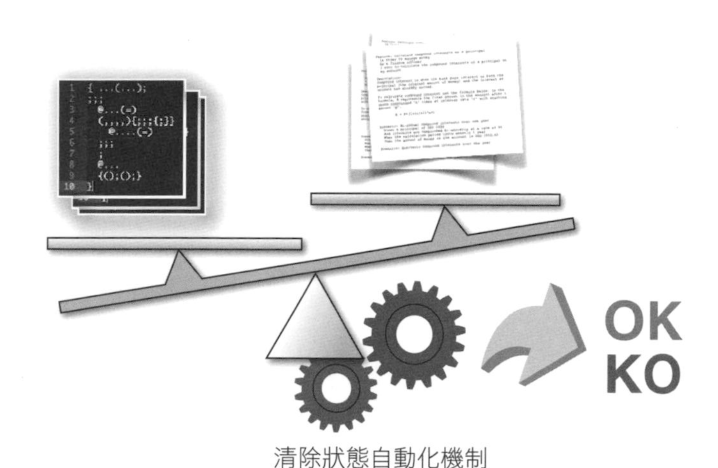

圖 3.4 核對冗餘知識是否一致的自動化機制

- When the risk alerting calculation is run,（執行風險警告計算）
- Then an alert occurs: Trade against the bankrupt party BARNABA is triggered（產生警告：破產的 BARNABA 的交易）

工具解析這些文字並識別出這一句："Given party BARNABA is marked as bankrupt" 有個步驟定義：

```
1  Given("^party (.*) is marked as bankrupt$")
2  public void partyMarkedAsBankrupt(string party){
3   bankruptParties.put(party);
4  }
```

工具對每一行做相同的動作。*When* 開頭的句子觸發實際計算，*Then* 開頭的句子引導工具核對：

```
1  Then("^an alert: (/*) is triggered$")
2  public void anAlertIsTriggered(string expectedMessage){
3   assertEquals(expectedMessage, actualMessage);
4  }
```

要執行這個工作，句子必須確實以參數驅動程式碼（句子中間的正規表示式 [/*]），且必須盡可能精確的檢查句子的預期。

作為一個反例，如果不從句子中擷取一個參數，對步驟寫程式是沒有意義的，否則在做了一些更改之後將面臨不一致的風險：

```
1  Then("^an alert: Trade against the bankrupt party BARNABA is triggered$" )
3  public void anAlertIsTriggered(){
4   assertEquals("Trade against the bankrupt party ENRON",actualMessage);
5  }
```

此情境不幸的還是會通過，寫死的訊息不適合此情境，沒有人會注意到。

測試假設的調和

通常使用 *Given*（或 xUnit 程式碼中等同的 *Arrange* 一詞）來建立模擬物件或將資料插入測試資料庫。

測試舊系統時，你通常得處理幾種問題：

- 很難模擬舊資料，因此必須完整的測試整個流程。
- 無法重新建構或產生可供測試的資料庫，因此你必須在隨時會有新資料進來的真正資料庫上進行。

除了這些問題外，還是有可能使用與 *When* 句子或 xUnit 的 *Arrange* 句子相同的宣告，但要實作檢查假設是否為真的部分而不是插入值給模擬物件：

```
1  Given("^party (.*) is marked as bankrupt$")
2  public void partyMarkedAsBankrupt(string party){
3   assertTrue(bankruptParties.isBankruptParty(party)); // 呼叫資料庫
4  }
```

這不是測試的判斷；它只是情境（或測試）通過的前置條件。若假設已經失敗，則情境“連失敗都不算”。我通常稱呼這種“測試之前的測試”為*金絲雀測試*。

這種測試甚至會指出測試目標以外的問題，幫助你知道你無需浪費時間調查不對的地方。

發佈後的合約

我第一次見到的一種調和機制是，Arolla 的同事 Arnauld Loyer 用於調和呼叫你的服務的外部服務之類的第三方合約。若你的服務顯露資源與 `CreditDefaultType` 屬性，它有 `FAILURE_TO_PAY` 與 `RESTRUCTURING` 兩種可能的值，一經發佈後就無法重新命名。因此，你可以使用帶有故意冗餘的測試，來履行這些元素不改變的合約。你可以按照自己的意願進行重構和重新命名，但是每當你破壞合約時，調和測試將以測試失敗警告你。

這是強制文件的一個例子。理想情況下，你應該使測試以一種可讀的形式成為合約的參考文件；API 領域中的一些工具能讓你這樣做。你肯定不想透過自動重構來更新測試；相反的，你希望它不受重構的影響以保持不變的外部服務。

這種方法最天真的實作可能如下列，假設內部 Java 稱為 `CREDIT_DEFAULT_TYPE` 的 enum 表示為 `CreditDefaultType`：

```
1  @Test
2  public void enforceContract_CreditDefaultType
3   final String[] contract = {"FAILURE_TO_PAY", "RESTRUCTURING"};
4
5   for(String type : contract){
6    assertEquals(type, CREDIT_DEFAULT_TYPE.valueOf(type).toString());
7   }
8  }
```

由於你想要確保外部呼叫依循合約，你再將此合約訂為外部使用的字串陣列。因為你想要檢查輸出入值是否依循合約，你要確保合約所定的字串被識別為 `valueOf()` 的輸入，且它是 `toString()` 的輸出。

註

這個例子只是用來說明這種調和機制。實務上，在測試中使用迴圈不是好方法，因為如果出現異常，測試報告不能準確的告訴你問題位於哪個迴圈中。相反的，你使用參數化的測試，使合約的值的集合成為參數的來源。

使用這種方法，當最近加入團隊的人決定重新命名 enum 常數時，測試立即失敗以發出不能這樣做的信號（實際上就像防禦性文件一樣）。這是對不當行為的防禦，同時也為違反者提供了一個當場學習的機會：當測試失敗時，他們會知道 enum 常數是不應該更改的合約的一部分。

整合分散的事實

不同的事實放在一起就成了有用的知識。有時知識會傳播到不同地方。舉例來說，一個具有介面和五個類別階層結構實際上可以在六個不同的文件中宣告。套件或模組的內容實際上可以存儲在許多文件中。專案的完整相依項目表實際上可以在其 Maven 清單 POM 和父清單中部分定義。因此有必要收集和彙整許多小知識以獲得一個完整的圖像。

舉例來說，系統的概觀是每個黑盒子概觀的集合，如圖 3.5 所示。此處的整體知識是透過整合機制獲得的。

圖 3.5 從分散的權威知識到統一的知識

就算知識分割成多個小部分，最好還是視為權威單一來源。此導出的整合知識是從多重擷取的發佈後文件的特例。

所以：設計簡單的自動化整合所有分散事實的機制。必須盡可能頻繁的運行此機制以確保關於整體的資訊相對於部分是最新的。避免任何整合資訊的儲存，除非有快取之類的技術問題。

如何整合

基本上，整合如同 SQL 的 `GROUP BY`：將有一些共同屬性的多個東西想辦法轉換成單一東西。實務上是透過掃描收集一定範圍內的所有元素完成，如圖 3.6 所示。

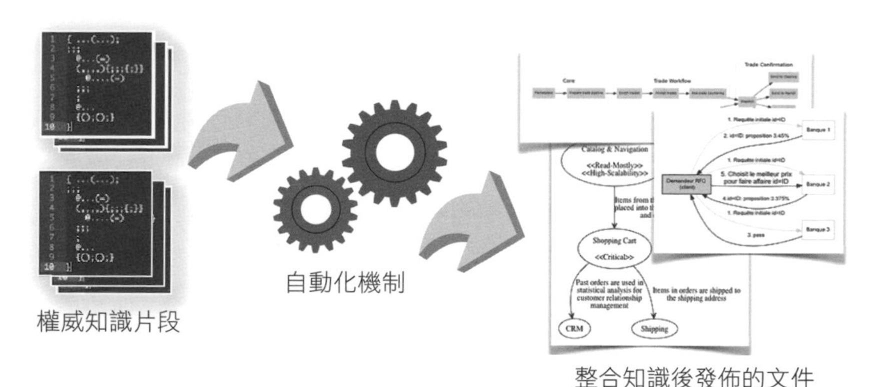

圖 3.6 從分散的事實到有用的知識

舉例來說，要在一個專案的範圍內從單個元素中重新建構類別階層結構的全貌，需要掃描專案的每個類別和介面。掃描程序用字典記錄目前遇到的每個階層（例如對應階層頂層 > 子類別清單）。每次掃描到一個擴充其他類別或介面的類別時就將它加入字典。

掃描完成時，字典包含專案所有類型的階層清單。當然，可以將此程序簡化為掃描特定文件所需的階層子集，例如掃描特定 API 的類別與介面。

另一個例子是建立小元件組成的系統的黑箱活圖表，個別小元件有獨立的輸出入，如圖 3.7 所示。

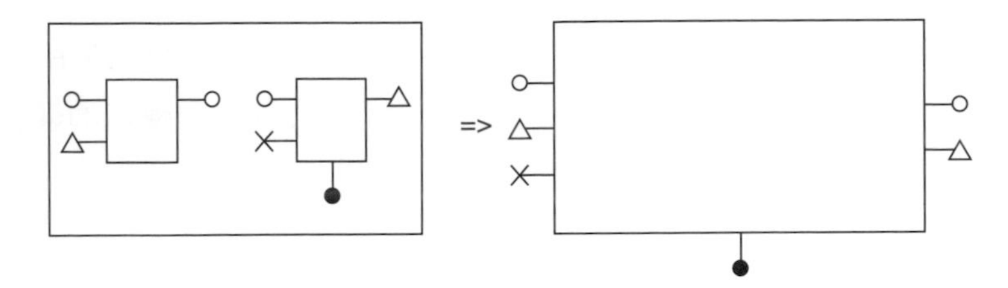

圖 3.7 整個系統的黑箱概觀可由其元件的黑箱概觀整合導出

一種簡單的整合只是從所有元件收集所有輸出入的集合。更複雜的整合可嘗試刪除內部相同的所有輸出入。由你決定要如何整合以符合你的特定需求。

整合的實作考量

同樣的，如果可能，你應該重複使用現有可行的工具。舉例來說，有些 Java 程式碼的解析程序可提供型別階層。若工具沒有你要的功能，你可以將它加入，例如寫出另一個程式設計語言抽象語法樹（Abstract Syntax Tree，AST）[1] 的造訪程序 [2]。有些更複雜的工具甚至可提供自己的語言來有效率的查詢程式碼。如果你有非常複雜的查詢，你可以載入 AST 到圖形資料庫，但如果你這麼做，恐怕你會變成文件製作工具的軟體供應商。

若導出的知識因效能因素而儲存在快取中，要確保它不會變成事實來源，且能夠在刪除後重新從所有事實來源重建。

大部分的系統可以用批次循序方式掃描所有部分。這通常在建置時進行，它會產生可發佈到專案網站或報告的整合內容。

1 解析程序中常見的樹狀結構，用於表示與操作原始碼結構。

2 “The Visitor Pattern” 摘自《Design Patterns: Elements of Reusable Object-Oriented Software》Erich Gamma, John Vlissides, Ralph Johnson 及 Richard Helm 著 . Addison-Wesley.

循序掃描資訊系統等大型系統的所有部分實務上不可行。在這種情況下，整合程序可以漸進完成。舉例來說，每個部分的建置會提出特定資料給放在共用資料庫等共用位置的整體整合。此整合整體是導出的資訊；可信度較來自每個建置的資訊低。若發生問題，你應該拋棄它並從每個建置提出的資訊重新製作。

現成的文件

你做的大部分事情已經記錄在文件中。並非所有知識都是專屬你的；很多知識是業界很多人與很多公司通用與共享的。例如程式設計語言、開發者工具、軟體模式與實踐；這些大部分都是業界標準。

我們的日常工作越來越多被聰明的實踐者編成模式、技術、實踐。這些知識被寫成書籍、部落格、研討會討論。這是現成可用的文件，免費或買本書或參加研討會即可取得。下面是幾個例子：

- *Test-Driven Development*, Kent Beck
- *Design Patterns: Elements of Reusable Object-Oriented Software*, Erich Gamma, John Vlissides, Ralph Johnson, 與 Richard Helm
- *Patterns of Enterprise Application Architecture*, Martin Fowler
- *Domain-Driven Design*, Eric Evans
- C2 wiki 上的所有東西
- Jerry Weinberg 的每一本書
- *Continuous Delivery*, Jez Humber 與 Dave Farley
- 關於清潔程式碼的所有文獻
- Git 工作流程策略

或許可以說你想到的東西都已經有人寫過了。模式、標準名稱、標準實踐都有，甚至是你不知道的。文獻還在增加，數量已經大到你無法全部知道或看過。

> **註**
>
> Dave Hoover 與 Adewale Oshineye 在 *Apprenticeship Patterns* 一書中呼籲研究經典。舉例來說，他們建議先讀你的讀書清單中最舊的書。

關於成熟產業的知識也是通用知識。就算是金融定價或電子商務供應鏈最佳化等競爭激烈的領域中，大部分的知識也是公開且可從產業標準書籍中獲得的，只有一小部分的業務知識是專屬且保密的（也只有一陣子而已）。

舉例來說，每個業務領域都有基本讀書清單，可能有書會被稱為該領域的“聖經”（舉例來說，John C Hull 的 *Options, Futures, and Other Derivatives*，Martin Christopher 的 *Logistics and Supply Chain Management*）。

好消息是通用知識已經記錄在產業文獻中。有書、部落格、研討會談話等很好的說明。討論時有標準的術語。有課程可學習。

通用知識本身是已經解決的問題。這種知識已經存在，可供任何人再利用。若你在系統中運用通用知識，只需連結相關文獻就完成文件製作。

所以：要知道大部分的知識已經記錄在某個產業文獻中。做好功課並上網查詢知識的標準來源或詢問有知識的人。不要嘗試再寫一次別人已經寫好的東西；改為連結。也不要嘗試原創；相反的，盡可能採用標準實踐與標準術語。

大部分情況下，刻意採用業界標準是好事。你在做的事情肯定已經被討論過。運氣不好的話只有一兩篇部落格文章。運氣好的話有產業標準。無論如何，你必須找出來，原因是：

- 你可以參考其他來源而不是自己寫。
- 其他來源可能有改善建議或你沒有考慮過的替代方案。
- 其他來源可能比你更深入說明狀況，給你外部洞察。
- 這種說明可檢驗你的方法是否合理。若找不到佐證，要注意。
- 最重要的是你會學習到其他人如何討論這個狀況。

標準術語的威力

控制術語的人就能控制思想。

-Ludwig Wittgenstein

與其他人使用相同的詞彙是很好的優勢。這讓你能使用較短的句子溝通。沒有共同的詞彙，你得花很多句子描述一個文字編輯器的設計：

> 線上編輯依靠多個子類別介面。文字編輯器將實際處理委派給介面而無需在意哪一個子類別實際負責工作。根據線上編輯的開關決定是否使用不同子類別的實例。

但若你熟悉模式等有文件記錄的標準知識，你可以更精確的說出你的論點：

> "線上編輯實作成 Controller 的 State" [3]

每個成熟產業都有自己的俚語，因為使用大家都懂的俚語是有效率的溝通方式。每個汽車零件都有根據功能命名的特定名稱：不能只說**軸**，要說清楚**凸輪軸**或**曲軸**。**氣缸**裡面有**活塞**，還有**提升閥**與**正時鏈條**。領域驅動設計呼籲小心的發展這種領域用語。

軟體產業在每次發展標準術語時獲得進步。舉例來說，Martin Fowler 造出另一個我們有用到但沒有想過的模式的術語時，他正在幫助發展我們的產業的通用語言。

通用語言對文件製作非常有幫助。若你知道你在做什麼也知道業界怎麼說這件事，你可以只插入產業標準的參考，如此就能以低廉代價完成密集的文件製作。

模式與模式語言對打包現成知識到可重複使用的文件特別有效率。模式實際上是罐裝文件製作。它們建立指向完整參考的標準詞彙。

---

3 此狀態模式的例句出自 Kent Beck，https://www.facebook.com/notes/kent-beck/entropy-as-understood-by-a-programmer-part-1-program-structure/695263730506494

設計模式是有經驗的程式設計師的溝通工具，不是新手的輔助設施。

——*@nycplayer* 的推文

100% 設計模式？

模式很重要。但我開始學習設計模式時，我試著使用所有我能用的東西；這很常見，甚至有些人稱為模式誤用。然後我變得理性並學習什麼時候不用模式。

許多文章嚴厲的批評全都是模式的程式碼。但我覺得沒有說到重點：你應該盡可能的學習更多的模式。這不是說學習模式以供使用，雖然它們也許有用；相反的，重點在於學習模式以認識你做的事情的標準名稱。在這種觀點下，程式碼 100% 能且應該要由模式描述。

知道標準術語也能開啟更多知識的大門：你可以找到書以及購買你感興趣的訓練主題。你也可以找到並僱用有這種知識的人。

知道標準術語並不全是找出解決方案。就算你有完美的方案，找出業界的稱謂方式也很重要。標準術語能讓你參考其他人寫得好、同儕審核過、經過時間檢驗的作品。

連結標準知識

通用知識已經記錄在產業文獻、書籍、網路上。使用它時，透過網址或參考書目連結權威來源。若有東西已經寫得很好，你應該參考它而不是重新寫一個爛文件。

當然，識別一段知識的標準名稱是一個大問題。Google 等搜尋引擎以及 C2 與 Stack Overflow 等社群網站是你的益友。你可能需要猜測其他人如何討論某個主題。然後你可以快速的掃描第一個搜尋結果以決定更精確的查詢關鍵字。透過這種探索，你可以快速的學到很多並看到該主題有多少既有專業術語。

不要不好意思向團隊或論壇詢問、請他們提供意見。其他有經驗、資深與有時間的人可指引出他們多年來遇到的標準知識。

對某個詞來說，你也可以瀏覽維基百科與條目底下的各種連結。也要注意“相關”連結，直到你看出端倪為止。維基百科是對應你的思路與標準詞彙的好工具。

不只是術語

大量標準術語是口頭或文字有效率溝通的關鍵。也就是說，即使是標準說明也可能涉及你未曾考慮過的改進和替代方案。這些資訊也很有用。現成的文件是可重複利用的思維，這很有幫助。這就像是有個經驗老到的作者在你旁邊一起思考。

> 你還是得思考，但不用自己一個人想。
>
> ——*@michelesliger* 的推文

若我說“我在舊系統上建立一個轉接器”，這個句子用很少的字暗示很多事情，因為它不只有轉接器模式的名稱而已。舉例來說，這個模式的一個重要結果是被轉接的對象（此例中的舊系統）應該不知道轉接器；應該只有轉接器知道舊系統。

我說某套件代表展示層而另一個套件代表領域層時，我也暗示只有前者相依後者（而不是後者相依前者）。

利用文獻中的定理和抽象結構是數學的規範，如此可以更進一步推導而不必重新發明和一次又一次的證明相同的結果。標準術語也是如此。

談話中使用現成的知識以加速知識轉移

下面是我與 Jean-Baptiste Dusseaut（暱稱“JB”，Twitter 為 @BodySplash）的簡短交談，主題是大眾文化與術語如何有效率的幫助分享知識（見圖 3.8）。

圖 3.8 嗨 JB，我聽説你開了新公司，它是做什麼的？

CM：嗨，JB，我聽説你開了新公司，它是做什麼的？

JB：它是音樂家的合作工具。我們提供輕量化社交網路來尋找其他音樂家與專案以及數位音樂工作站 Jamstudio，來與其他音樂家即時合作。它算是音樂的 Google Doc（見圖 3.9）。

圖 3.9 它是音樂家的合作工具

CM：聽起來不錯！從技術方面來看，你的系統是如何組織的？

JB：我知道你很懂軟體工藝與設計，特別是 DDD，所以你應該不會意外我們的有限背景系統有多個子系統（見圖 3.10）。

圖 3.10 我知道你很懂軟體工藝與設計

CM：哦，很合理！所以每個子系統都是個微服務？

JB：是也不是。它們一開始是相依解耦的模組一也就是執行期可以擷取成獨立的行程。但我們讓它們留在同一個行程中直到我們需要獨立的行程，通常是負載增加而需要擴充時。

CM：沒錯！這叫做“準備好微服務”風格程式設計。事前無需寫完整的具體服務，但隨時可選擇轉換。但這需要功夫。

JB：是的，如同現在我們只有一兩個開發者時是很簡單。實務上，由於負載越來越大了，我們經常進行轉換。

CB：負載加大：這是新公司成長與尋求投資時甜蜜的負擔。

JB：一定要的。

CB：我想要看完整系統的大概。或許是有限背景的有限背景？

JB：好啊。現在有五個有限背景：獲取（註冊新使用者）、編曲、錄音（混音、後製）、分支管理、報表製作。它們依靠 Postgres 資料庫上的 Spring boot 實例，除了分支管理是在 S3 儲存體上以 Node.js 建構的。每個有限背景專注於個別領域，除了註冊是基於 Hibernate 的 CRUD。它是早期版本留下來的倖存者。

CB：我現在很清楚的知道了（見圖 3.11）。謝謝你，JB ！

圖 3.11 聽 JB 說明完整的系統

工作更有意識的反對直覺和自發性嗎？

什麼時候有意識的知道某件事會被認為不如直覺更令人嚮往呢？下面是來自 Steve Hawley 一篇有趣的文章的資訊：

> 使用模式如同使用作文套路。（或許）有無數的方式可描述同一個想法，但我懷疑你能找到一個優秀的作家，他會在一章的開頭就想："我會在這裡介紹一個角色，所以最好給這個角色畫一幅畫"。這需要明喻。是的，明喻可行。我想我還會用一些諷刺的並置。這種寫作方式讓人感覺很勉強。我讀過的程式碼中，設計模式的應用程序也感覺是勉強的[4]。

Steve 有他的道理。我必須承認，直覺如果能被正確的訓練成高品質的例子，可能比刻意的追求完美更有優勢，也許是因為我們的大腦比我們想的更強大。是的，很多時候，我們假裝我們所做的是刻意和深思熟慮的，但實際上是基於直覺的決定。

Propel 的 Francois 提出一個有趣的問題：開發者應該知道設計模式嗎？ ORM 引擎是相當複雜的軟體，它們大量（並慎重的）使用模式，特別是 Fowler PoEAA 模式。Francois 在一篇部落格文章中討論引擎的文件中提到或不提到 Propel ORM 核心的各種模式的原因：

> 人，如同其他 ORM，實作很多常見的設計模式。例如 Propel 的 Active Record、Unit Of Work、Identity Map、Lazy Load, Foreign Key Mapping、Concrete Table Inheritance、Query Object。Object-Relational Mapping 本身確實是個設計模式。

如果你知道這些模式，你可以快速的了解 Propel；如果你不知道，你會需要讀很多說明才能成為專家，而下次遇到其他 ORM 時，你必須從頭再來一次。當然，有時候你會識別成這些模式，只是不知道它們的名字。你只是略微意識到這些模式。

---

4 https://www.atalasoft.com/cs/blogs/stevehawley/archive/2009/07/29/design-patterns-and-practice.aspx

工具歷史

如你所見，很多知識已經存在，某些隱藏在你使用的工具的歷史中。原始碼控制系統是個明顯的例子。它們知道每個提交（何時完成、誰做的、改了什麼）並記得每個提交說明。有些工具，例如 Jira 甚或是你的郵件用戶端，也知道很多有關專案的事情。

但這種知識不一定隨時可用，也沒有經常使用。舉例來說，如果沒有工具讀取最常見的問題，你可能不知道有這個問題。

有時候你必須重新讀取其他工具中另一個形式的相同知識。舉例來說，改正錯誤的一個提交的說明表示它改正了一個錯誤，但在很多公司中，你必須到工作紀錄中宣告你改正了一個錯誤。你還必須在工時記錄工具的表格中再次輸入以宣告你花的時間。這是浪費時間，要考慮整合這些工具。

更好的工具整合也能幫助簡化人的工作，減少手動記錄工作的需求。但整合失敗時，你會需要文件。理想中，整合元件應該能提供此文件。舉例來說，整合腳本應該盡可能可讀與具有說明性。

所以：要利用儲存在工具中的知識。判斷什麼工具是某個知識的唯一權威。尋找可以整合其他工具或特定報表供文件製作使用的外掛。學習如何使用工具的命令列介面來設計程式化知識擷取或整合各種工具。探索工具提供的 API，包括郵件與聊天工具。

最後手段是找出如何查詢工具的內部資料庫，但要注意資料庫可能隨時改變而沒有事前通知，因為它通常不是正式的 API。

下面是一些工具與其知識的例子：

- **原始碼控制**：Git 等工具與 `blame` 命令可告訴你誰在什麼時候改了什麼，顯示提交說明與下載請求討論。
- **內部聊天系統**：Slack 等系統可顯示問題、建置、釋出資訊、關鍵字、活動、情緒、人、時間。
- **使用者目錄郵寄清單**：這些工具可列出團隊、團隊成員、團隊經理人，能幫助你知道找誰幫忙、找更高階負責人等。
- **控制台歷史**：這種工具可告訴你最近或最常使用的命令或命令序列。
- **服務登記簿**：此工具可列出每個執行中的服務、位置、額外的旗標。
- **組態伺服器**：此工具可顯示環境組態細節。
- **公司服務目錄**：此目錄列出服務管理資訊，例如聯絡人、最新更新時間等。
- **專案登記簿**：就算共用資料夾上的試算表檔案，也可以告訴你專案名稱、程式碼、領導人、贊助者、預算代號等。
- **Sonar 元件**：這些工具可顯示邏輯單元、指標群組以及它們在不同層次的細節，以及跨多個庫和多種技術上的趨勢。
- **專案記錄工具歷史或釋出管理工具歷史**：這些工具可告訴你誰、什麼時候改變與目前的版本。
- **郵件伺服器**：這些工具通常用於歸檔下列紀錄（舉例來說，轉給歸檔地址）：手動報表、上線等手動決策、最有知識的合作者。

總結

大部分有價值的知識已經以某種形式存在於系統製作物中。活文件做法從確認各種已經存在的權威知識來源開始。這也牽涉到判斷是否有可擷取成各種文件的單一事實來源，或是否有需要調和機制的冗餘來源。若知識四散多處，你需要整合機制將它放到同一個地方。

大部分知識已經存在，但並非 100%，這表示你需要以不見的知識來豐富或增強系統的方法以使知識完整。這是下一章要討論的主題。

Chapter 4

知識增強

> 原始碼中可能有從不執行的程式碼、說謊的變數與程序名稱，通常這不是認識程式設計師意圖的好方法。對我來說，設計同時是決策的結果與決策的原因。有時候程式碼可說清楚，但通常不是這樣。
>
> *—Ralph Johnson, http://c2.com/cgi/wiki?WhatIsSoftwareDesign*

軟體從原始碼建置，這是否表示原始碼能說出應用程式整個生命週期中的所有事情？可以，原始碼說出很多事情一它必須是。原始碼向編譯器描述如何建置軟體。乾淨的程式碼更進一步的讓其他開發者清楚認識其知識。

然而，光靠程式碼通常還不夠。程式碼沒有辦法說出完整故事時，你必須加入漏掉的知識使其完整。

當程式設計語言不足時

大部分的程式設計語言沒有事先定義好的宣告重要決策、記錄理由、說明選擇替代方案的方式。程式設計語言說不出任何事情。它們專注於它們的關鍵做法，並依靠其他機制表達其餘部分：命名、注釋、函式庫等。

橋的比喻

下面以建橋做比喻。建橋是根據設計圖，但若在某個時間點必須將木料換成鋼鐵等更堅固的材料，原始設計圖就不夠了。原圖指定木料的尺寸，但沒有說明是如何算出來的。它不會說明材料應力、疲勞、對抗風力或水力的計算。它不會說明設計期間考慮的“極端”。現在或許需要重新設計以適應最近發生的更極端的條件。或許橋原本的設計沒有考慮到洪水，但我們現在知道確實有可能。

做文件設計決定與原理時，程式設計語言除了典型的成員或繼承可見度等簡單的標準決策外並幫不了什麼忙。

語言不支援設計實踐時，命名慣例等補救方式通常可行。有些語言沒有辦法以前綴底線表示私用方法。沒有物件的語言採用第一個函式參數稱為 `this` 的慣例。但就算是最好的程式設計語言，還是讓開發者覺得有很多東西無法單靠語言本身完整表示。

知識能以程式碼註解加入。但註解缺少結構，除非你採用 Javadoc 等結構化註解。還有，重構不能像應用在程式碼上一樣的應用於註解。

所以：增強你的程式設計語言，使程式碼能以結構化的方式說出完整的故事。定義你自己的宣告每個重要決定背後的意圖與理由的方式。宣告高階設計意圖、目標、與理由。

這方面不要依靠單純的註解。使用強命名慣例或使用 Java 注釋（annotation）與 .Net 的屬性（attribute）等語言擴充機制；越結構化越好。單獨為這個文件製作的目的寫一個小程式。有需要時建立你自己的領域專屬語言（domain-specific language，DSL）或重複使用別人的。可行時依靠慣例。

盡可能將增強後的知識放在靠近相關程式碼的地方。理想中，它們應該放在保證會被重構的地方。讓編譯器檢查錯誤，依靠 IDE 的自動完成功能，確保增強後的知識很容易從編輯器或 IDE 搜尋，以確保它可以被工具輕鬆的擷取出整個增強後程式碼的活文件。

增強後的程式碼帶有對未來維護者很有價值的提示。新增程式碼相關知識時的一個重要考量是，程式改變時它要如何演進。程式碼會改變是因為它就是會改變。因此，這些額外的知識是非常重要的，要麼保持準確，要麼與程式碼同時更改而不需要或幾乎不需要手動維護。重新命名類別或套件時會發生什麼事？一個類別被刪除時會發生什麼事？你想要增加的額外知識應該保證跟著重構。

增強後的程式碼對明確指出程式碼的決策與背後的理由很有幫助。

用於增強後的程式碼是結構化的，它也很容易在 IDE 中搜尋與導覽而無需外掛。這表示另一個方向也可行：以理由尋找所有相關的程式碼。這對可追蹤性或影響分析很有價值。

製作增強程式碼在實務上有幾種方法：

- 內部文件製作
    - 注釋
    - 慣例
- 外部文件製作
    - 附屬檔案
    - 元資料資料庫
    - DSL

以注釋製作文件

使用注釋擴充程式設計語言的文件製作，是我在 Java 或 C# 等語言上最喜歡的增強程式碼方式。注釋對命名或程式碼結構沒有任何限制，這表示它們在大部分的程式碼上可行。由於它們能與程式設計語言本身一樣結構化，因此可依靠編譯器來防止錯誤，並依靠 IDE 自動完成、導覽、搜尋。

注釋主要的優點是重構友善：注釋對象重新命名也不怕、會跟著移動、會跟著刪除。這表示就算是程式碼經常改變也無需額外維護。

所以：使用結構化注釋說明設計與其目的。建立、增加、維護預先定義的注釋目錄，然後以這些注釋豐富類別、方法、模組的語意。

然後你可以建立小工具來利用注釋中的額外資訊，像是實行限制或擷取知識到另一種格式。

有注釋且你知道有注釋時，你可以更快的宣告設計決策：只需要加上注釋。注釋如同思緒的書籤（見圖 4.1）。

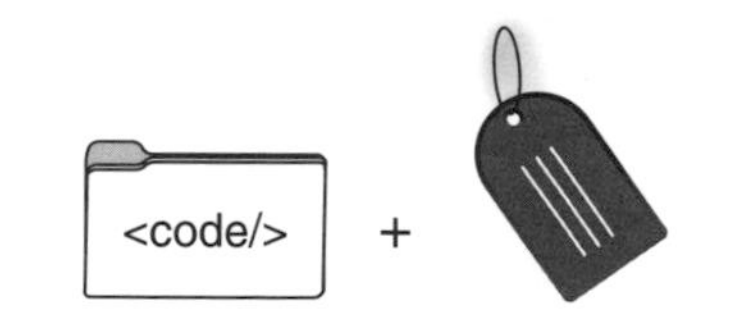

圖 4.1 增強程式碼 = 程式碼 + 注釋

注釋可表示值、實體、域服務、域事件等類別模板（stereotype）。它們可以表示活躍的模式合作者，例如 composite 或 adapter。它們可以宣告程式設計風格與預設偏好。

注釋盡可能以標準名稱對應標準技術很重要。若你需要自定，要確保將它們記錄在每個人都知道的地方。

在標準知識和標準實踐方面加上註釋來宣告你的決策會鼓勵有意的實踐。你必須知道你在做什麼，你必須知道它在業界文獻中被稱為什麼。使用標準設計模式和註釋可以減少完成任務所需的時間。

注釋也可從 IDE 中搜尋，這很方便。舉例來說，你可以搜尋每個有特定注釋的類別，給你導覽設計的新方式。

結構化注釋是個有力的工具，但它們或許不足以完全取代說明設計決定與意圖的其他形式的文件製作。你還是需要與每個參與者對話。此外，某些知識與洞察透過精細的寫作來表達是最好的（這很難靠注釋達成）。你可能還會發現，記錄決策過程中涉及的情緒，例如恐懼、品味、厭惡、政治壓力等更微妙的細節是很有必要的。純文字等其他媒體更適合這個。

最後，機器可讀取以注釋宣告的知識，這表示工具可利用此知識幫助團隊。例如活圖表與活詞彙表都依靠這種能力。想像你能夠（或工具能幫你做）使用懂你的設計意圖的工具有多好！

注釋不只是標籤

Java 的注釋與 .Net 的屬性是其程式設計的一部分。它們具有名稱與模組名稱（套件或命名空間）。它們也有參數且可以被其他注釋做注釋。由於它們是類別，它們也可以使用 Javadoc 等文件產生器使用的結構化註解語法。這表示你可以透過簡單的注釋傳遞很多知識。

讓我們看一個技術性範例。注釋使用元注釋說明適用範圍。舉例來說，下面的 Adapter 注釋適用的型別與套件：

```
1  @Target({ ElementType.TYPE, ElementType.PACKAGE })
2  public @interface Adapter {
3  }
```

下面的例子涉及有參數的注釋。如果你要對一個 builder 模式做注釋，你可用知識的參數說明該 builder 生產的型別：

```
1  public @interface Builder {
2      Class[] products() default {};
3  }
4
5  @Builder(products = {Supa.class, Dupa.class})
6  public class SupaDupaBuilder {
7   //...
8  }
```

宣告的回傳型別與實作介面通常已經能夠説明類似的資訊，但它們不具有注釋的精確語意。事實上，更精確的注釋為更多的注釋開啟大門，因為它們讓工具能以高階語意解譯原始碼。

如同 Semantic Web 的目標是將無結構資料轉換成資料網站，有清楚注釋語意的程式碼可作為機器可解譯的資料網站。

說明決策背後的理由

值得後人記錄的最重要的資訊之一是每個決定背後的理由。多年後看起來愚蠢的選擇，在做決定時卻不那麼愚蠢。最重要的是，理由指的是某個時間點上的背景，而現在背景不同了，此時你可以更好的重新考慮決策。

舉例來説，假設以前因為可以完整將資料快取在記憶體而選擇了一個昂貴的資料庫。現在看這個決定，你可能會改用 NoSQL。另一個例子，假設有個應用程式到處都有透過 XML 溝通的層，它讓你日子難過且導致很多問題。此決策背後的理由是這種架構能夠將層在實體上分散。但多年以後很清楚這不會發生，因此你知道你可以刪除多餘的複雜性。沒有清楚的理由，你會一直懷疑你是否漏掉什麼，而不敢全盤重新考慮。

嵌入學習

將更多知識放到程式碼中能幫助維護者從工作中學習。至少注釋本身應該製作文件。若有個稱為 `Adapter` 的注釋，它的註解應該説明 `Adapter` 是什麼。我最喜歡的方式是連結到線上定義，例如相對應的維基網頁，加上在註解中簡短的文字説明：

```
1  /**
2   * 此 adapter 模式是軟體設計模式，它遵循
3   * 其他介面使用的現有類別的介面
4   *
5   * 此 adapter 帶有它包裝的類別實例
```

```
6   * 且將呼叫轉給包裝物件的實例
7   *
8   * 參考： See <a href="http://en.wikipedia.org/wiki/\
9   * Adapter_pattern">Adapter_pattern</a>
10  */
11  public @interface Adapter {
12  }
```

這比看起來還重要。從此以後，加上這個注釋的每個類別只要一個動作就能顯示設計文件。

以一個專案中的某個 `Adapter` 類別為例，它附加在一個 RabbitMQ 中介軟體上：

```
1  @Adapter
2  public class RabbitMQAdapter {
3      //...
4  }
```

在任何 IDE 中開啟此類別，滑鼠移過去時就會顯示它的文件，如圖 4.2 所示。

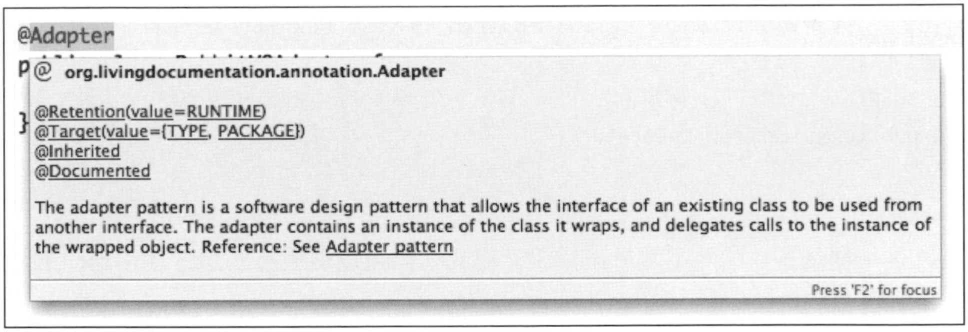

@Adapter

@ org.livingdocumentation.annotation.Adapter

@Retention(value=RUNTIME)
@Target(value={TYPE, PACKAGE})
@Inherited
@Documented

The adapter pattern is a software design pattern that allows the interface of an existing class to be used from another interface. The adapter contains an instance of the class it wraps, and delegates calls to the instance of the wrapped object. Reference: See Adapter pattern

Press 'F2' for focus

圖 4.2 注釋的工具提示顯示其文件

工具提示提供簡短的說明，但對已經知道此資訊但需要提示的開發者特別有用。需要更多資訊的人可以點擊連結獲取更多資訊。他們或許在過程中會提問，但至少有個學習起點。此例中，注釋說明此 `Adapter` 類別是個 adapter 模式的實例，作為學習 adapter 模式的入口。

所以：將更多的知識加入程式碼不只是為了文件製作；它也可以提升工作團隊的技能。決定你的增強程式碼策略時將它視為一個機會。增強程式碼時，思考你的同事發現它時會有什麼反應。

注釋也可以連結到說明該主題的書，或者你也可以連結到公司的線上學習網站。

作為在註解中加入連結的替代方案，來自同一本書的注釋可以用元標籤代表該書。下面的例子中的 `Adapter` 與 `Decorator` 注釋代表 Gang of Four 的 *Design Patterns* 的設計模式，關於這本書的資訊放在該書的元注釋 `GoF`：

```
1  /**
2  * Book: <a href="http://books.google.fr/books/about/Design_
3  Patterns.html?id=6oHu\KQe3TjQC">Google Book</a>
4  */
5  @Target(ElementType.ANNOTATION_TYPE)
6  public @interface GoF {
7  }
8
9  @GoF
10 public @interface Adapter {
11 }
12
13 @GoF
14 public @interface Decorator {
15 }
```

這只是一個例子，當然不限於記錄設計模式！你可以根據這些想法使用自己的結構來安排你的知識。

在註解中使用結構化標籤

如果你使用沒有注釋的程式設計語言，你可以在註解中使用結構化標籤：

```
1 /** @Adapter */
```

這是順從常見結構化文件製作風格的好辦法。語言可能有提供一些工具支援，例如自動完成或程式碼突顯。XDoclet 函式庫在早期的 Java 做得很好，擷取 Javadoc 標籤作為注釋。

你也可以使用舊式標記介面模式，它實作沒有方法的介面以對類別做標記。舉例來說，要將類別標示為可序列化，你實作 `Serializable` 介面：

```
1  public class MyDto implements Serializable {
2     ...
3  }
```

注意這是相當擾人的類別標籤方式，它會污染型別階層，但能展示出我們的論點。

注釋太超過時

Google Annotations Gallery[1] 是 2010 年已經廢除的開源計劃，它提出一種以設計決策、意圖、真實感覺、甚至是羞愧的增強程式碼注釋方式。

發現愚蠢的程式碼？你可以加上 `@LOL` 或 `@Facepalm` 或 `@WTF` 注釋：

```
1  @Facepalm
2  if(found == true){...}
```

或者你可以寫下說明：

```
1  @LOL @Facepalm @WTF("just use Collections.reverse()")
2  <T> void invertOrdering(List<T> list) {...
```

你也可以用評論注釋先吐槽你自己可悲的程式碼：

```
1  @Hack public String
2  unescapePseudoEscapedCommasAndSemicolons(String url) {
```

…或做辯護：

1 Google Annotations Gallery, https://code.google.com/p/gag/

```
1 @BossMadeMeDoIt
2 String extractSQLRequestFromFormParameter(String params){...}
```

你可以用 `@CantTouchThis` 注釋警告團隊成員。

偶然發現莫名其妙可以跑的程式碼？不要浪費時間了。將它標示為 `@Magic` 然後放著不管：

```
1 @Magic public static int negate(int n) {
2   return new Byte((byte) 0xFF).hashCode()
3   / (int) (short) '\uFFFF' * ~0
4   * Character.digit ('0', 0)
5   * n * (Integer.MAX_VALUE * 2 + 1) / (Byte.MIN_VALUE >> 7)
6   1 * (~1 | 1);
7 }
```

做好設計後，你可以用文字注釋讓全世界知道你有多了不起：

```
1 @Metaphor public interface Life extends Box { }
```

或：

```
1  @Oxymoron public interface DisassemblerFactory { Disassembler
2  createDisassembler(); }
```

以慣例製作文件

以慣例記錄你的決策很方便。以 Java 為例，每個以大寫字母開頭的識別符號是類別，小寫字母開頭的是變數名稱。

許多情節與技術有其慣例，你可以在程式碼、XML、JSON、組合語言、SQL 等任何技術環境中使用你自己的慣例。就算是舊技術的舊專案也依靠慣例來溝通知識、說明結構、幫助導覽。

下面是一些以慣例製作文件的例子：

- **以層命名套件**：套件 `*.domain.*` 中的所有東西是領域邏輯，套件 `*.infra.*` 中的所有東西是基礎設施程式碼。
- **以技術類別模板命名套件**：許多程式碼將資料存取文件類別包在 `*.dao.*` 套件中；類似 Enterprise Java Beans 使用 `*.ejb.*`，而舊 Java 物件使用 `*.pojo.*`。
- **提交說明**：你可以採用 `[FIX] issue-12345 free text` 等慣例，方框中的類別為 `FIX`、`REFACTOR`、`FEATURE`、`CLEAN`，而 `issue-xxx` 指問題記錄編號。
- **Ruby on Rails 風格的慣例而非組態**：在這種慣例中，若資料庫資料表的名稱為 `orders`，則 controller 命名為 `orders_controller`。

舊程式碼中使用慣例的活文件

只要現有程式碼依循慣例，你就有機會利用現有慣例進行活文件，而無需在原始碼中加入任何東西（這是注釋做不到的事）。

舉例來說，有一個應用程式遵循分層設計。若你運氣好，它的套件名稱會以命名慣例直接表示層：

```
1  /record-store-catalog/gui
2  /record-store-catalog/businesslogic
3  /record-store-catalog/dataaccesslayer
4  /record-store-catalog/db-schema
```

你的文件已經由 Java 套件名稱或命名空間或 C# 的子專案做好。

記錄慣例

若團隊中的每個人都熟悉慣例的運用，則你無需做更多的文件。其他公司發佈的慣例稱為現成的文件，你可以採用這種慣例，然後在 README 檔案建立慣例的外部文件參考。但在實務上，我建議要在 README 檔案記錄慣例。下面是在實際程式碼中記錄慣例的例子：

```
1  README.txt
2  
3  此應用程式依循分層架構。
4  每一層有獨立的套件，依循下列
5  命名慣例：
6  
7  /gui/*
8  /businesslogic/*
9  /dataaccesslayer/*
10  /db-schema/*
11 
12  GUI 層帶有所有關於圖形使用者
13  介面
14  所有負責顯示與資料輸入的程式碼都必須在這裡。
15 
16  業務邏輯帶有所有領域專屬邏輯與行為。
17  領域模型在這裡。
18  業務邏輯只應該在那裡而不是其他地方。
19 
20  資料存取層帶有所有 DAO（Data Access Objects）
21  負責與資料庫互動。
22  任何儲存技術的改變應該只影響
23  這個層而與其他無關（理論上：）
24 
25  DB Schema 帶有所有 SQL 腳本，
26  包括設定、刪除、修改資料庫等。
27 
28  匯入規則： 每個層只相依下面的層，
29  沒有層相依相同或上層，
30  這是不允許的！
```

有些慣例有成本，特別是對命名加入噪音時。舉例來說，在識別符號加上前綴或後綴（例如 `VATCalculationService`、`DispatchingManager`、`DispatchingDTO`）是標準做法，但它不是清潔程式碼，且程式碼中的名稱不再屬於業務領域！

套件的每個介面都是服務時，前綴 `Service` 不會增加資訊，只是噪音。`/dto/` 套件中的類別可能無需前綴 `DTO`，否則是冗餘資訊。

一致遵循慣例

以慣例製作文件只在大部分的人遵守紀律維持慣例時才有用。編譯器不在乎你的慣例且對強制實行沒有幫助。

一個打字錯誤就會讓你違反慣例！你當然可以修改編譯器或 IDE 解析器，或者你可以使用靜態分析工具檢測違反慣例。有時候這需要大量工作，但有時候這很容易，所以你可以試試看。

依靠慣例製作文件來輔助生產活圖表等活文件能激勵依循慣例：如果你違反慣例，則活文件會失敗，這是件好事。

慣例的限制

慣例適用於有分類的程式碼，但很快會在你嘗試以理由、替代方案等額外知識增強它們時發現限制。相較之下，注釋更能夠納入這些額外知識。

慣例通常較隨意的人類好一些，但你還是需要一些工具來輔助慣例：

- 你可以設定 IDE 使用慣例模板。舉例來說，你可以輸入幾個字元並讓模板輸出完整名稱以遵循慣例；對慣例更為複雜的提交說明，模板能輸出空格讓你填。
- 你可以讓你的活文件產生器解析慣例來執行工作。
- 你可以根據命名慣例實行層相依規則（例如使用 JDepend、ArchUnit、或你自己建立在任何程式碼解析器上的工具）。

與注釋相比，慣例也有不受舊習慣打擾的優勢。如團隊與經理人非常保守，你可能要以慣例而非注釋進行文件製作。你或許會猜到我偏好以注釋製作文件。

外部文件製作方法

用注釋製作文件以及用慣例製作文件是從程式碼本身進行內部文件製作的形式。相較之下，接下來的章節介紹的技術是外部文件製作形式，它們是在被記錄的東西的遠端。

附屬檔案

不能在程式碼中加上注釋時，你可以將它們放在程式碼旁邊。附屬檔案一又稱為夥伴檔案、附加檔案、連結檔案一是儲存原始檔格式不支援的元資料的檔案。對每個原始檔，通常有個相關的同名但不同副檔名的附屬檔案。

舉例來說，有些瀏覽器將網頁儲存成：一個 HTML 檔案與同名附屬資料夾、或加上前綴的資料夾。另一個例子是數位相機可在拍照同時儲存一段聲音，相關的聲音儲存在與 .jpg 同名的附屬 .wav 檔案。

附屬檔案是一種外部注釋。它們可用於增加像是分類標籤或任意註解等各種資訊，而無需動到檔案系統中的原始檔案。

附屬檔案的主要問題是檔案管理員不知道原始檔案與附屬檔案間的關係，它不能防止使用者改名或移動部分檔案導致關係破壞。因此，我不建議使用附屬檔案，除非你別無選擇。

> **註**
>
> Concurrent Versions System（CVS）等舊原始碼控制系統使用大量附屬檔案。

元資料資料庫

當注釋不能放在程式碼內，你可以把它們放在外部資料庫。*元資料資料庫*是儲存參考其他原始檔案或元件的元資料的資料庫。一個著名的例子是 iTunes 資料庫，每一首歌有大量不能放在聲音檔案中的相關元資料（例如播放清單、最近聆聽紀錄）。元資料不能放在該檔案是因為檔案格式沒有地方儲存元資料，或因為改變這種檔案不是個好主意。

元資料也可能引用某個不屬於它的外部文件，所以應該將它儲存在其他地方。舉例來說，照片不應該儲存相簿的資訊；最好是將相簿儲存在它處。同樣的，照片的縮圖的 URL 是只有照片應用程式感興趣的元資料，如果將這種元資料放在相片結構中（如果可能的話）會損害相片檔案。

如同使用附屬檔案，使用元資料資料庫記錄注釋的主要問題是如果檔案改名、移動、刪除而沒有更新元資料資料庫，則元資料資料庫與相關檔案很容易不一致。

元資料資料庫應該是沒有辦法動原始檔案、且元資料必須儲存在別的地方時的最後辦法。但元資料的管理是由不同的人（而不是管理文件的人）同時在所有文件中批量完成時，這也是一種方便的方法。舉例來說，如果數以百計的照片是由一名攝影師管理，但元資料資料庫是一個由管理員管理的簡單試算表，則管理員很容易在試算表的一個欄加上所有的元資料，因為試算表應用程式有複製、貼上、插入、計算等功能。攝影師不必參與，而且不存在錯誤損壞照片文件的風險。

常見的元資料資料庫的例子是登記簿中的各種鍵 / 值；部署、組態、供應工具；服務目錄；書籤登記簿等等。需要參考某個東西並加上標籤時，你有個實際上的元資料資料庫！

設計自定注釋

現成文獻是快速的從公司、部門、其他大陸的他人的經驗中學習和共享通用的詞彙的基礎。然而，這種文獻的問題在於為了與所有人共享，它必須放棄特定背景的內容。

你應該使用這種標準知識，你也可以擴充它來讓它更豐富。你可以透過新增和擴展標準文獻中的標記和註釋的詞彙表，使它更適合你的背景。

舉例來說，我們多少都認可標準色輪，但你看到的顏色有你自己的說法。你的淡藍色肯定是藍色，但有多“淡”有你自己的定義。

既定屬性

設計程式碼時，我們以工作行為與理想或不理想的屬性思考。下面是一些理想的屬性：

- **NotNull**：參數不能為空。如果能一直這麼思考就簡單多了！
- **Positive**：參數必須為正。
- **Immutable**：類別不能改變。
- **Identity by value**：等性以資料等性定義。
- **Pure**：類別的一個函式或所有函式避免副作用。
- **Idempotent**：函式多次呼叫時有相同效應（對分散式系統很重要）。
- **Associative**：執行 map-reduce 等工作時 (a + b) + c = a + (b + c)。

使用這些屬性時，你必須讓程式碼中的運用很清楚。有可能時盡量使用型別系統。舉例來說，若語言有內建或標準函式庫有提供，以 `Option` 或 `Optional` 表達有選擇性。使用純量的 *case* 類別表達（*Immutable*、*Identity by value*）。如果不行，你可以用註解或自定注釋、加上自動化測試與基於屬性的測試表達該屬性。

模板與策略模式

在 Java 或 C# 等語言中，所有東西都是類別，但並非所有類別是同類或有相同的目的。在函式程式設計語言中，所有東西都是函式，但並非所有函式有相同的目的。領域驅動設計提出一些基本類別分類，例如值物件、實體、領域服務、領域事件。我也建議套用其他模式，例如使用設計模式（舉例來說，strategy 與 comoposite 模式）。重點是一些（並非全部）設計模式也是領域模式。

這些類別分類提供表達大量資訊的縮寫方式。舉例來說，我說 `FueldCardTransaction` 類別是個值物件時，意思是它的身分只以它的值定義、它是不可變的、它沒有副作用、它應該可轉移。因此，將這些模式明確的宣告為一種簡單的文件製作方式是很自然的。

你可以如下在專案中引進一組自定的注釋：

- `@ValueObject`
- `@Entity` 或 `@DomainEntity`（防止所有技術框架中類似名稱的註釋產生歧義）
- `@DomainService`
- `@DomainEvent`

你可以明確的使用該屬性宣告結果。

每個類別分類有預先定義的屬性。舉例來說，值物件應該具有以值識別、不可變、無副作用。你可以如下用注釋的注釋在注釋系統中表明：

```
1  @Immutable
2  @SideEffectFree
3  @IdentityByValue
4  public @interface ValueObject {
5  ...
```

將類別標示為值物件時，你也會間接的將它標示為元注釋。這是以屬性分群軟體集、以單一宣告來宣告全部的便利方式。當然，軟體集應該有清楚的名稱與意義；它應該不只是任意屬性的分群。

這種方法能額外強制實行設計與架構。舉例來說，`@DomainEntity`、`@DomainService`、`@DomainEvent` 暗示它們是領域模型的一部分，且或許與相依性限制有關，它們都能夠以靜態分析強制實行。

如本章稍後所述，你可以將注釋放在 Java 的套件中，以使一個地方的宣告可以標示套件中的每個元素。你能以“除非另外指定”的方式利用這個功能。舉例來說，你可以自定義放在整個套件的 `@FunctionalFirst` 注釋來表示，除非另外明確對型別指定，否則所有型別預設為 `@Immutable` 與 `@sideEffectFree`。

還有許多其他的模式分類和模板，可以有效的表達大量的設計和模型設計知識。它們提供了與開發人員的工作、設計、模型設計和解決基礎設施問題相關的現成知識和詞彙。但是你可以更進一步將標準類別擴展為更細緻的類別。

例如，這可以用來改善值物件的類別。Martin Fowler 曾經寫過量模式、空物件模式、特殊案例模式、範圍模式，都是值物件的特殊案例。此外，錢模式是量模式的特殊案例。你可以使用這些模式，選擇其中最合適的一個。舉例來說，你可以選擇合適的範圍模式而非值物件，因為範圍是個值物件是常識。若你這麼做，你可以明確的表示範圍是有注釋的注釋的值物件的特殊案例：

```
1  @ValueObject
2  public @interface Range {
3  ...
```

你也可以建構自己的變體。我曾經在一個專案中有許多值物件，但還不止如此。它們都是策略模式的實例，此策略模式是等同於戰略模式的領域模式。更重要的是，在金融業務領域中我們通常稱為標準市場慣例。因此我建構自己的 `@Convention` 注釋並明確表示它同時是值物件與策略：

```
1  @ValueObject
2  @Policy
3  public @interface Convention {
4  ...
```

使用有意義的注釋套件名稱

建立自定的注釋時，你必須選擇套件名稱。你可以選擇有特定意義的套件名稱，我喜歡將想法的參考放在套件名稱中。舉例來說，注釋來自一本書時，我會使用書名或書名或作者名的縮寫，例如 Gang of Four 的書是 com.acme.annotation.gof、*Patterns of Enterprise Application Architecture* 是 com.acme.annotation.poeaa、*Domain-Driven Design* 是 com.acme.annotation.ddd。對沒有聖經的標準知識，我會以領域命名套件（例如 com.acme.annotation.algebra）。

劫持標準注釋

Java 世界中的許多框架使用注釋作為一種組態形式。舉例來說，JPA（Java Persistence API）與 Spring Framework 提供一種介於 XML 與注釋之間的糟糕選擇。雖然我呼籲使用注釋來製作文件，但我不喜歡使用注釋作為寫程式的替代方案。我偏好 Fluent NHibernate 等 .Net 專案中的方法，使用程式碼定義物件對關聯的對應。

但在 Java 中，你還是會使用注釋，除非你偏好 XML（我不是）。使用注釋驅動框架行為時，注釋確實是程式碼，由於它們大部分都與儲存或網路服務的基礎設施有關，它們通常都傾向會以非領域噪音污染領域類別。

除了我的碎碎唸外，你或許會想是否這些標準注釋有任何文件製作價值。因為它們至少是程式碼，注釋記錄它們做什麼（如同設計好的程式碼）。它們説出 “什麼”。

讓我們思考幾個文件製作相關的例子：

- **模板注釋（Spring）**：這些注釋包括 `@Service`、`@Repository`、`@Controller`。它們用於模板類別，你可以宣告它們以登記到相依性注入機制中。事實上，它們以更多的意義表示 `@Component` 注釋，這是劫持這些噪音注釋做不只是對 Spring、還對人類更有意義的事情的好方法。
- **建構自定模板（Spring）**：這種方式也支援你的自定注釋，前提是你以 `@Component` 元注釋加注它們。
- `@Transactional`（Spring）：`@Transactional` 注釋用於宣告交易邊界與規則，通常是服務。若是六角形架構，交易服務應該是位於領域模型之上的自己的薄層中的應用程式。然後你可以決定此 Spring 注釋本身也表示 DDD 的 `@ApplicationService`。由於大部分的 Spring 注釋也是元注釋，你可以定義自己的 `@ApplicationService` 注釋並標示為 `@Transactional`，以使用 Spring 可辨識的方式表示你的意圖。
- `@Inheritance`**（JPA）**：`@Inheritance` 注釋與它的夥伴可直接記錄對應類別階層與資料庫結構的設計決策。它直接對應 Martin Fowler 的 *Patterns of Enterprise Application Architecture* 一書中相關的模式。舉例來說，`@Inheritance(strategy=JOINED)` 對應單一資料表繼承模式 [2]（但不幸的是對到另一個名字）。
- **RESTful 網路服務（JAX-RS 注釋）**：這一組注釋是很明確的宣告：`@Path` 識別 URI 路徑、`@GET` 宣告 `GET` 請求方法、`@Produces` 定義媒體型別參數。它產生的程式碼有相當大的自文件製作能力。此外，Swagger 等工具可利用這些注釋產生 API 的活文件。

可以依賴標準注釋獲得特定的文件製作價值，但這幾乎總是侷限於技術問題，其中注釋就像特定的宣告性程式碼，因為它只說*內容*而不說*原因*。如前述，有時可以擴展標準機制來傳達額外的意義，同時仍可以很好的使用你所依賴的框架。

2 Martin Fowler, "Single Table Inheritance," ThoughtWorks, http://martinfowler.com/eaaCatalog/singleTableInheritance.html

標準注釋：@Aspect 與剖面導向程式設計

The Spring Pet Clinic 以設置簡單監控所有程式庫的呼叫計數與叫用時間的剖面，來展示剖面導向程式設計（AOP）[3]。

有趣的是，“監控所有程式庫” 的需求寫在剖面宣告中，如下面摘自 Spring AOP 的有 `@Aspect` 注釋的注釋。

```
1  @Aspect
2  public class CallMonitoringAspect {
3    ...
4    @Around("within(@org.springframework.stereotype.Repository *)")
5    public Object invoke(ProceedingJoinPoint joinPoint) throws Throwable{
6      ...
7    }
8  ...
9  }
```

這種表達是可行的，因為程式碼已經被有意義的 `@Repository` 模板增強了。這很好的展示如何以明確的設計決策增強程式碼，使我們能夠以人類的思維方式與工具對話。

以 “預設值” 或 “除非必要” 注釋

設計自定注釋來表示屬性時，你可以選擇符合或不符合的注釋：

- `@Immutable` 或 `@Mutable`
- `@NonNull` 或 `@Nullable`
- `@SideEffectFree` 或 `@SideEffect`

3 https://github.com/spring-petclinic/spring-framework-petclinic/blob/master/src/main/java/org/springframework/samples/petclinic/util/CallMonitoringAspect.java

你可能會建構兩者並讓使用者決定選擇哪一個，但會產生不一致而使得注釋完全無用。

你可能會決定要到處加上該注釋來作為推廣它的宣傳活動；舉例來說，到處加上 `@NonNull` 可宣傳讓所有東西都非空，沒有注釋的東西則可空。

另一方面，你可能視該注釋為噪音，覺得注釋越少越好。在這種情況下，預設與偏好應該不加注釋，只在與預設不同時所有注釋宣告。若團隊偏好讓類別預設為不可變，你或許會加注可變類別，因為你想要同事注意到：“哦，這個與眾不同的類別是 `@Mutable` ！”。

處理模組知識

在軟體專案中，模組有一群一起操作的製作物（基本上是套件、類別、套疊套件）。你可以定義套用在所有模組元素上的屬性。設計屬性與品質屬性需求（例如唯讀、可序列化、無狀態）通常會套用在整個模組上而非模組中的個別元素。

你也可以在模組層級定義主要程式設計典範：物件導向、函式性、甚或是程序性或報表風格。

模組也是宣告架構限制的好地方。舉例來說，你可以讓使用高品質標準從頭開始編寫的程式碼，和使用更寬容的標準編寫的舊程式碼放在不同的區域。在每個模組中，你可以定義偏好的風格，例如 Checkstyle 組態、指標限制值、單元測試覆蓋率，以及允許或禁止的匯入。

所以：一段知識平均分散在模組中的幾個製作物時，你應該將這個知識直接放在模組層級使它套用在模組的所有元素上。

只要你能為此宣告找到一個家，像是剖面導向程式設計的切入點，這種方法也可以套用在符合某種預測的所有元素上。

處理多種模組

套件是 Java 與其他語言中最明顯的模組。但套件 x.y.z 實際上定義不只一個模組：此模組的直接成員（`x.y.z.*`）與模組本身也包含子套件（`x.y.z.**`）的所有製作物。同樣的，類別也代表成員欄位、方法、套疊類別的“模組”，例如 `x.y.z.A#` 與 `x.y.z.$`。

Eclipse 等 IDE 中的“working set”也類似模組定義了其他類別與其他資源的邏輯群組。Ant 等工具也使用檔案清單與正規表示式定義檔案群，例如 `{x.y.z.A, x.y.z.B, x.y.*.A}`。如同模組，working set 與檔案群採用一般命名以方便參考。

原始碼資料夾（例如 src/main/java 或 src/test/java）明顯的定義元素的大致分類。Maven 模組定義子專案規模的更大模組。剖面導向程式設計的切入點也定義各種“真實”模組的元素邏輯分類。

繼承與實作也間接定義模組，像是 `x.y.z.A+` 表示“每個類別的子類別或介面的實作”或 `x.y.z.A++` 表示每個套疊成員的每個成員。

模板隱含定義它出現的集合。舉例來說，值物件模式隱含定義每個值物件類別的邏輯集合。

Model-View-Controller（MVC）等合作模式與知識層級，也隱含 MVC 的模型部分或知識層級模式（知識層級或操作層級）等邏輯分類。

設計模式也以模式中扮演的角色定義邏輯分類（例如“Abstract Factory 模式中的每個抽象角色”為 `@AbstractFactory.Abstract.*`）。

還有許多由層、領域、有限背景、聚合根等概念隱含的模組或準模組。

大模組的問題是它們帶有大量項目，這通常需要過濾並可能需要考慮動用最重要的前 N 個元素排名。

實務上的模組層級增強

所有以額外知識增強程式碼的技術可應用在模組層級知識上：注釋、命名慣例、附屬檔案、元資料資料庫、DSL。

將文件加入 Java 套件的一種常見做法是使用名為 package-info.java 的特殊類別，作為 Javadoc 與任何關於此套件的注釋的位置。注意此特殊名稱的偽類別實際上是附屬檔案。

C# 模組經常內含專案，它帶有組件的說明資訊：

```
1  AssemblyInfoDescription("package comment")
```

大部分的程式設計語言中，套件或命名空間命名傳統也可宣告設計決策。舉例來說，*something.domain* 可標示某個套件或命名空間是領域模型。

內秉知識增強

> **注意**
>
> 這一節比其他節更玄學。這裡討論的概念很重要但細微末節。若你不喜歡看人故作高深，可以不要看這一節或回頭再讀。

區分事物對自己或其他東西來說是什麼或有什麼目的很重要。汽車可能是紅色的、雙座的、混合動力引擎的。這些屬性是汽車的*內秉*；它們是它的身分。相較之下，汽車的主人、在某個時刻的位置、在公司車隊中的角色是汽車的*外秉*。外秉知識與汽車本身無關，但它們是汽車與某個東西的關係。思考內外秉知識對設計文件製作有很多好處。

若內秉知識只在某元素中，下面的事情可能發生：

- 若刪除這個元素，該知識會跟著消失，追不回來。舉例來說，若汽車報廢回收，它的序號也同時融毀，這還好。
- 此元素的任何非內秉修改完全不會改變它或它的製作物。舉例來說，賣車不會改變它的使用手冊。

認識外秉屬性的重要性

我第一次看到內外秉的說法是在 Gang of Four 的 *Design Patterns*。介紹輕量化模式的章節討論用於文字處理器的符號。文字中的每個字母以字母的影像符號顯示在螢幕上。符號有尺寸與斜體或粗體等樣式屬性，符號也有在頁面上的（x, y）位置。輕量化模式背後的核心想法是利用符號內外秉屬性的差異（例如尺寸、樣式）來重複在頁面上使用同一個符號實例。

這個解釋對我的設計有很大的影響。它是改善長期設計決策的秘密配方。

所以：只以其內秉知識注記元素。相反的，考慮對元素本身加上所有內秉知識。避免加注外秉知識，因為它們會由與元素不相關的原因改變。專注於內秉知識會降低文件的維護成本。

重點

你可能覺得將這種對內秉知識的關注看作是或多或少高明的組合。重點是“改變元素時，我宣告的知識會如何演進？”最好的方法是在元素改變時要求你做最少的工作。

常見框架對注釋的運用，通常不考慮它們是否真的是所注釋內容的內秉屬性。舉例來說，假設你有一個獨立類別可以獨立使用，然後你把注釋放在應該宣告它是如何對應到資料庫、或宣告一些介面的預設實作。如果你認為這個類別實際上代表了一個負責領域，則這個資料庫對應就是一個不相關的問題；加上它只會使類別更可能因為資料庫而更改。

假設 CatalogDAO 介面有兩個實作：MongoDBCatalogDAO 與 PostgresCatalogDAO。標示 MongoDBCatalogDAO 類別是 CatalogDAO 介面的預設實作會產生該類別的外秉因素。更好的方式是以 @MongoDB 或 @Postgres 等內秉屬性標注每個 DAO 並分別透過此內秉屬性間接選擇。舉例來說，你可以用 @MongoDB 注釋標示所有 MongoDBDAO 實作、以 @Postgres 標注所有 PostgresDAO 實作。這是關於 DAO 的內秉知識。另外，你可以為特定部署所選擇的技術注入每個實作。若部署 Postgres，則我們注入每個 @Postgres 實作。決定注入所選擇的技術也是知識，但 DAO 階層不應該知道。

機器可讀文件

你不只是在程式碼層級寫程式，還在設計層級寫程式，但你的工具在設計層級沒什麼幫助。它們沒有幫助是因為它們無法根據程式碼理解你的設計觀點。若你明確顯示你的設計，例如使用加在程式碼中的注釋，則工具也可以在設計層級操控程式碼，如此能給你更多幫助。

可讓程式碼更明確的設計知識值得加注。加到語言元素的注釋通常夠用。舉例來說，你可以在 package-info.java 檔案中對每個頂層套件宣告該層：

```
1  @Layer(LayerType.INFRASTRUCTURE)
2  package com.example.infrastructure;
```

對 com.example.infrastructure 套件加上 @Layer 注釋，就是宣告該層模式的特定實例，而該層是該套件本身。

同樣的，設計自定注釋有很多選項，例如宣告 ID（或許對後來的參考有用）：

```
1  @Layer(id = "repositories")
2  package com.example.domain;
```

用設計意圖明確程式碼本身，則相依性檢查程序等工具可自動化導出層之間的相依禁止，以判斷是否有違反。

你可以使用 JDpend 等工具，但你必須宣告每個套件對套件的相依限制。這很繁瑣且不能直接說明層的關係；它只說明分層的後果。

宣告每個禁止或可行的套件對套件相依性很繁瑣，但想像在類別間這麼做：不可能！但若類別有標籤（例如 `@ValueObject`、`@Entity` 或 `@DomainService`），相依性檢查程序可強制實行你的相依限制。舉例來說，我喜歡強制實行下列規則：

- 值物件決不能依靠其他值物件以外的東西。
- 實體決不能有任何服務實例的成員欄位。

類別以這些模板增強後，你可以更口語與更精確的告訴工具你要什麼。

文學程式設計

讓我們改變對建構程式的傳統態度：相較於想像我們的主要任務是指示電腦做什麼，讓我們專注於向人類解釋我們想要電腦做什麼。

—*Donald Knuth* [4]

在一本關於活文件的書中，很難不提到文學程式設計。文學程式設計是 Donald Knuth 發明的一種程式設計方法。一個文學程式以自然語言（如英語）與一些巨集片段和傳統的原始碼解釋程式邏輯。由工具處理程式產生供人類使用的文件和可編譯的原始碼成為可執行程序。

雖然文學程式設計沒有很受歡迎，但啟發與影響了業界，此想法也經常受到扭曲。

文學程式設計引進幾個重要想法：

- 文件與程式碼在製作物中交雜，程式碼插入文件的文字中。這與文件是從插入原始碼的註解中擷取產生不同。

4 Donald Knuth, http://www.literateprogramming.com

- 文件依循程式設計師的思緒，與受編譯器限制的順序不同：好文件依循人類邏輯的順序。
- 程式設計典範鼓勵程式設計師謹慎思考每個決策：文學程式設計超越文件製作：它強制程式設計師謹慎思考，因為他們必須明確的說出程式底下的思路。

要記得文學程式設計不是文件製作的方式而是寫程式的方式。

雖然它未曾廣泛採用，文學程式設計還活著，有 Haskell、Clojure、F# 等各種程式語言的工具。這裡的重點放在以 Markdown 寫文章並插入一段程式設計語言。Clojure 中使用 Marginalia[5]，CoffeeScript 中使用 Docco[6]，F# 中使用 Tomas Petricek 的 FSharp.Formatting[7]。

傳統上，軟體的文件製作涉及混合程式與文章，有幾種結合方式：

- **文章中的程式碼**：這是 Donald Knuth 一開始提出的文學程式設計方式。主要文件是依循程式設計師的人類邏輯的文章。作者兼程式設計師可完整控制敘事。
- **程式碼中的文章**：這是大部分程式設計語言產生文件的做法；Javadoc 就是程式碼中的文章的例子。
- **分離程式碼與文章，透過工具合併成一個文件**：工具用於執行合併發佈文件，例如教學訓練。
- **程式碼與文章是同一個東西**：這種方法的程式設計語言清楚到可作為文章閱讀。不幸的是這個終極目標從未達成，但有些程式設計語言越來越接近。Scott Waschlin 的 F# 程式碼快要接近完美了。

Dexy [8] 等工具提供如何交互組織程式碼與文章的選擇。

5 Marginalia, https://github.com/gdeer81/marginalia

6 Docco, http://jashkenas.github.io/docco/

7 FSharp.Formatting, https://github.com/tpetricek/FSharp.Formatting

8 Dexy, https://github.com/dexy/dexy

記錄你的理由

Timothy High 在 *97 Things Every Software Architect Should Know* 一書中表示“如‘Architectural Tradeoffs’所述，軟體架構的定義在於從各種品質屬性、成本、時間、其他因素中做出正確取捨”。將架構一詞換成設計甚至是程式碼都說得通。

軟體中有決策的地方到處都是取捨。若你認為你沒有做取捨，這只是表示你沒看到而已。

決策屬於故事。人類喜歡故事並會記得故事。保存決策的背景很重要。過去決策的背景必須在新背景下重新評估。過去的決策是可以幫助學習前人思考的工具。許多決策也是較結果更緊湊的說明，因此更容易將決策的結果細節從一個人的大腦轉移到另一個的大腦。若你挑重點告訴我你的意圖與背景，若我是有經驗的專家，我可能會做出與你相同的結論。但若沒有意圖與背景，你會懷疑“他們在想什麼？”（見圖 4.3）。

圖 4.3 他們在想什麼？

所以：以某種變成文件的形式記錄每個重要決策的理由。包括背景與主要替代方案。傾聽文件：若你發現很難將理由與替代方案正規化，則決策可能不如所需的謹慎。你可能只是碰運氣寫程式！

有什麼理由？

在一個背景下的決策視為一個問題的答案。因此，理由不只是決策選擇背後的原因，它也是：

- **當時的背景**：背景包括主要風險與考量，例如目前的負載（“每週只有一百個使用者”）或目前的優先任務（“盡快探索市場”）或假設（“這應該不會改”）或人的考量（“開發團隊不想要學 JavaScript”）。
- **選擇背後的問題或需求**：例如“頁載入必須小於 800ms 才不會讓訪客流失”與“解除 VB6 模組”。
- **決策本身而非所選擇的方案以及理由**：例如“大量語言只以英語單字表達，這樣比較簡單且利益關係人偏好這麼做”，與“它透過 API 顯露出舊系統，因為沒有理由重寫舊系統，但我們還想使用它”。
- **認真考慮過的主要替代方案與沒有選擇它的原因、或不同背景下會選擇它的原因**：例如“如果必須更標準則購買現成方案”、“圖形架構會更好，但很難對應 Excel 試算表”、“如果錢沒有花在 Oracle 資料庫上，則 NoSQL 資料庫會更好”。

如 @CarloPescio 在自製作文件程式碼的討論中所述，一般來說，設計理由大部分是關於被放棄的選項，因此通常從*程式碼看不到*。

讓理由明確

有幾種方式記錄重要決策背後的理由：

- **現寫的文件**：你需要明確記錄需求，包括所有品質屬性。它必須慢慢發展但至少每年一次；這種文件只在主要屬性跨系統大部分範圍而非區域範圍時才需要。第 12 章討論的決策記錄是架構方法的例子。
- **注釋**：記錄決策的注釋有記錄理由的欄位：`@MyAnnotation(rationale ="We only know how to do that way")`。
- **部落格文章**：部落格文章需要較注釋或現寫文件更多的時間，而寫得好確實很有幫助。但你提供給人類的理由與決策背後的人類背景，甚至加上政治與個人因素，讓它很有價值。部落格文章在對過去的決策有疑問時也可以被搜尋與掃描到。

超越文件：動機設計

記錄理由不只是為了下一代或你個人的未來；對製作當時也很有用。你必須傾聽表示什麼東西有待改進的信號。若很難找出理由或背景，或許是決策沒有完整考慮過，這應該是個警訊。

如果很難找到兩個或三個可靠的替代方案來代替某個決策，那麼可能選擇了第一個合適的解決方案，而沒有做任何工作來探索更簡單或更好的解決方案。你現在的決定可能不是最佳的，它可能會導致你失去未來的機會。當然，一個基本理由可能是“選擇合適的第一個解決方案，並儘快投入市場”，但至少這個決定是經過深思熟慮的，相關人員瞭解結果，可以準備在下一次重新考慮它。

如果沒有經過深思熟慮的設計決策，並且完全缺乏技能，那麼你將只能擁有一個隨機的軟體結構。你只會得到一堆細節，而處理這些細節的唯一方法就是猜測其中的意圖。這通常是舊程式碼中必須處理的問題，我們將在第 14 章中詳細討論。我的看法是專注於明確的理由有助於做出更好的決策和更好的軟體。

避免記錄投機

Sam Newman 在 *Building Microservices* 一書中建議不要記錄投機需求的解決方案。他描繪了一幅傳統架構文件的畫面，用許多頁和許多圖表解釋了完美的系統將會如何運作，但卻完全忽略了任何意想不到的未來實際建構與運作時遇到的障礙。

相對的，理由是證明有實際需求的決策。在顯現設計等漸增方法中，我們一點一滴的發展方案，每一點都是由每一刻最重要的需求驅動。我們經常以及時的方式工作，正因為它是投機的解藥：我們在有需要時建構它。

總而言之，你應該只記錄做出了什麼來反映實際需求。

記錄理由前的技能

許多小決策的思考過程已經被解決並被記錄下來。舉例來說，單一職責原則要求將一個做兩件事的類別拆分成兩個分別做一件事的類別。沒有必要記錄某一特定事件的每一次發生，但是你可以在一處記錄一次，記錄你一貫遵循的每一個原則；我把它稱為承認你的影響模式，並在這一章後面說明。

圖 4.4 沒有說明原因，他們就會再次犯同樣的錯誤

記錄理由以推動改變

知道過去決策背後的所有理由能推動你成功的做出改變，因為你可以謹慎的採用或否決這些決策。謹慎認識這些決策的最好方式是記錄它們；否則就會忘記這些理由（見圖 4.4）。沒有每個過去決策的明確理由，你不知道某個改變是否會產生你不知道的影響。不知道過去的決策，你就沒有決定改變的信心，即使有改善機會你也會受現狀的支配。此外，如果因為沒有記錄而不知道有什麼考量，你可能會做出產生傷害的改變。

認識你的影響（又稱為專案參考書目）

> 書好不好要看參考書目。這對讀者來說是更多的學習方式，也是檢查作者的影響的方式。一個字有不同意義時，檢查參考書目可幫助找出要如何解釋。讀書！
>
> —*Eric Evans*，Domain-Driven Design

專案團隊的心態是值得為未來開發者記錄的穩定知識。它不需要長篇大論；只需列出參考書目與你的風格的要點。

專案參考書目提供背景給讀者。它顯示團隊建構軟體當時所受的影響。專案參考書目由書籍、文章或手動從注釋與註解擷取的部落格混合組成。

宣告你的風格

如同畫家屬於特定流派（例如超現實主義、立體派），軟體開發者也有不同流派。有些畫家會在不同作品中變換風格；同樣的，開發者可能在一個模組中採用函式性程式設計風格，讓每個東西都是純與不可變的，然後在另一個模組採用語意技術與圖導向儲存體。

要提供背景給文件讀者，宣告程式碼段落（模組或專案）的風格與主要典範會有幫助。整體陳述看起來可能像是團隊的履歷表：

- 模型設計典範（例如 DDD）
- 團隊追蹤的作者
- 團隊成員看過的書與經常看的部落格
- 團隊成員熟悉的語言與框架
- 任何一種重要的啟發，例如“Stripe 啟發了開發者友善”
- 團隊成員經常做的專案類型（例如網站、伺服器、嵌入）

為了要能夠重構，這種資訊應該放在模組或專案中。它可以使用套件的 `@Style`（Styles.FP）（Java）、AssemblyInfo 的屬性（.Net）、或模組或專案根目錄的 style.txt 檔案中的鍵 / 值語法。

> **註**
>
> 明確的風格宣告也對工具有幫助；舉例來說，宣告的風格可用於選擇靜態分析規則。

宣告你的風格可幫助實行程式碼的一致性。

> **LOL**
>
> 昨天發明的 Gierke 定律：你可以從軟體系統的架構推論架構師最近讀了什麼書。
>
> —*Oliver Gierke*，*Twitter* 是 *@olivergierke*

以提交說明作為詳細文件

仔細寫的提交說明讓每一行程式碼都有很好的說明。提交檔案到原始碼控制系統時，加上有意義的說明是個好做法。這經常被忽略，導致浪費時間開啟檔案尋找修改了什麼。仔細寫的提交說明對好幾種目的很有價值，是另一種高產出的活動：

- **思考**：你必須思考完成的工作。是單一修改或混合多個修改？真的完成了？應該要修改或加入新的測試？
- **說明**：提交說明必須明確展現意圖。說明它是功能還是修改，理由必須簡短。這樣可以節省讀者的時間。
- **報表**：提交說明之後可作為報表、修改記錄、或整合進開發者的工具鏈。

提交說明的重點是，向原始碼控制系統查詢任何一行程式碼的歷史會產生詳細的理由清單，與這一行程式碼為什麼是這樣的說明。如 Mislav Marohnić 在他的部落格所述："每一行程式碼都有文件"、"專案的歷史是最有價值的文件"[9]。

檢視某一行程式碼的歷史會告訴你誰在什麼時候改了什麼，以及同時間改了其他什麼檔案：舉例來說，相關的測試。這可以幫忙指出新加入到程式碼測試機制的測試案例。你也可以在歷史中找到說明改變與改變的理由的提交說明。

為善加利用提交說明，若目前的說明品質不好時，建立提交說明標準是個好主意。使用標準結構與標準關鍵字有很多好處，例如更為正規且更為精確。你可以使用正規語法寫下：

修改（UI）：改變提交按鍵的顏色成綠色。

9 Mislav Marohnić, "Every Line of Code Is Always Documented," http://mislav.uniqpath.com/2014/02/hidden-documentation/

這種簡短的寫法等於完整的句子：

> “這一次對 UI 的修改將提交按鍵的顏色改成綠色”

結構化說明不會漏掉提交型別或修改位置等必要的資訊。使用正規化語法更能將說明轉換成機器可讀取的知識！

所以：注意提交說明。採用提交標準與半正規語法與關鍵字標準字典。合作或使用同儕壓力、程式碼審核、強制工具以確保遵循指南。設計指南使工具可使用它們而給你更多幫助。

提交說明詳細記錄每一行程式碼。這種資訊可如圖 4.5 所示從原始碼管理系統的命令列或圖形界面獲得。

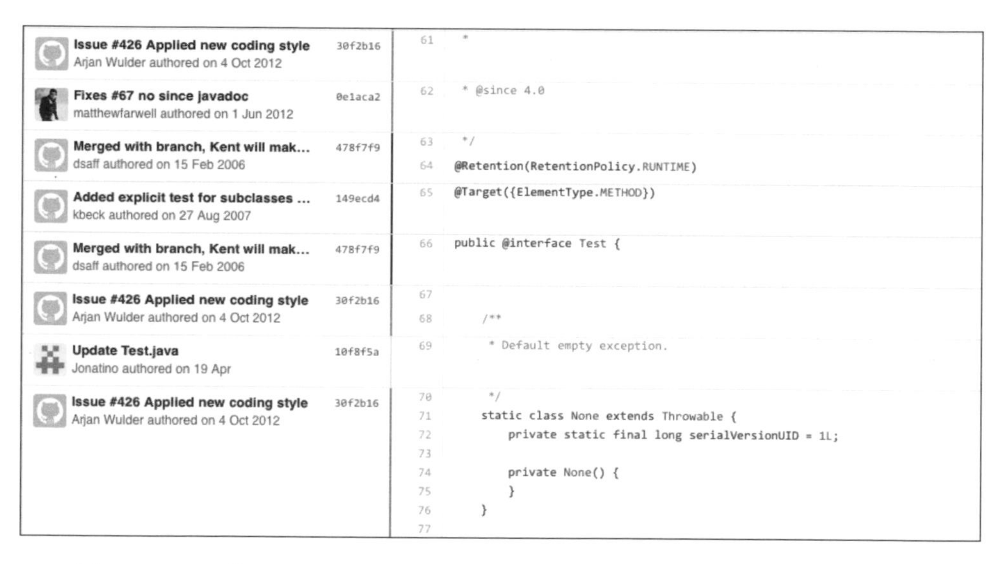

圖 4.5 GiHub 的 blame view 顯示每一行是什麼人寫的，圖中顯示的是 Junit 專案

提交指南

一個好的提交指南範例是 Angular 提交指南[10]，它規定提交說明的格式。這些在 Angular 網站上列出的規則產生“檢視專案歷史時更可讀的說明，同時我們也使用 git 提交說明來產生 AngularJS 修改記錄”。根據這一組指南，提交說明必須寫成由標頭段落、選擇性的內容段落、選擇性的註腳段落以空白行分隔而組成，例如：

```
1  <type>(<scope>): <subject>
2
3  <body>
4
5  <footer>
```

指定修改型別

type 必須是下列其中之一：

- **feat**：新功能
- **fix**：修改錯誤
- **docs**：只有修改文件
- **style**：修改不影響程式碼的意義，例如修改空白、格式、漏掉的分號等
- **refactor**：不是修改錯誤也不是新增功能的修改
- **perf**：改善效能的修改
- **test**：新增遺漏測試的修改
- **chore**：修改建置程序或輔助工具與函式庫，例如文件產生

10 AngularJS, https://github.com/angular/angular.js/blob/master/CONTRIBUTING.md#commit

所有破壞性修改都必須在註腳宣告，開頭寫破壞性修改，後面接著一個空白與修改的細節、以及遷移角度的說明。

若提交與問題記錄有關，問題也要寫在註腳並加上問題記錄編號。

下面是與“交易記錄”相關的功能的例子：

```
1  功能（tradeFeeding）：支援負利債券交易
2  記錄
3
4  有些債券具有負利率，例如百分之 -0.21
5  修改檢驗以不會拒絕債券
6  為負利率
7
8  關閉 #8125
```

說明修改範圍

前面顯示的提交語法是半正規的，結合關鍵字與任意文字。第一個關鍵字 *type* 說明修改的型別（功能、改正等）。第二個關鍵字 *scope* 說明系統或應用程式修改範圍與特定背景。

scope 可涵蓋下列系統角度：

- **環境**：例如 prod、uat、dev
- **技術**：例如 RabbitMq、SOAP、JSON、Puppet、build、JMS
- **功能**：例如 pricing、authentication、monitoring、customer、shoppingcart、shipping、reporting
- **產品**：例如 books、dvd、vod、jewel、toy
- **整合**：例如 Twitter、Facebook
- **行動**：例如 create、amend、revoke、dispute

提交指南可能會要求主範圍，但你還可以加入更多範圍，例如：

```
1  功能（pricing、vod）：在黃金時間提高利率
2  ...
```

當然，你必須定義範圍清單，理想狀況包括整個團隊與三人行，讓每個人在密切合作中參與 DevOps。每個可提交給原始碼控制系統的修改應該涵蓋至少一個範圍。

要記得一個好的範圍清單可開啟影響原因的大門。

機器可讀資訊

提交說明的半正規語法的一個好處是，可以讓機器使用這些訊息將日常工作自動化，例如產生*修改記錄文件*[11]。讓我們仔細檢視 Angular.js 這個很好的例子。

在 Angular.js 慣例中，修改記錄由每個版本的三個選擇性段落組成，每個段落只在非空時顯示：

- 新功能
- 錯誤改正
- 破壞性修改

下面例子摘自 Angular.js 修改記錄：

```
## 0.13.5 (2015-08-04)
### Bug Fixes
- file-list: Ensure autowatchDelay is working. (655599a), closes #1520
- file-list: use lodash find() (3bd15a7), closes #1533
### Features
- web-server: Allow running on https (1696c78)
```

11 "Keep a Changelog," http://keepachangelog.com

這個修改記錄是 Markdown 格式，能做出方便在提交、版本、問題記錄間導覽的連結。舉例來說，修改記錄中的每個版本連結到相對應的 GitHub 比較頁，顯示此版本與之前版本的不同處。每個提交說明也連結到它的提交，並有相對應問題的連結。

由於這種結構化提交指南，我們可以透過命令列工具擷取與過濾提交，如下面摘自 Angular.js 文件的例子：

```
1  List of all subjects (first lines in commit message) since last release:
2  >> git log <last tag> HEAD --pretty=format:%s
3
4  New features in this release
5  >> git log <last release> HEAD --grep feature
```

此處顯示的修改記錄可在釋出時由腳本產生。有許多開源專案可以做這個，例如 conventional-changelog 專案[12]。這個修改記錄自動化腳本非常依靠所選擇的提交指南，而它已經支援 Atom、Angular、jQuery 等。

這種自動化很方便，但應該要有人在公開釋出前檢視與修改所產生的修改記錄骨架。

總結

系統遺漏的知識元素經常是你想要記得的元素。特別是，你應該記錄決策後面的理由。你必須增強程式碼以讓知識完整。注釋、慣例、以及其他技術是這種以記錄最重要知識來增強程式碼方法的工具。這種增強程式碼的程序也是以嵌入學習形式傳播你的技能給同事的機會。

12 https://github.com/ajoslin/conventional-changelog

Chapter 5

有效整理展示：識別權威知識

女王的演說如同小改版英國的釋出註記！

——*Matt Russell*（*@MattRussellUK*）的推文

記得與系統相關的大部分知識已經在系統中（有很多）。一種利用所有知識的關鍵方法是透過整理展示（curation）。整理展示的想法是從海量系統資料中選取少數相關的知識，以幫助人們進行系統工作。由於系統不停改變，最好是確保整理展示自然演進而無需手動維護。

動態整理展示

藝廊的策展人（curator）的重要性如同電影的導演。當代藝術的策展人選擇與解譯藝術品。舉例來說，策展人研究藝術家的過去作品與地點，策展人以超越個別作品的方式敘述分析所選擇的藝術品。一件對展覽很重要的作品不在收藏品中時，策展人會從其他博物館或私人收藏品中借用，甚至可能委託藝術家創作。除了挑選作品，策展人還負責寫標籤和目錄文章並監督展出方式，以幫助傳達選定的訊息。

我們在製作文件時必須變成策展人，將已經存在的知識轉換成有意義與有用的東西。

策展人根據許多客觀條件選擇藝術品，例如藝術家名字、作品時間與地點、或收藏家。他們也依靠主觀條件，例如與藝術運動的關係或歷史事件，例如戰爭或醜聞。策展人需要每個畫、雕像、影片的表現元資料。沒有元資料時，策展人必須建立元資料，有時候需要做研究。

整理展示是你已經在做的事情，可能只是不知道而已。舉例來說，你要為客戶或公司高層做展示時，你必須選擇幾個使用案例與顯示畫面以傳遞“一切都在掌控中”或“我們的產品能幫助你完成工作”等訊息。若沒有底下的訊息，可能你的示範會很糟糕。

軟體開發不像藝展，我們需要的更像是根據最新修改調整的活展出。知識隨著時間演進時，我們必須在最重要的主題上自動化整理展示。

所以：採取策展人心態來從所有程式碼與製作物中說出有意義的故事。不要選擇固定元素，要依靠製作物中的標籤與其他元資料，動態的選擇有長期利益的相關知識。在必要的元資料遺失時增強程式碼，並在故事有需要時加入遺失的知識。

整理展示是從大集合中選取有關部分以建立說出故事的一致性敘事。它如同重組或混搭。整理展示是軟體開發等知識工作的關鍵。原始碼富含開發知識，不同部分有不同程度的重要性。除了玩具應用程式以外，從原始製作物擷取知識會因為太多細節而導致我們消化不良，因此知識變得無意義且無用（見圖 5.1）。

圖 5.1 太多知識與沒有知識一樣無用

解決方法是積極的從噪音中為特定溝通目的過濾信號；如圖 5.1 的怪物所說："太多知識與沒有知識一樣無用"。特定觀點的噪音可能是其他觀點的信號。舉例來說，方法名稱對架構圖是不必要的細節，但它們對兩個類別的互動細部圖很重要。

整理展示的本質是根據編輯角度選取要納入或排除的知識。重點在於範圍。動態整理展示以持續在不停變化的製作物上選擇的能力而更進一步。

動態整理展示的例子

Twitter 搜尋是個自動化動態整理展示的例子，它本身如同追蹤 Twitter 帳號一樣可以追蹤。Twitter 上的人（或許）也在（仔細或隨意的）根據自己的編輯觀點轉推內容時手動整理展示。Google 搜尋是另一個簡單自動化整理展示的例子。

另一個例子是根據使用 IDE 時的日常工作方式選取最新製作物：

- 顯示名稱結尾為"DAO"的所有型別。
- 顯示呼叫這個方法的所有方法。
- 顯示參考這個類別的所有類別。
- 顯示參考這個注釋的所有類別。
- 顯示此介面的所有子型別。

能幫助選取的標籤不見時，你應該以注釋、命名慣例、或其他方法補救。一份知識不見時，網路顯示完整的圖景，你必須即時補回來。

編輯性整理展示

整理展示是一種編輯性活動。決定編輯觀點是基本步驟。每次應該且只有一個訊息。好的訊息是有動詞的句子，例如"領域模型層不能相依其他層"而非不帶訊息、讓讀者猜測到底是什麼意思的"層相依"。動態整理展示至少應該有個能反映其訊息的名稱。

低維護動態整理展示

以死板的方式選取知識可能有害。舉例來說，一個直接參考類別、測試、或情境的清單會很快的過時並需要維護。複製與貼上讓修改代價更高，也會讓人忘記更新它。這不是一種好的做法，應該要全力避免。

注意

避免直接以名稱或 URL 參考製作物，要找出根據長時間穩定的條件選取知識的機制，使選取會更新而無需手動調整。

重要概念

根據穩定的條件間接選取製作物。

你可以用下列穩定的條件選取製作物：

- **資料夾組織**：舉例來說，“Return Policy 資料夾下面的所有東西”
- **命名慣例**：舉例來說，名稱中有“Nominal”的每個測試。
- **標簽或注解**：舉例來說，標記為“WorkInProgress”的每個情節。
- **你可以控制的登記簿的連結（隨時需要維護，但至少是集中的）**：舉例來說，“在這個短連結下登記的 URL”。
- **工具輸出**：舉例來說，“編譯器紀錄中處理過的所有檔案”

使用穩定的條件，使工作能由工具自動化擷取最新符合條件的內容、或加入發佈輸出中。由於是全自動化的，它可以盡可能經常執行一或許持續在每個建置中執行。

多種用途的知識文庫

所有東西都可以整理展示一程式碼、組態、測試、業務行為情境、資料集、工具、資料等。所有可用知識都可視為一個巨大的文庫，可透過自動化方式存取以供分析與整理展示。

若知識文庫有適當的標注，可以從它擷取出業務觀點的詞彙表（也就是活詞彙表）、技術觀點的架構（也就是活圖表）、以及其他你能想像到的觀點，這包括：

- 針對受眾的內容，例如技術細節的業務可讀內容
- 特定任務的內容，例如如何加入更多幣別
- 針對目的的內容，例如內容與參考

整理展示只在有大量原始知識的元資料可供選取內容時才可行。

情境摘要

整理展示不只關於程式碼；也與測試和情境有關。一個動態整理展示的例子是摘要，業務情境文庫以各種方向整理，以供發佈適合特定受眾與目的的報表。

團隊使用 BDD 與 Cucumber 等自動化工具時，有大量的情境寫在功能檔案中。並非每個情境對所有人或所有目的都有相同價值，因此你必須以設計良好的標籤系統標注情境。記得第 2 章所述的標籤是文件。

每個情境有如下的標籤：

```
1  @acceptancecriteria @specs @returnpolicy @nominalcase @keyexample
2  情境：30 天內全額退款
3  ...
4
5  @acceptancecriteria @specs @returnpolicy @nominalcase
6  情境：30 天後無退款
7  ...
```

```
8
9  @specs @returnpolicy @controversial
10 情境：無購買證明無退款
11  ...
12
13 @specs @returnpolicy @wip @negativecase
14 情境：未知退貨錯誤
15  ...
```

注意這些標籤幾乎是與相關情境完全穩定與內秉的。我說幾乎的意思是因為 `@controversial` 與 `@wip`（處理中）不會維持很久，但是一種容易報告短期間的方式。

因為有這些標籤，所以很容易透過標題或完整說明擷取一部分情境。下面是一些例子：

- 與時間有限的專家開會時，或許要專注於標示為 `@keyexample` 與 `@controversial` 的資訊：

```
1  @keyexample or @controversial Scenarios:
2  - 30 天內全額退款
3  - 無購買證明無退款
```

- 向贊助者報告進度時，聽眾或許有興趣的是 `@wip` 與 `@pending`，以及通過 `@acceptancecriteria` 的情境：

```
1  @wip, @pending or @controversial Scenarios:
2  - 未知退貨錯誤
```

- 新成員報到時，說明每個 `@specs` 段的 `@nominalcase` 情境或許就夠了：

```
1  @nominalcase Scenarios:
2  - 30 天內全額退款
3  - 30 天後無退款
```

- 合規主管想要知道不是 `@wip` 的所有東西。就算如此，他們還是想要顯示 `@acceptancecriteria` 與其他情境的摘要文件。

突顯核心

有些領域元素較其他元素更重要。Eric Evans 在 *Domain-Driven Design* 一書中解釋，領域元素大量成長時會變得很難理解，就算只有一小部分元素很重要也一樣。指導開發者專注於特定部分的一個簡單辦法是在程式庫本身突顯它們。他稱這些部分為*突顯過的核心*。

所以：在主要模型庫中標示核心領域元素而不用特別說明它的角色。讓開發者很輕鬆的知道核心的輸出入。

直接在程式碼中以注釋標示核心概念是自然的方法，它會隨著時間演進。類別或介面等程式碼元素會被重新命名、從一個模組搬到另一個模組、有時候會被刪除。

下面是以注釋做整理展示的完美範例：

```
1  /**
2   * 加油卡的型別、id、持卡人
3   */
4  @ValueObject
5  @CoreConcept
6  public class FueldCard {
7    private final String id;
8    private final String name;
9    ...
```

它是整合進 IDE 搜尋功能的內部文件。你可以搜尋專案中每個注釋的參考，來看到會保持更新的所有核心概念（見圖 5.2）。

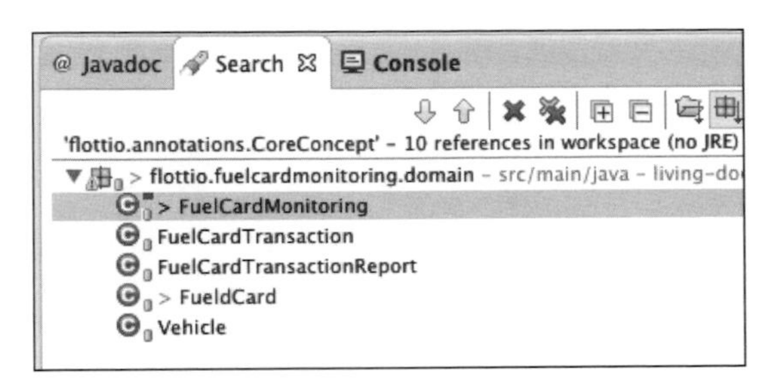

圖 5.2 從 IDE 搜尋所有 `@CoreConcept` 注釋參考，可立即顯示突顯過的核心

當然，工具也可以掃描原始碼並以突顯過的核心作為改善整理展示的方便方法。舉例來說，產生圖表的工具可能在不同狀況下顯示不同程度的細節，例如少於七個元素時顯示所有東西，而超過七個元素時只專注於突顯過的核心。活詞彙表通常先顯示它們或以粗體字來突顯詞彙表中最重要的元素。

突顯啟發範本

關於如何寫程式的最佳文件通常已經在程式裡面。我教 TDD 時會與開發者隨機結對處理我從來沒看過的程式碼。跟我結對的開發者通常會裝作從來沒有看過該程式碼；對於新任務，他們可能會尋找類似的範例然後複製貼上。舉例來說，一個程式設計師可能會決定找出受人尊敬的團隊領袖 Fred 寫的服務。但 Fred 的程式碼可能不是在各方面都完美的，他的程式碼的缺陷最終可能會複製到各處。在這種情況下，一種改善程式碼品質的好方法是改善人們模仿的程式碼範例。範本程式碼應該是理想的模型，或至少能啟發其他開發者。Sam Newman 在他的 *Building Microservices* 寫到：

> 如果你想要推廣標準或最佳實踐，用你可以指給別人看的範本會有幫助。這個想法是人們模仿你的系統中一些比較好的部分而不會有什麼問題 [1]。

1 Newman, Sam. Building Microservices. Sebastopol, CA: O'Reilly Media, Inc., 2015.

你可以在交談與結對程式設計或眾人程式設計的過程向同事指出範本："讓我們看看 `ShoppingCartResource` 類別，它是設計最好的類別且是團隊最喜歡的程式碼風格"。

交談最適合分享範本，但在你無法向人們指出正確方向、或人們獨立工作時有一些文件也不錯。文件可以與指向好範例的明顯指示牌有相同的效果（見圖 5.3）。

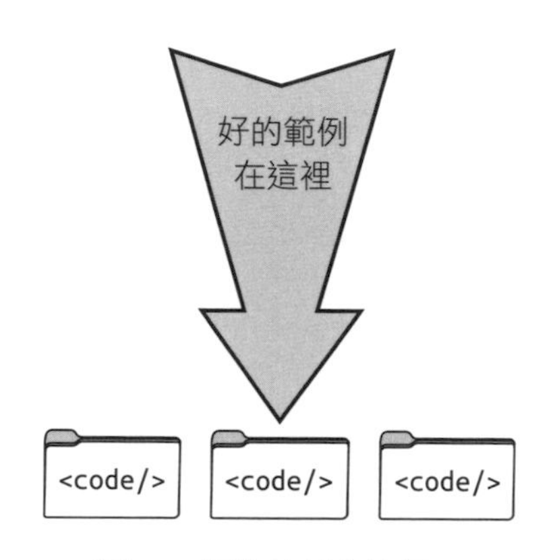

圖 5.3 好的範例在這裡！

所以：直接突顯你要推廣的風格或最佳實踐的高品質程式碼範例的位置。向同事指出這些範本與宣傳如何自行搜尋。維護範本使它們維持典範性，讓每個人模仿它以改善整體程式碼。

當然，注釋也非常合適：你可以自定放在幾個最具代表性的類別或方法上的注釋。當然，範本只在數量限制在少數最佳範例時才有用。

什麼程式碼是範本最好由團隊一起決定。讓它作為團隊活動，找出幾個一致同意的範本以透過特殊注釋突顯。

範本應該是實際使用的程式碼而非教學程式碼，如 Sam Newman 在 *Building Microservices* 所述：

> 理想中，它們應該是寫好的實際服務而不是獨立實作的完美範例。確保你的範例有實際運用，就能確保所有原則確實合理[2]。

實務上，範本很難在各方面同時完美。它可能是很好的設計範例，但程式碼風格有點弱一或相反。我偏好的方案是先修改弱點。但若不可能或不是很理想，你至少應該說清楚該範本有什麼好與什麼方面不應該視為典範。下面是幾個例子：

- **類別**：`@Exemplar`（“非常好的 REST 資源範例，具有內容協商與使用 URI 模板”）
- **JavaScript 檔案**：`@Exemplar`（“整合 Angular 與網頁元件的最佳範例”）
- **套件或此設計部分的關鍵類別**：`@Exemplar`（“非常好的 CQRS 設計範例”）
- **特定類別**：`@Exemplar`（pros= “非常好的命名”、cons= “太多可變狀態，建議不可變狀態”）

基本上，直接在程式碼中標示範例能讓你問 IDE：“有什麼寫 REST 資源的好例子？”。在整合文件風格中，找出範本只需從 IDE 搜尋 `@Exemplar` 注釋的參考。然後你可以從搜尋結果短清單中判斷哪一段程式碼可啟發你的任務。

當然，這種方式有些陷阱：

- 軟體開發不應該用這麼多複製與貼上解決問題。突顯範本並沒有給你複製與貼上程式碼的權力。
- 複製 / 貼上必須重構。累積類似的程式碼就必須重構。
- 在程式碼中標示範本不是要取代向同事要範本程式碼。提問很好，因為它會引發對話，而對話是改善程式碼與技能的關鍵。被要求提供範本時不要回答“看說明書”，而是要在 IDE 中逐個檢視範本以判斷哪一個最適合該任務。總是將交談作為一起改善什麼東西的機會。

2 Newman, Sam. *Building Microservices*. Sebastopol, CA: O'Reilly Media, Inc., 2015.

導覽與景點圖

有導覽或景點圖會比較容易快速的發現新的好地方。在你從未造訪過的城市，你可以碰運氣看看會不會遇到什麼有趣的地方。這是我在長駐時下午愛做的事。但若只待一天，我會參加主題行程。舉例來說，我參加芝加哥摩天大樓導覽行程，導遊帶我們去看歷史廳的老燈泡。一年後，我參加芝加哥的河船行程，這是另一種參觀方式。我在柏林參加街頭藝術行程，讓我大開眼界。對我來說，沒有導覽我就不會注意街上每天看到的藝術作品。

但導覽出發有固定時間，通常需要幾個小時，可能很貴。若停留日期不對可能還遇不到。但你還是能夠找到地圖或導覽書。當然，或許還有 app！很多 app 提供導覽與景點圖，根據食物、飲料、跳舞、音樂會等主題分類。芝加哥的 Society of Architecture 也提供免費建築物導覽手冊。網路上有很多資源可幫助規劃行程，例如“20 個最佳景點清單”、“幫助你規劃參訪”、“倫敦 101 件必須做的事情”。

註

有些資源很犯規，例如 *Unusual and Original Things to Do in London* 有一站是去公廁喝咖啡：如 *Timeout London* 所述：“別擔心，這些維多利亞時期的廁所在上蛋糕前有洗過，Attendant 餐廳於 2013 年開業，裡面有一小排桌子，當年在那裡的小便池曾為倫敦的紳士們提供了方便”[3]。

熟悉程式的過程與熟悉城市的過程很像。最好的探索方式是與另一個人一起一同事。但若你不想要跟人，你可以學習旅遊業的自助導覽行程與景點圖。旅遊的比喻出自 Simon Brown，他寫了“Coding the Architecture”部落格與 *Software Architecture for Developers, Volume 2* 一書。

3 Timeout London, “Unusual and Original Things to Do in London,” http://www.timeout.com/london/things-to-do/101-things-to-do-in-london-unusual-and-unique

需要認識到的一個重點是一個城市的所有旅遊指南都是高度整理展示過的：由於各式各樣的原因，從不同地標的歷史重要性到更多與金錢相關的原因，城市的所有可能方案中只有很小的一部分被呈現出來。

程式和城市之間的一個重要區別是程式碼的修改頻率比大多數城市都高。因此，在提供指導時，必須盡量減少更新指導的工作量；當然，自動化是一個不錯的選擇。

所以：提供程式碼的整理展示指引，各有一個大主題。以額外的導覽或景點圖元資料增強程式碼，設定自動化機制來發佈與更新這些元資料的指引。基於程式碼中的標籤的景點圖或導覽是增強程式碼方法的完美例子。

若程式碼不常改變，導覽或景點圖可跟有簡短說明與連結程式碼位置的精選地點書籤一樣簡單。若程式碼在 GitHub 等平台上就很容易直接連結。此書籤可採用 HTML、Markdown、JSON、專屬書籤格式、或其他格式。

若程式碼經常改變或可能經常改變，手動管理的書籤需要太多的投入才能保持更新，因此你可能要選擇動態整理展示：將標籤放在程式碼中並依靠 IDE 的搜尋功能來立即顯示書籤。若有必要，你可以在標籤中加入元資料，以方便透過掃描程式碼重構整個導覽。

你可能會擔心加入景點圖或導覽標籤到程式中會污染程式碼（沒錯）。這些標籤並非關於元素的內秉而是如何使用，因此要保守使用這種方法。

視你的程式碼為美麗的風景線。它是保護區，路徑上的石頭與樹木有紅白油漆標示。油漆確實會污染自然環境，但我們接受它是因為它很有用且對風景的破壞有限。

建立景點圖

要建立景點圖，你首先須建立自定注釋或屬性，然後將它放在幾個想要強調的最重要的地方。要有效率，你應該維持低景點數，最好是 5 到 7 個且不能超過 10 個。

最困難的部分是為每個注釋或屬性命名。下面是一些命名建議：

- KeyLandmark 或 Landmark
- MustSee
- SightSeeingSite
- CoreConcept 或 CoreProcess
- PlaceOfInterest、PointOfInterest、或 POI
- TopAttraction
- VIPCode
- KeyAlgorithm 或 KeyCalculation

要讓這個方法有用，你還需要確保每個人都知道該標籤與如何搜尋。

C# 與 Java 的景點圖範例

假設要建立自定屬性，你決定將它放在要分享給其他 Visual Studio 專案的組件中（這表示你不想要任何東西屬於特定專案）。下面是該屬性在 C# 中的樣子：

```
1  public class KeyLandmarkAttribute: Attribute
2  {
3  }
```

接下來使用此屬性標示你的程式碼：

```
1  public class Foo
2  {
3    [keyLandmark(" 增加客戶購買的主要步驟
4    從訂單初始化到準備
5    結帳 ")]
6    public void Enrich(CustomerPurchase cp)
7    {
8      //…感興趣的部分
9    }
10 }
```

Java 與 C# 很像。下面是 Java 的範例：

```
1  package acme.documentation.annotations;
2
3  /**
4  * 標示此處是景點可列在景點圖上
5  */
6
7  @Retention(RetentionPolicy.RUNTIME)
8  @Documented
9  public @interface PointOfInterest {
10
11     String description() default "";
12  }
```

接下來如此使用：

```
1  @PointOfInterest(" 關鍵計算 ")
2  private double pricing(ExoticDerivative ...){
3    ...
```

另一種命名方式如下：

```
1  @SightSeeingSite(" 這是我們的秘方 ")
2  public SupplyChainAllocation optimize(Inventory ...){
3    ...
```

你在 C# 會如下使用自定屬性：

```
1  public class CoreConceptAttribute : Attribute
2
3  [CoreConcept(" 增加客戶購買的主要步驟
4  從訂單初始化到準備
5  出貨 ")]
```

用什麼字自己決定，你可以使用通用注釋與 `PointOfInterest` 等通用名稱，並加上關鍵計算參數來精確的說明它是什麼。另一種方式是為每一種景點建立一個注釋：

```
1 @KeyCalculation()
2 private double pricing(ExoticDerivative ...){
3 ...
```

建立導覽

這一節的例子是讓新人完成從訊息佇列的事件傾聽程序、到儲存出帳報表、到資料庫的進帳交易的完整處理程序。注意它雖然嚴格的分類領域邏輯與基礎設施邏輯，但此導覽跨越業務邏輯元素與底層的基礎設施元素，以顯示完整的執行路徑。

此導覽目前有六個步驟，每個步驟定位在類別、方法、欄位、或套件等程式碼元素。

此範例使用自定的 `@GuidedTour` 加上一些參數：

- **導覽名稱**：只有一個導覽時是選擇性的，或你偏好讓每個導覽各有一個注釋，例如 `@QuickDevTour`。
- **導覽背景下的步驟說明**：這是相對於說明元素本身而非如何使用的元素的 Javadoc 註解。
- **排名**：排名可用數字或其他可比較的東西表示，它用於向遊客展示步驟順序。

下面是導覽的例子：

```
1  /**
2  * 傾聽加油卡交易
3  * 交易來自外部加油站
4  */
5  @GuidedTour(name = " 開發者速覽 ",
6      description = " 觸發完整交易處理的
7  MQ 傾聽程序 ", rank = 1)
8  public class FuelCardTxListener {
```

然後逐步進行直到最後一個：

```
1  @GuidedTour(name = " 開發者速覽 ",
2     description = "DAO 儲存結果
3     加油卡報告，處理完成後 ", rank = 7)
4  public class ReportDAO {
5
6  public void save(FuelCardTransactionReport report){
7  ...
```

> **註**
>
> 注意此處數字不連續；它從 1 跳到 7，但實際上只有 6 個步驟。以 BASIC 的行號習慣來說，你會寫為 10、20、30 等以方便插入其他步驟。

若你只想要為開發者提供簡單的景點選擇，你可以停在這裡，並讓使用者自己從 IDE 搜尋自定注釋以顯示完整的導覽：

```
1  Search results for 'flottio.annotations.GuidedTour'
6 References:
2
3  flottio.fuelcardmonitoring.domain - (src/main/java/l...)
4  - FuelCardMonitoring
5   - monitor(FuelCardTransaction, Vehicle)
6  - FuelCardTransaction
7  - FuelCardTransactionReport
8
9  flottio.fuelcardmonitoring.infra - (src/main/java/l...)
10 - FuelCardTxListener
11 - ReportDAO
```

重點都在這裡，但不是很漂亮，也沒有排序。如此小量景點就能讓開發者探索，但不要低估這種整合方法的價值，因為它比較簡單且較複雜的機制更方便。

但這個例子還不足以說明必須從頭到尾依序參訪的導覽。接下來是用它建立活文件以使它變成活導覽。

建立活導覽

接著前面，你可以建立掃描程式碼以擷取每個導覽步驟資訊，並產生可以依循的形式的合成導覽報告的機制。

FuelCardTxListener

觸發完整處理鏈的 *MQ* 傾聽程序。

傾聽來自加油站外部系統的加油卡交易。

FuelCardTransaction

加油卡交易

交易，卡與商家之間，由加油卡廠商報告。

FuelCardMonitoring

處理所有加油卡監控的服務。

監控加油卡的使用，以改善油耗並檢測漏油與司機的不良行為。

monitor(transaction, vehicle)

執行所有加油卡交易詐欺檢測的方法。

```
1  public FuelCardTransactionReport monitor(FuelCardTransaction
2  transaction, Vehicle vehicle) {
3    List<String> issues = new ArrayList<String>();
4
5    verifyFuelQuantity(transaction, vehicle, issues);
6    verifyVehicleLocation(transaction, vehicle, issues);
7
8  MonitoringStatus status
9     = issues.isEmpty() ? VERIFIED : ANOMALY;
9  return new FuelCardTransactionReport(
10    transaction, status, issues);
11 }
```

FuelCardTransactionReport

加油卡交易報表。

加油卡交易監控報表，具有狀態與潛在問題。

ReportDAO

儲存加油卡報表的 DAO。

注意在此導覽中的每個標題是個 GitHub 程式行的連結。景點是方法（例如 `monitor()` 方法）時，我為了方便而加入 GitHub 中的程式碼。同樣的，景點是類別時，我加入我覺得方便以及與導覽有關的非靜態欄位與公開方法。

這個活導覽文件為了方便而採用 Markdown 格式。然後 Maven site 等工具（或 sbt 或其他類似的工具）可以製作網頁或其他格式。如下另一種方式是使用 JavaScript 函式庫在瀏覽器中繪製 Markdown，這不需要任何工具鏈。

另一種在導覽注釋中使用字串的方式是使用 enum，它會同時處理命名、說明、排序。但它會將每個導覽步驟的說明從注釋過的程式碼搬到 enum 類別：

```
1 public enum PaymentJourneySteps {
2   REST_ENDPOINT(" 單頁應用程式以購物車 id 呼叫此端點 ")
3   AUTH_FILTER(" 呼叫認證過 "),
4   AUTID_TRAIL(" 呼叫審核追蹤過爭議與合規 "),
5
6   PAYMENT_SERVICE(" 接下來進入實際服務以執行工作 "),
7
8   REDIRECT(" 從付款的回應以重新導向傳送 "),
9
10 private final String description;
11 }
```

然後此 enum 作為注釋中的值：

```
1  @PaymentJourney(PaymentJourneySteps.PAYMENT_SERVICE)
2  public class PaymentService...
```

導覽的實作

你可以在 Java 中使用稱為 QDox 的類 Doclet 函式庫實作，它能讓你存取 Javadoc 註解。若不需要 Javadoc，則可以使用任何解譯器甚或是反射也行。

QDox 掃描 src/main/java 下的每個 Java 檔案與解譯過的元素，你可以透過注釋執行過濾。Java 元素（類別、方法、套件等）具有自定的 `GuidedTour` 注釋時，它會納入導覽中。你可以擷取注釋的參數並擷取名稱、Javadoc 註解、程式行、其他資訊（必要時包括程式碼本身）。然後你可以將它們轉換成步驟的 Markdown 片段，依步驟排名條件儲存在 map 中。這種方式在掃描完成時可依照排名順序連接所有片段來製作完整文件。

當然，魔鬼藏在細節中，這種程式碼會視你對結果的要求而很快的變成一團亂。掃描程式碼與遍歷 Java 或 C# 元模型不一定好。在最糟糕的狀況下，最終結果可能是訪問者模式。我估計有更多人採用這些做法時，會出現處理大部分常見使用案例的小函式庫。

窮人的文學程式設計

導覽讓人想到文學程式設計的反方向：相較於*文字加上程式碼*，導覽是*程式碼加上文字*。對景點圖來說，你只需選擇景點並以主題分類。對導覽來說，你必須設計程式碼元素的線性排序。在文學程式設計中，你還可以講述一個貫穿程式碼的線性故事，並最終獲得一個同時解釋理由和對應軟體的文件。

導覽或景點圖不只關注文件製作，而且也是讓你在工作中持續反思工作的方法。因此，最好是在建構應用程式的早期活動時就對導覽進行文件製作。透過這種方式，你將受益於在進行工作的同時也製作文件的深思熟慮。

總結：策展人準備藝術展覽

作為活整理展示的結論，讓我們回到藝術展覽的策展人的方法，如圖 5.4 所示。

展覽的策展人決定關鍵採編焦點，它通常會變成展覽的標題。有時候焦點不重要，例如“超現實主義者：莫內”，但就算是這樣，它還是一個決定——排除該藝術家在超現實主義前的作品。同樣的，文件製作的發起必須清楚的傳遞一個關鍵訊息。

圖 5.4 博物館中的策展人

好的展覽嘗試引進令人產生興趣的意外元素（舉例來說：“你知道 Kandinsky 畫抽象畫，但我們會讓你知道他是如何從具象畫演變成抽象”）。訪客不只是看到畫，還擴展了他們的知識並更了解藝術家、作品、年代間的關係。同樣的，好的文件以新知識增加價值，用不同視角強調關係。

選擇與安排現有知識

策展人根據主題選擇藝術作品。大部分作品都擺在倉庫，只有少數特定作品展覽陳列。同樣的，文件是整理展示的活動，從特定觀點決定什麼東西重要。

策展人決定每個房間要展出什麼。房間可能根據年代、藝術家的生命階段、或主題安排。藝術作品可能並排以供比較。它們的安排可能是依照時間順序說故事。安排知識是對普通知識增加意義的重要工具。我們根據資料夾名稱、標籤、或命名慣例將元素分類。

有需要時補漏

策展人寫一點文字來說明每個展覽部分的主要概念。他也會在展示出的藝術作品旁邊寫個小標籤。同樣的，文件必須增強知識，這可以透過注釋、DSL、或命名慣例。少量的文字在某些地方也有幫助，盡可能將此知識附加在相關程式碼元素上。

藝術展覽缺少重要收藏品時可以去借或向藝術家要。藝術家也可能會直接參與展覽。

有時候會缺某些資訊，策展人可以叫人研究或找人分析，或檢查文獻以找出缺少的東西。舉例來說，羅浮宮研究畫布上的筆觸來告訴訪客，拉斐爾實際在參與畫作的程度。結果顯示大師沒有參與大部分！同樣的，文件是幫助你注意缺了什麼或程式碼與相關知識有什麼問題的回饋機制。

缺席者與後人的可存取性

策展人建立展覽的目錄，它說明展出內容：分區說明文字、藝術作品、標籤。目錄的安排通常類似展覽場所的房間安排。

美術館有時候會提供昂貴且很厚的完整展覽目錄，它們也提供讀起來更輕鬆的小冊子！

文件製作也是讓知識可存取並確保重點能保存給未來。舉例來說，你可能會在網站上為不同受眾與不同需求發佈文件——如同美術館發行的不同目錄。

總結

由於實際程式碼的知識量很大，嘗試使用它都必須透過專注於基本來增加整理過的知識的價值，透過整理展示程序拋棄其中大部分。

活整理展示、啟發性的典範、突顯核心、提供導覽與景點圖是一些可為特定目的突顯部分知識整理展示的方法。

Chapter 6

文件自動化

如前述，活文件不一定需要製作正規文件才能處理知識。但有許多狀況最好是製作傳統外觀的文件。在這種情況下，最明顯的“活”文件製作的例子是與知識同步演進的文件。你必須自動化才能有活文件。

這一章介紹兩個重要且相關的概念：使用自動化來幫助建立*活文件*。

活文件

活文件是隨著系統一起演進的文件。活文件不能是手動耗時製作，因此活文件通常依靠自動化。

如名稱所述，*活文件*依靠活的文件，在其他文件製作方法都趕不上變化或目標受眾無法存取時需要活文件。

活文件如同在每次改變後產生新報表的報表工具。改變通常來自於程式碼，但也可能是交談過程做出的重要決定。

這一章討論幾個重要的活文件例子，包括活詞彙表與活圖表。

建立活文件的步驟

建立活文件通常有四個主要步驟：

1. 選取一些儲存在他處的資料，例如原始碼管理系統中的原始碼。
2. 根據文件目標過濾資料。
3. 從過濾剩下的資料擷取一些文件需要的內容。它可以視為投影且專屬於圖表用途。
4. 轉換資料與資料關係成目標格式以產生文件。對視覺化的文件，目標可以是一系列繪製函式庫的 API 呼叫。對文字文件，目標可以是給產生 PDF 的工具的一系列文字。

若繪製很複雜，轉換成其他模型可能需要許多步驟——建立中間模型然後轉給最終的繪製函式庫。

每個步驟中最困難的部分是編輯觀點與展示規則的互動。要選取或忽略什麼資料？什麼資訊要從其他來源加入？要用什麼佈局？

展示規則

好的文件應該遵循特定規則，像是每次顯示或列出不能超過五到九個項目。還有選擇特定佈局的規則（像是清單或表格或圖表）以使其符合問題的結構。這本書不討論這個部分，但認識一些展示規則可幫助你讓文件更有效。

活詞彙表

你要如何與每個參與專案的人分享領域共同語言？答案通常是提供該語言的完整詞彙表以及你應該知道的說明。但該語言是活的，因此詞彙表必須維護，它有會過期的問題。

在一個領域模型中，表示業務領域的程式碼會盡可能的模仿領域專家的思維與言談。在一個領域模型中，好的程式碼會說領域業務的話：領域語言中的每個類別名稱、每個方法名稱、每個列舉常數名稱、每個介面名稱。但並非所有人都能讀程式碼且大部分程式碼都與領域模型沒有關係。

所以：從原始碼擷取該語言的詞彙表。視原始碼為單一事實來源並在類別、介面、公開方法代表領域概念時非常小心的命名。以工具可讀取的結構化註解，直接將領域概念的說明加入原始碼。擷取詞彙表時要找出過濾非領域表述程式碼的方法。

如圖 6.1 所示，活詞彙表處理程序掃描原始碼與注釋，以產生可隨時重新產生而保持更新的活詞彙表。

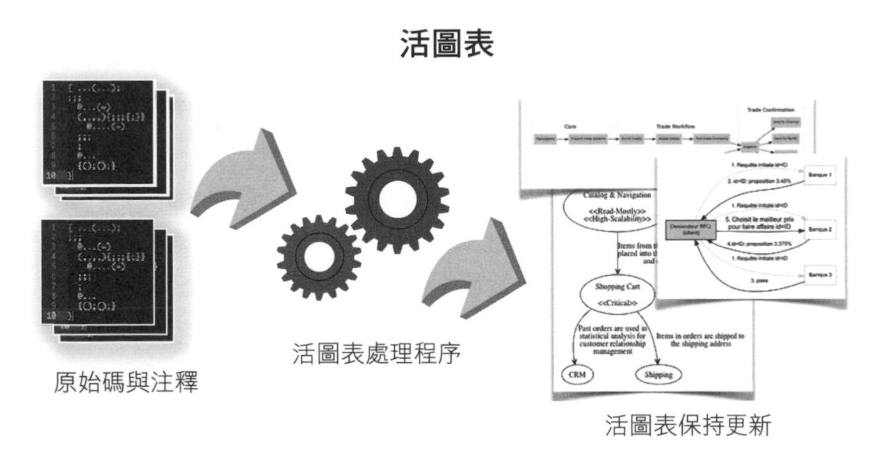

圖 6.1 活詞彙表概要

一個成功的活詞彙表的程式碼必須宣告。程式碼越像業務領域的 DSL 則詞彙表就越好。確實，開發者不需要詞彙表，因為程式碼就是詞彙表。活詞彙表對不能在 IDE 中讀原始碼的非開發者特別有用。全部集中在一個文件能帶來額外的便利性。

活詞彙表也是回饋機制。若詞彙表看起來不好，或你發現詞彙表很難行，則你知道程式碼有待改進。

活詞彙表的運作

許多語言的文件製作直接以結構化註解嵌入程式碼，這是寫類別、介面、方法説明的好方法。Javadoc 等工具可擷取註解並產生報表。Javadoc 讓你可以根據它的 Doclet 建立自己的 Doclet（文件產生器），這不需要花很多功夫。使用自定的 Doclet 可以匯出自定格式的文件。

Java 的注釋與 C# 的屬性對增強程式碼很有幫助。舉例來説，你可以用自定領域範本（`@DomainService`、`@DomainEvent`、`@BusinessPolicy` 等）或領域無關範本（`@AbstractFactory`、`@Adapter` 等）標注類別與介面。這樣可以很容易的過濾與表達領域語言無關的類別。當然，你必須建立注釋函式庫來增強你的程式碼。

如果做得好，這些注釋也可以表達開發者的意圖。它們是深思熟慮做法的一部分。

在過去，我使用前面描述的方法來擷取參考業務文件，然後可以直接將它發送給國外的客戶。我使用一個自己定義的 Doclet 匯出一個 Excel 試算表，其中每個類別的業務領域概念都有一個分頁。類別只是基於加入程式碼中的自定義注釋。

給我一個例子！

讓我們看一個活詞彙表的簡化範例，它是關於小貓，因為大家都愛小貓。下面的程式碼是代表貓的主要活動的模擬碼：

```
1  module com.acme.catstate
2
3  // 貓的主要活動
4  @CoreConcept
5  interface CatActivity
6
7  // 貓如何改變活動以對事件做出反應
8  @CoreBehavior
```

```
9  @StateMachine
10 CatState nextState(Event)
11
12  // 閉眼時正在睡覺
13  class Sleeping -|> CatActivity
14
15  // 貓正在吃東西，或非常靠近飯碗
16  class Eating -|> CatActivity
17
18  // 貓正在追逐，眼睛張大
19  class Chasing -|> CatActivity
20
21  @CoreConcept
22  class Event // 任何對貓有影響的事件
23  void apply(Object)
24
25  class Timestamp // 技術性模板
```

這只是說明貓的日常的原始碼。但它以注釋增強來突顯領域中有什麼是重要的。

從這個程式碼建立活詞彙表的處理程序會輸出如下的詞彙表：

```
1  Glossary
2  --------
3
4  CatActivity: 貓的主要活動
5  - Sleeping: 閉眼時正在睡覺
6  - Eating: 貓正在吃東西，或非常靠近飯碗
7  - Chasing: 貓正在追逐，眼睛張大
8
9  nextState: 貓如何改變活動以對事件做出
10  反應
11
12  Event: 任何對貓有影響的事件
```

注意 `Timestamp` 類別與 `Event` 方法被忽略是因為它們對詞彙表不重要。還有，每個實作 `CatActivity` 的類別與介面都一起列出，因為這是我們思考特定實作的方式。

> **註**
>
> 這是狀態設計模式，此處真的是業務領域的一部分。

從程式碼建立詞彙表不是結束；你可能會注意到第一次產生的詞彙表中的 nextState 沒有你想的一樣清楚（在詞彙表中比程式碼中明顯）。因此你回到程式碼重新命名 nextActivity() 方法。

重新建置專案後，詞彙表就跟著更新，畢竟它是個活詞彙表：

```
1  Glossary
2  --------
3
4  CatActivity: 貓的主要活動
5  - Sleeping: 閉眼時正在睡覺
6  - Eating: 貓正在吃東西，或非常靠近飯碗
7  - Chasing: 貓正在追逐，眼睛張大
8
9  nextActivity: 貓如何改變活動以對事件做出
10  反應
11
12  Event: 任何對貓有影響的事件
```

活文件的資訊整理展示

上述的技術需要程式設計語言的解析程序，而解析程序一定不能忽略註解。Java 有許多選項，包括 Antlr、JavaCC、Java 注釋處理 API、各種開源工具。但最簡單的選項是自定 Doclet，接下來會說明。

> **註**
>
> 就算你無視 Java，你還是可以讀一下；此處的重要資訊大部分與語言無關。

在只處理單一領域的簡單專案中，一個詞彙表就夠了。Doclet 是 Javadoc 元模型的根，它從根開始掃描所有程式設計元素，包括類別、介面、列舉。

對每個類別來說，主要的問題是：“這對業務的重要程度有需要加入到詞彙表中嗎？”。Java 注釋可用來回答這個問題。若使用“具有業務意義”的注釋，每個具有這個注釋的類別是詞彙表的首選。

注意

最好要避免處理注釋與注釋本身的程式碼之間的強耦合。要避免這種耦合，注釋可依靠前綴（舉例來說，`org.livingdocumentation.*`）或部分名稱（舉例來說，`BusinessPolicy`）識別。另一種方式是檢查元注釋加註的注釋，例如 `@LivingDocumentation`。這種元注釋本身可透過名稱來識別以避免直接耦合。

Doclet 深入每個要納入的類別的成員，並以適合詞彙表的方式輸出詞彙表需要的所有東西。

是否顯示原始碼的相關部分與相關元素的分類非常重要。若非如此，則 Javadoc 就夠了。活詞彙表的核心是要顯示什麼、隱藏什麼、如何最適當的顯示資訊等編輯決策。沒有背景就很難做出這種決策。我無法逐步說明，但可以給一些例子：

- 列舉與其常數
- bean 與其非暫時（transient）欄位
- 介面與其方法，以及主要的非技術性與非抽象子類別
- 值物件與其“操作封閉”[1] 的方法（也就是只涉及型別本身的方法）

1 Evans, Eric. *Domain-Driven Design: Tackling Complexity in the Heart of Software.* Hoboken: Addison-Wesley Professional, 2003。見“Closure of Operations”一節。

很多程式碼的細節通常必須在相關詞彙表中隱藏：

- 你通常會忽略父物件的方法，例如 `toString()` 與 `equals()`
- 你通常會忽略所有暫時欄位，因為它們只是用於最佳化且對業務沒有意義
- 你通常會忽略所有常數欄位，除了表示重要業務概念的 *public static final* 型別
- 標示介面通常不需要列出它的子類別，只有一個方法的介面可能也一樣

過濾條件主要視程式碼風格而定。若常數通常隱藏技術性文字則大部分應該隱藏，但若通常用於公開的 API，它們可能要加入詞彙表。

你可以根據程式碼風格調整過濾條件使它做大部分工作，就算是在某些情況下跑太多也一樣。要補充或脫離預設過濾條件，你可以使用覆寫機制（舉例來說，使用注釋）。

舉例來說，過濾條件可能會預設忽略每個方法；在這種情況下，你必須定義注釋以區分應該加入詞彙表的方法。但我絕不會使用稱為 `@Glossary` 的注釋，因為它會變成程式碼的噪音。類別或方法不應該屬於或不屬於詞彙表；它應該用來表示是否屬於某個領域概念。但方法可表示領域的核心概念，且可加上將該方法納入詞彙表的 `@CoreConcept` 等注釋。

更多整理展示資訊見第 5 章。更多注釋正確增加程式碼意義的用法見第 4 章。

在有限背景中建立詞彙表

在領域驅動設計中，通用語言可在有限背景下做不模糊的定義。若你不喜歡有限背景，別擔心；此處的討論可將有限背景一詞替換成一組相關使用案例的模組。

若原始碼跨多個有限背景，你必須根據有限背景隔離詞彙表。為此，有限背景必須明確的宣告。

你可以使用注釋來宣告有限背景，但這一次注釋會放在模組中。Java 有套件注釋，使用 package-info.java 模擬類比：

```
1  package-info.java
2
3  // 貓有很多有趣的活動，且它們
4  // 從一個換到另一個可由 Markov 鏈
5  // 模擬
6  @BoundedContext(name = "Cat Activity")
7  package com.acme.lolcat.domain
```

這是此應用程式中的第一個有限背景，你還有其他有限背景，同樣是貓但有不同的視角：

```
1  package-info.java
2
3  // 貓的情緒是個謎
4  // 但我們可以用監視器觀察貓
5  // 並以影像處理檢測情緒與分類
6  // 情緒類別
7
8  @BoundedContext(name = "Cat Mood")
9  package com.acme.catmood.domain
```

多個有限背景下的處理比較複雜，因為每個有限背景有一個詞彙表。你必須盤點所有的有限背景，然後指派每個相對應詞彙表的程式碼元素。若程式碼的結構化做得很好，有限背景清楚的定義在模組的根，所以若一個類別屬於特定模組，則它很明顯的屬於特定的有限背景。

然後如下處理：

1. 掃描所有套件並檢測每個背景。

2. 為每個背景建立一個詞彙表。

3. 掃描所有類別，對每個類別找出所屬背景。這可以透過開頭為模組全名（舉例來說，`com.acme.catmood.domain`）的類別全名（舉例來說，`com.acme.catmood.domain.funny.Laughing`）尋找。

4. 對每個詞彙表套用過濾條件與前述的整理展示程序，來建構好且有關的詞彙表。

此程序可增強以配合你的品位。詞彙表可依照名稱或概念的重要性排序。

活詞彙表案例研究

讓我們仔細檢視一個音樂理論與 MIDI 領域專案範例。圖 6.2 顯示 IDE 開啟專案時會看到什麼。

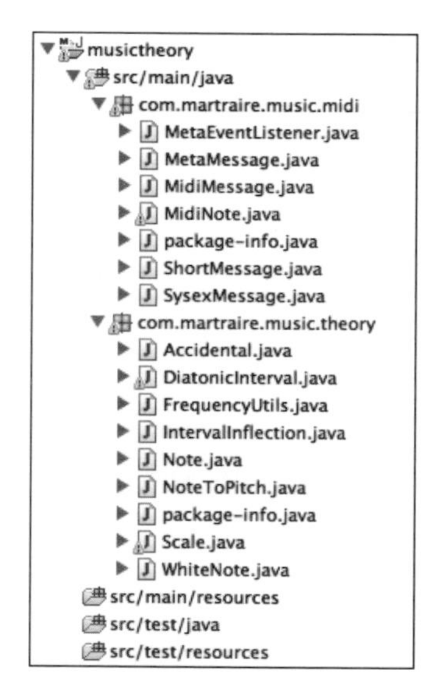

圖 6.2 程式碼視圖

它有兩個模組，各有一個套件。每個模組定義一個有限背景。第一個專注於西方音樂理論，見圖 6.3。

第二個有限背景專注於 MIDI，見圖 6.4。

```
/**
 * A representation of the theory of western music, from notes to chords, rhythm, harmony and melody.
 */
@BoundedContext(name = "Music Theory", link = "http://tobyrush.com/theorypages/index.html")
package com.martraire.music.theory;

import org.livingdocumentation.annotation.BoundedContext;
```

圖 6.3 第一個有限背景的套件注釋宣告

```
/**
 * Represents the MIDI concepts necessary for composing and recording sequences of rhythms and melodies.
 */
@BoundedContext(name = "MIDI sequencing", domain = "MIDI", link = "https://docs.oracle.com/javase/tutorial/sound/
package com.martraire.music.midi;

import org.livingdocumentation.annotation.BoundedContext;
```

圖 6.4 第二個有限背景的套件注釋宣告

圖 6.5 的第二個有限背景顯示一個簡單值物件與其 Javadoc 註解與注釋的例子。

```
package com.martraire.music.midi;

import org.livingdocumentation.annotation.ValueObject;

/**
 * Any message defined by the MIDI specification and that is sent over the wire.
 * There are several kinds of MIDI messages.
 */
@ValueObject
public interface MidiMessage {

}
```

圖 6.5 值物件與其注釋

圖 6.6 的第一個背景顯示也是值物件的列舉，它有 Javadoc 註解、常數上的 Javadoc 註解、以及注釋。

注意還有其他方法，但它們會被詞彙表忽略。

```
package com.martraire.music.theory;

import org.livingdocumentation.annotation.ValueObject;

/**
 * The accidentals alter the note by raising or lowering it by one or two half
 * steps.
 */
@ValueObject
public enum Accidental {

    /** (##) Lowered two half-steps */
    DOUBLE_SHARP("##"),
    /** (#) Lowered one half-step */
    SHARP("#"),
    /** No alteration */
    NATURAL(""),
    /** (b) Raised one half-step */
    FLAT("b"),
    /** (bb) Raised two half-steps */
    DOUBLE_FLAT("bb");

    private final String symbol;

    private Accidental(String symbol) {
        this.symbol = symbol;
    }

    public int halfSteps() {
```

圖 6.6 列舉與其值物件

從某個東西開始並手動調整

要建立活詞彙表處理程序，你必須建立自定的 Doclet 來建立文字檔案，並輸出 Markdown 的詞彙表標題：

```
1 public class AnnotationDoclet extends Doclet {
2
3   //...
4
5   // doclet 入口
6   public static boolean start(RootDoc root) {
7     try {
```

```
8       writer = new PrintWriter("glossary.txt");
9       writer.println("# " + "Glossary");
10      process(root);
11      writer.close();
12    } catch (FileNotFoundException e) {
13      //...
14    }
15    return true;
16  }
```

還要實作的是 `process()` 方法，它從 Doclet 根列舉所有類別，並檢查是否每個類別對業務有意義：

```
1         public void process() {
2                 final ClassDoc[] classes = root.classes();
3                 for (ClassDoc clss : classes) {
4                         if (isBusinessMeaningful(clss)) {
5                                 process(clss);
6                         }
7                 }
8         }
```

要如何檢查類別是否對業務有意義？你只需透過注釋。此例中，你可以視所有來自 `org.livingdocumentation.*` 的注釋標示程式碼對詞彙表有意義。這過分簡化了，但也夠了：

```
1  private boolean isBusinessMeaningful(ProgramElementDoc doc){
2    final AnnotationDesc[] annotations = doc.annotations();
3    for (AnnotationDesc annotation : annotations) {
4      if (isBusinessMeaningful(annotation.annotationType())) {
5        return true;
6      }
7    }
8    return false;
9  }
10
11 private boolean isBusinessMeaningful(AnnotationTypeDoc
                                          annotationType) {
```

```
12   return annotationType.qualifiedTypeName()
           .startsWith("org.livingdocumentation.annotation.");
13 }
```

若類別有意義，你必須將它輸出到詞彙表：

```
1  protected void process(ClassDoc clss) {
2    writer.println("");
3    writer.println("## *" + clss.simpleTypeName() + "*");
4    writer.println(clss.commentText());
5    writer.println("");
6    if (clss.isEnum()) {
7      for (FieldDoc field : clss.enumConstants()) {
8         printEnumConstant(field);
9      }
10     writer.println("");
11     for (MethodDoc method : clss.methods(false)) {
12        printMethod(method);
13     }
14   } else if (clss.isInterface()) {
15     for (ClassDoc subClass : subclasses(clss)) {
16        printSubClass(subClass);
17     }
18   } else {
19     for (FieldDoc field : clss.fields(false)) {
20        printField(field);
21     }
22     for (MethodDoc method : clss.methods(false)) {
23        printMethod(method);
24     }
25   }
26 }
```

這個方法太大且需要重構，但目的是以一頁腳本來說明。如你所見，此方法判斷如何輸出每個 Java/Doclet 元模型（類別、介面、子類別、欄位、方法、列舉、列舉常數）的每一種元素到活詞彙表：

```
1  private void printMethod(MethodDoc m) {
2    if (!m.isPublic() || !hasComment(m)) {
3      return;
4    }
5    final String signature = m.name() + m.flatSignature()
6       + ": " + m.returnType().simpleTypeName();
7    writer.println("- " + signature + " " + m.commentText());
8  }
9
10
11
12 private boolean hasComment(ProgramElementDoc doc) {
13   return doc.commentText().trim().length() > 0;
14 }
```

懂了吧。重點是盡快讓什麼東西可用，如此你才能獲得詞彙表產生器（你自定的 Doclet）與程式碼的回饋。接下來就是迭代：修改詞彙表產生器的程式碼以改善詞彙表的輸出，並改善相關的過濾條件，修改專案的實際程式碼以讓它透過加入注釋與在有需要時建立新注釋提高表達性，使程式碼可以説出完整的業務領域知識。此迭代循環應該不會花很多時間；但它不會真的完成且沒有結束狀態，因為它是活程序。詞彙表產生器或專案的程式碼總是有東西可以改善。

活詞彙表不是本身的目的。目的是幫助團隊反映程式碼以讓它可以改善品質。

活圖表

> 自動化應該能容易的安全修改程式碼而不是更困難。若變得更困難，刪除一些。絕對不要讓變化中的東西自動化。
>
> ——*Liz Keogh*（*@lunivore*）的推文

有些問題很難用文字説明但很容易用圖説明。這也是為什麼我們經常在靜態結構、序列活動、元素階層軟體開發中使用圖表。

我們在交談過程中的大部分時間只需要圖表。在餐巾紙上的草圖很適合這種情況。解釋完想法或做出決定後就不再需要草圖。

但你可能會想要保存某些圖表，因為它們說明每個人都應該知道的重要設計部分。大部分團隊以投影片或 Visio 或 CASE 工具文件等獨立的檔案建立與保存圖表。

當然，這種圖表的問題是會過期。系統的程式碼改變，沒有人有時間或記得要更新圖表。因此，圖表有一點錯是很常見的。人們已經習慣並學到不要太信任圖表。圖表越來越沒用直到有人鼓起勇氣刪除它。此後需要很多技能來檢視系統現況，並嘗試識別它是如何與為何設計。這變成逆向工程的事情。

這些事情讓人很沮喪，但最糟糕的是過程中失去重要的資訊（一開始還在的資訊）。進入活圖表：能在改變後產生而保持更新的圖表。

所以：只要圖表長期有用（舉例來說，它已經用過好幾次）你應該設定一個機制從原始碼自動而無需人工產生此圖表。讓你的持續整合在每次建置或點擊一個按鈕產生特殊建置時觸發它。不要每次手動重新建立或更新該圖表。

交談中的圖表助理

> 系統的活圖表的一個意外副作用：它讓開發更務實。你可以在討論中指出它。
>
> ——*@abdullin* 的推文

交談與圖表並非不相容。能夠參考反映軟體目前狀態的最新版本圖表是討論的催化劑。

一圖一故事

視手動建立與維護圖表所需的時間，人們很容易盡可能將東西放在同一個圖表中以節省精力，就算對使用者有害也一樣。但圖表自動化後就沒有理由讓它們更複雜。建立另一個圖表不會花很多功夫，因此你可以為受眾建立另一個清楚識別目的的圖表。

給圖表的空間有限，受眾的時間與消化能力也是，所以一個圖表只應該表達一個訊息。

向非技術人員說明系統的文件，應該將所有東西都隱藏在系統黑盒子中，並使用非技術名稱及系統與業務的關係來說明。它不應該顯示任何關於 JBoss、HTTP、JSON 的內容，它不應該顯示元件或服務的名稱。這種選擇性的觀點是文件切題與否的原因。試圖同時展示不同內容的文件需要更多的工作、且不能傳達清楚的訊息。

如圖 6.7 所示，活圖表應該每次只說一個故事。若你想要說多個故事，為每一個故事做一個圖表。要記得：一圖一故事。

我不一定做活圖表

但我做的時候就說一個故事

圖 6.7 一圖一故事

所以：要記得每個圖表應該有一個且只有一個目的。避免對現有圖表增加額外資訊。相反的，建立另一個專注於額外資訊的圖表，並刪除對此新目的沒有價值的其他資訊。積極過濾多餘的訊息；只有必要元素值得做圖表。

一個有關的反模式是顯示好做的東西而不是有關的東西。記得 1990 年代末期的逆向工程 / 來回工具嗎？一開始它很好用，但最終我們得到的是圖 6.8 所示的圖表（或更糟糕）。

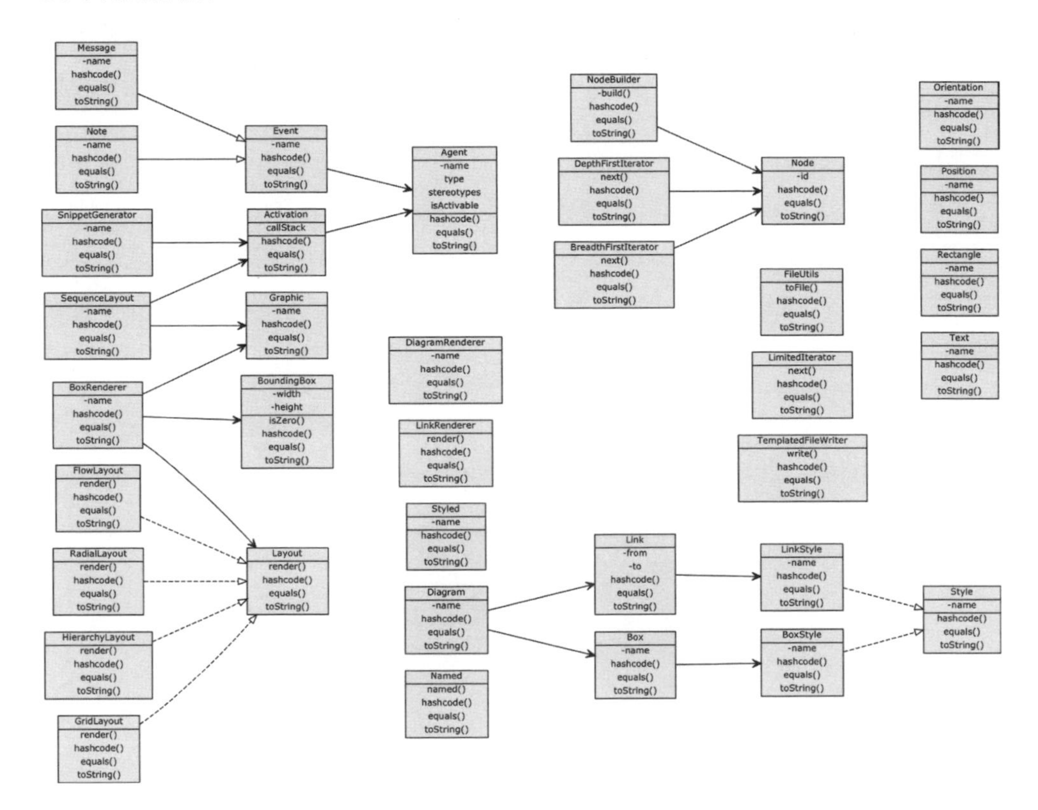

圖 6.8 這個圖表有用嗎？

太多資訊如同完全沒有資訊：同樣的無用。這種圖表需要大量過濾才有用！但若你清楚的知道一個圖表的重點，你已經成功了一半。

活圖表的一個挑戰是從大量資料中過濾與只擷取有關的資料。實際的程式碼中，沒有過濾的活圖表接近無用；它只是一個雜亂的線盒，無助於讓任何人認識任何東西（見圖 6.8）。

有用的圖表說出一件事。它有明確的焦點。它可能顯示相依性或階層或工作流程。或者它可能顯示模組的特定分解或類別間的特定合作，例如設計模式。隨便你說，但只能選擇一個。由於活文件是自動產生的，為你要說明的觀點建立一個活圖表很容易；無需嘗試混合它們。判斷圖表的焦點是編輯性的決定。

選擇焦點後，過濾步驟只選出符合焦點的元素並忽略其餘元素。這個階段最多只有七或九個元素。然後擷取步驟對每個元素擷取與焦點有關的最小資料。若你曾經使用過有來回機制的 UML 工具，你就會看到過度複雜的圖表。

活圖表讓你誠實

將活圖表程式碼儲存在原始碼控制系統中很重要。你想要反覆執行它，因此程式碼改變時很容易產生與更新圖表。此產生器甚至可變成建置工具的外掛，在每個建置產生最新版本的圖表。

活圖表是建置的一部分時，它提供另一種檢視程式碼目前狀態的方法。你可能會在程式碼審核、設計會議、任何有需要時檢視它。這種圖表最大的好處是它顯示程式碼現狀，也許是不好的意外。它讓你誠實面對設計品質。如我與 Rinat Abdullin 在 Twitter 上的討論，若你必須自己寫新的模組，自動產生的圖表會是你的第一個開發回饋。Rinat 說若你與同事合作，有活圖表的另一個好處是：“讓開發更務實。你可以在討論中指出它”。

追尋完美圖表

有個指標從傳統、手動製作圖表到完美的活圖表，中間的點具有不同程度的自動化與不同程度的人工。在指標的底層，產生圖表所需的投入較低但更新圖表以反映變化所需的投入較高。下面是圖表看起來的樣子：

- **餐巾紙草圖**：這些可拋棄的圖表使用紙筆建立。這種圖表非常適合用完就丟。只需要筆與任何一張紙：信的背面、餐巾紙、任何東西。
- **專用圖表**：這些圖表看起來很漂亮但需要很多時間建立與維護。這不是最適合的選項，除非你想要手繪、你需要更複雜的 UML 支援、你想要工具提供的額外功能、法律規定你必須使用這些圖表。它們很難用工具處理、它們產生大檔案、它們需要花時間調整佈局與畫面。
- **純文字圖表**：純文字很容易維護、對原始碼控制友善、容易比較。它支援搜尋與替換操作，但還是得維護。這些圖表有延展性、容易修改、容易比較。有些 IDE 可以傳播修改類別名稱等重構，這能幫助減少維護，但也限於文字而已。ASCII 圖表是特別合適的純文字圖表。
- **程式碼驅動圖表**：你可以使用程式碼而非純文字製作圖表。它可以在類別改名時跟著重構（圖表也跟著改名）或刪除時跟著重構（編譯器告訴你有問題時）。這些會跟著重構的圖表是有專用程式碼與 / 或應用程式程式碼的程式圖表（舉例來說，由納入程式碼參考的 DSL 所驅動的圖表）。
- **活圖表**：圖表自動根據程式碼或軟體系統執行產生（見第 7 章）。

如果你只需要圖表一次然後就馬上丟掉，選擇餐巾紙草圖。另一方面，若知識很重要且會反覆利用，則選擇其他圖表製作方式。選擇你覺得適合的。簡單且只有小量新增、修改、刪除重構的圖表，我建議純文字圖表或程式碼驅動圖表。

若你需要展示漂亮的圖表，則自動產生的圖表或許不適合。自動產生的圖表通常不漂亮。圖本身有利可圖就值得好好的製作，使用正確的工具使它吸引人。你可以嘗試商用的 CASE 工具，但最終還是需要求助於圖形設計工具，甚至需要動用美工設計師來完成這項工作。

LOL

"我知道這個圖表工具很難用，你討厭它，但你必須使用它，我們已經買了企業授權，有四個人的支援團隊可以提供幫助！"

繪製活圖表

使用程式設計語言建立圖表有很多方式，有各式各樣的書討論這個部分。這一章不會討論全部的方式而是讓你知道這個程序。

還記得圖表應該說故事，一個故事。它應該隱藏所有與故事無關的部分，因此活圖表的工作大部分是忽略非故事核心的部分。圖表應該專注於故事。

活圖表的產生視你需要產生什麼圖表而定，通常有四個步驟：

1. 掃描原始碼
2. 從大量元素中過濾出相關部分
3. 從每個部分過濾出相關資訊，包括與圖表的焦點有關係的部分
4. 使用符合圖表焦點的佈局繪製資訊

讓我們看一個簡單的例子。假設你的程式有很多類別，其中一些與訂單概念有關。你只想要聚焦與訂單相關類別與它們的相依性。

程式碼如下：

```
1  ...
2  Order
3  OrderPredicates
5  SimpleOrder
6  CompositeOrder
7  OrderFactory
8  Orders
9  OrderId
10 PlaceOrder
11 CancelOrder
12 ... // 其他類別
```

首先，你必須掃描程式碼。你可以使用反映或動態載入程式碼。從套件開始，然後列舉其所有元素。

此應用程式的領域模型有很多類別，因此你需要過濾元素的方法。你感興趣的是與訂單概念有關的每個類別或介面。為簡化，你可以過濾名稱中有“order”的所有元素。

接下來你必須判斷圖表的焦點。此例中，你想要顯示類別間的相依性，或許要突顯不需要的相依性。為此，掃描所有類別與介面時，你只會擷取它們的名稱與之間的相依性。舉例來說，你可以蒐集所有欄位型別、列舉常數、方法參數型別、回傳型別、組成類別相依性的超型別。你通常使用簡單的 Java 語言解譯器，以及掃描所有宣告的訪客（匯入、超類別、實作介面、欄位、方法、方法參數、方法回傳、例外），蒐集所有相依性到一個集合中。你可以忽略其中一些。

最後一個步驟是使用特殊函式庫繪製圖表。若使用 Graphviz，你必須將類別模型與相依性轉換成 Graphviz 文字語言。完成後，你可以執行工具來獲得圖表。

註

此例中，你會得到每個名稱帶 `Order` 的類別與其相依性清單。它已經是你可以對應到 Graphviz 等任何繪圖函式庫的圖。

有許多工具可用於繪製，但只有一些可以對任意圖表做智慧佈局。Graphviz 或許是最好的，但它是原生工具。幸好它現在也有 JavaScript 函式庫，能從瀏覽器中繪製到網頁上。此 JavaScript 函式庫還有變成純 Java 函式庫的 graphviz-java[2]！我以前在 Graphviz dot 上使用我的 Java 包裝 dot-diagram[3]，但現在 graphviz-java 似乎是更好的替代方案。

2 graphviz-java, https://github.com/nidi3/graphviz-java

3 dot-diagram, https://github.com/cyriux/dot-diagram

關於工具

有些工具與技術可幫助繪製活文件，包括 Pandoc、D3.js、Neo4j、AsciiDoc、PlantUML、ditaa、Dexy、以及 GitHub 與 SourceForge 上各種不知名的工具。建立純 SVG 檔案也是個選項，但你必須自己佈局。但是，如果你也可以將它當做模板，就像使用模板處理動態 HTML 頁面一樣，則它可能是一種很好的方法。Simon Brown 的 Structurizr 是另一個工具。

要掃描原始碼，你需要解譯器。有些解譯器只能解譯元模型，而其他解譯器能存取程式碼註解。舉例來說，在 Java 中，Javadoc 標準 Doclet 或 QDox 等其他工具可讓你存取結構化註解。另一方面，Google Guava ClassPath 只能存取程式語言的元模型，這在許多情況下也夠用。

讓我們以佈局複雜性來看圖表類型：

- 表格（或許不算是圖表，但它們有嚴格的佈局）
- 背景上的圖釘，如 Google Map 的圖釘，提供對應背景上的（x, y）位置給每個元素
- 評估從原始碼擷取的實際內容的圖表模板（舉例來說，SVG、DOT）
- 簡單的一維流圖表（左到右或上到下），它是簡單的佈局，你甚至可以自己寫程式
- 管道、序列圖、輸出入生態系黑箱
- 樹結構（左到右、上到下、輻射），有可能複雜，但如果要的話可以自己做
- 繼承樹與層
- 限制，涉及自動佈局，例如使用 Graphviz 的叢集功能
- 複雜佈局，如限制具有垂直與水平佈局

當然，如果你想要更有創意，你也可以嘗試將圖表變成藝術品，例如相片拼貼畫，甚至是動畫或互動。

視覺化指南

> 為什麼很多工程師認為複雜的系統圖看起來很厲害？真正厲害的是困難問題的簡單解決方案。
>
> ——*@nathanmarz* 的推文

> 終極法則：若圖表有線條交錯，則系統就太複雜了。
>
> ——*@pavlobaron* 的推文

還有好文件的法則，像是顯示或列出不超過五到九個項目與選擇適合問題結構的清單、表格、圖表風格。

要讓圖表最有效，考慮讓所有東西有意義：

- **讓左到右與上到下軸有意義**：例如有左右因果關係的 API 在左、SPI 在右、相依性上到下。
- **讓佈局有意義**：舉例來說，元素間的距離表示“相似性”而限制表示“專門”
- **讓大小與顏色有意義**：舉例來說，視覺元素的大小或顏色可能反映重要性、嚴重性、或屬性的量級。

範例：六角架構活圖表

六角架構是分層架構的改進並進一步關注相依性限制。六角架構只有兩層：內層與外層。它有個法則：相依性必須由外向內且不會由內向外。

如圖 6.9 所示，內層是領域模型，清楚且沒有技術性損毀。外層是其餘部分，特別是與外部世界有關的軟體執行必要基礎設施。領域在中間，有時候周圍加上小應用層，通常放在左邊。領域模型旁邊有適應器來整合領域模型與連接外部的埠：資料庫、中介軟體、服務、REST 資源等。

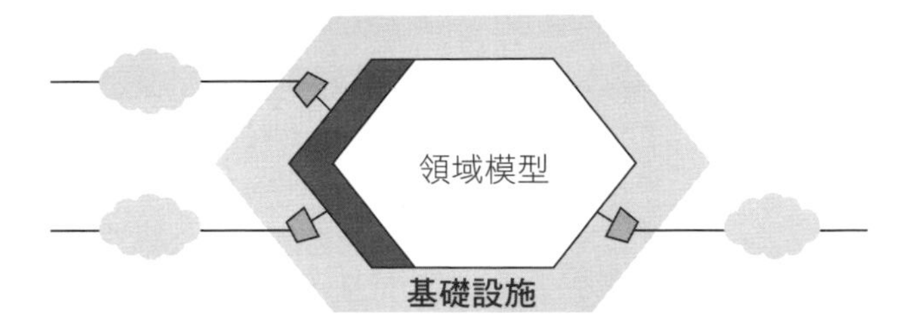

圖 6.9 六角架構概要

假設你要建立依循六角架構的專案的文件，或許是因為老闆要求或你想要向同事說明。你要如何做？

架構已經有文件

第一件要知道的事是業界已經有架構的文獻，首先從以圖 6.10 所示傳統圖表描述此模式的 Alistair Cockburn 的網站開始。

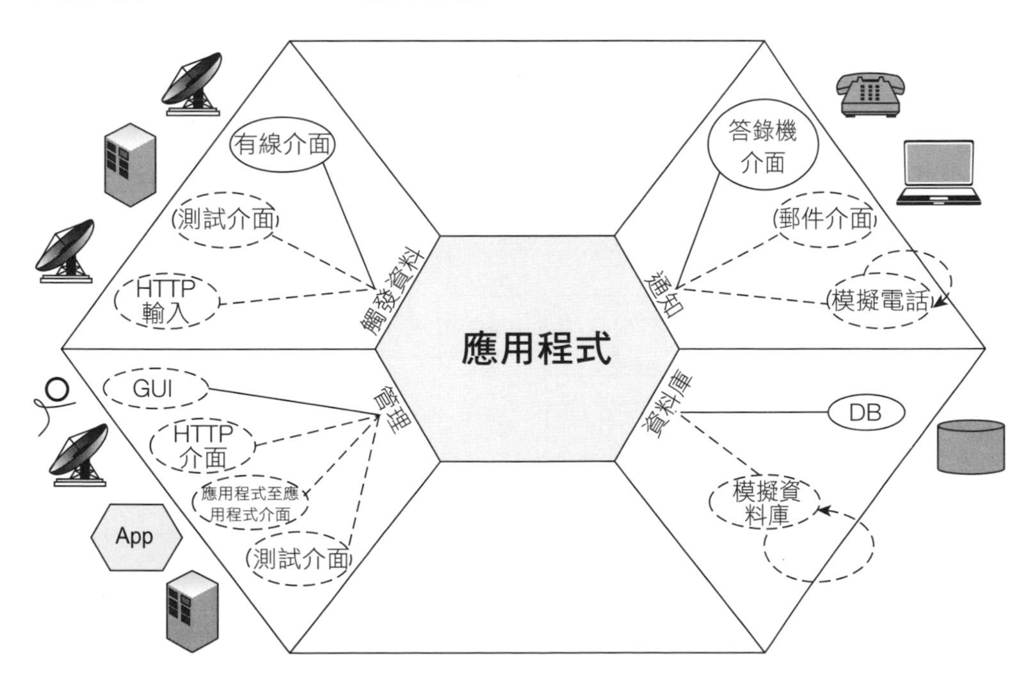

圖 6.10 摘自 Alistair Cockburn 的網站的六角架構

很多書都有描述此架構模式，包括 Steve Freeman 與 Nat Pryce 的 *Growing Object-Oriented Software, Guided by Tests*（GOOS），與 Vaughn Vernon 的 *Implementing DDD*（IDDD）。此模式在 .Net 圈子中又稱為洋蔥架構，由 Jeffrey Palermo 提出。

由於有很多關於六角結構的資訊，你不需要再自己解釋。你可以連結寫好的外部參考。為什麼要重寫其他人已經寫好的東西？這是現成的架構文件。

架構已經在程式碼中

架構本身已經記錄在文獻中，但你的專案中的特定實作部分呢？

由於你認真的工作，六角架構已經寫在程式碼中：領域模型在獨立的套件中（.Net 的命名空間、專案）、基礎設施從領域模型抽離到一或多個套件中。

有了一些這種模式的經驗後，你可以透過檢視套件與其內容就認出它。這種乾淨與嚴格的隔離絕不是剛好發生的；它展現出清楚的設計意圖。若你光看程式碼就能識別六角架構，你就成功了，是吧？

呃，不盡然。不是每個人都知道六角架構，而架構是每個人都應該知道的東西。你必須以某種方式讓架構明確。99% 已經就緒，但你必須加入漏掉的 1% 來讓每個人都完整看到。你必須做某種知識增強，使用注釋或命名慣例，兩者都可行。

事實上，命名慣例已經存在：

- 每個類別、介面、列舉放在根套件 `*.domain.*` 下的一個套件中。
- 每個基礎設施程式碼放在 `*.infra.*` 下。

你需要記錄與穩定這個慣例。

你可以使用注釋代替命名慣例。這能讓你或其他人加入更多資訊，像是理由：

```
1  @HexagonalArchitecture.DomainModel(
2    rationale = " 保護領域模型 "
3    alternatives = "DDD.Conformist")
4  package flottio.fuelcardmonitoring.domain;
5
6  import flottio.annotations.hexagonalarchitecture
7                                     .HexagonalArchitecture;
```

知道你想要從活文件得到什麼

你可以從在餐巾紙上塗鴉開始找出你想要什麼。現在你想要的是在圖中間的六角（或任何形狀）來表示領域模型與其最重要的元素。你預期外面圍繞著基礎設施的重要元素，有箭頭顯示它們與內部領域元素的相依性。它看起來像是圖 6.11。

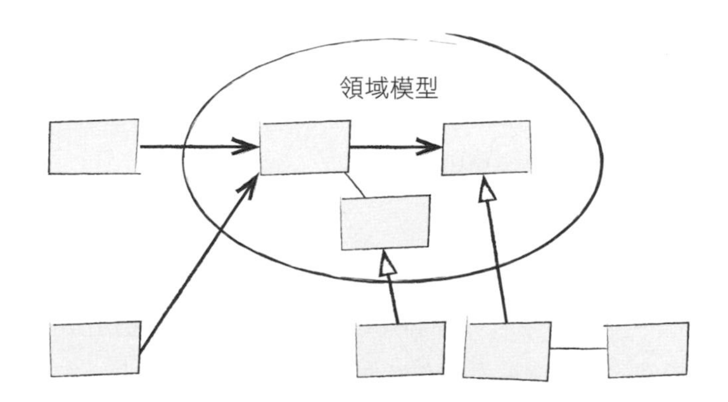

圖 6.11 你想要產生的圖表的草圖

你想要圖的佈局從左到右，從 API 呼叫到領域，然後到服務提供者與它們在基礎設施中的實作。

知識在哪裡？

如你所見，關於六角架構的大量知識是在套件使用的命名慣例中。其餘的知識是這些套件的每個類別、介面、列舉以及它們之間的關係。

繪製六角架構時，一個方便的慣例是將使用領域模型的每個元素放在左邊，將向領域模型提供服務的每個元素放在右邊。要如何從原始碼中擷取這些資訊？

在目前的應用程式中，你有幾個簡化的機會：每個呼叫領域模型的類別都透過它的成員欄進行，且每個服務提供者都透過實現它的一個介面與領域模型整合。這是常見的情況，但不是規則；舉例來說，呼叫方可能透過回呼得到反應。在其他情況下，如果你在乎圖表佈局中的 API 和 SPI（服務提供者），你可能需要明確的宣告誰在 API 端，誰在 SPI 端。

過濾無關細節

就算是小專案，原始碼也有大量資訊，因此你必須小心判斷圖表要排除什麼。此例中，你想要排除：

- 每個原始型別
- 每個原始型別類別（像是最基本的值物件）
- 每個與圖表中的類別無關的類別

你想要以下列方式納入類別：

- 納入領域模型中的所有類別與介面（指標單位等類原始型別以外）。在領域模型中是命名慣例的問題，或者是在套件中註釋的問題。
- 納入有意義的共同關係。你可能想要將型別階層折疊進它們的超型別以節省空間。
- 納入與已經納入領域模型有關係的基礎設施類別。
- 對每個基礎設施類別，納入它的領域類別關係以及與基礎設施元素的關係。為了讓圖表的 API- 至 -SPI 方向為從左至右，你必須幫助繪製程序。舉例來說，你必須確保你的*呼叫*與*實作*關係在你產生的圖表上方向相反。*A* *呼叫* *B* 與 *A* *實作* *B* 的方向必須相反。若你看不懂也沒關係；只要你嘗試調整你的繪製使其可行時就會很清楚。

這只是在一個背景中可行的一個例子。它不是這種圖表的通用方案。你應該會嘗試各種方案，若你的圖表變得太大時必須更積極的過濾。舉例來說，你可能會決定只根據額外注釋顯示核心概念。

掃描原始碼

對這種活圖表，你只需能迭代所有類別並能內省它們的方法。任何標準解譯程序都做到的，你也可以不依靠解譯程序而只使用反映。由於焦點只在六角架構，你的焦點是隔離元素並突顯它們之間的相依性。

圖 6.12 所示的範例使用 Java 的反映，加上 Google Guava ClassPath 的幫助來掃描完整的類別路徑。我自己的 DotDiagram 工具函式庫是個建構 .dot 檔案的 Graphviz DOT 語法的包裝程序，它將工作交給 Graphviz dot 執行自動化佈局與繪製。

處理修改

假設建立如圖 6.12 所示圖表一個月後，你覺得不喜歡 `Trend` 領域介面的名稱，你決定改為 `SentencesAuditing`。此時無需手動更新圖表；下一次建置就會產生更新過以新名稱顯示的圖表。

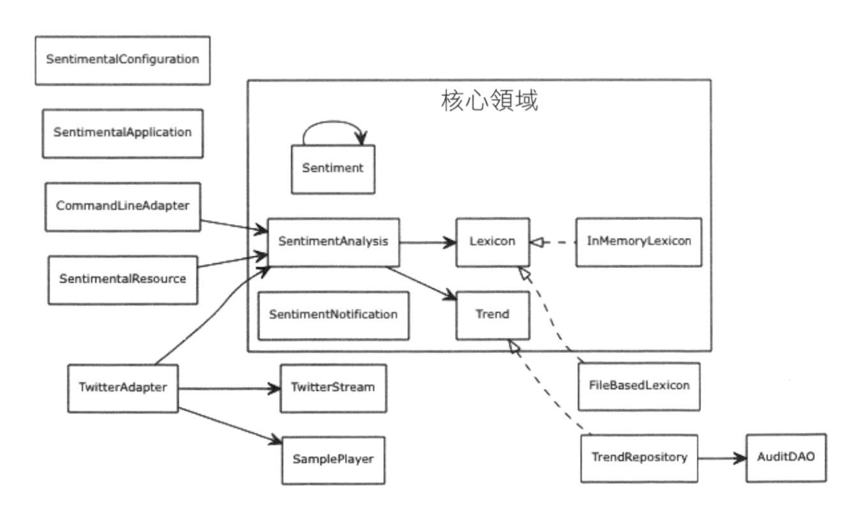

圖 6.12 從原始碼產生的六角架構活圖表

可能的改進

六角架構限制相依性：它們只能從外面向裡面而不會是另一個方向。但此活圖表顯示所有相依性，甚至是違反此規則的相依性。這對顯示違反規則很有用。

它還可以進一步以不同顏色突顯所有違反規則，像是大紅箭頭指示方向錯誤的相依性。活圖表與靜態分析之間對強制實行指南的差別不大。

你可能注意到嚴肅討論活圖表就必須深入討論圖表的目的（換句話說，必須討論設計）。這不是巧合。有用的圖表必須有關，要與說明設計意圖有關就必須真正的認識設計意圖。這表示做好設計文件與做好設計是一致的。

案例研究：業務概觀活圖表

假設你工作的線上商店在幾年前上線。此線上商店的軟體系統是幾個元件組成的電子商務系統。此系統必須處理線上銷售的所有工作，包括目錄、導向購物車、出貨、一些基本的顧客關係管理。

你很幸運，因為技術團隊的設計很強。因此元件符合業務領域的一對一關係，如圖 6.13 所示。換句話說，軟體架構與業務一致。

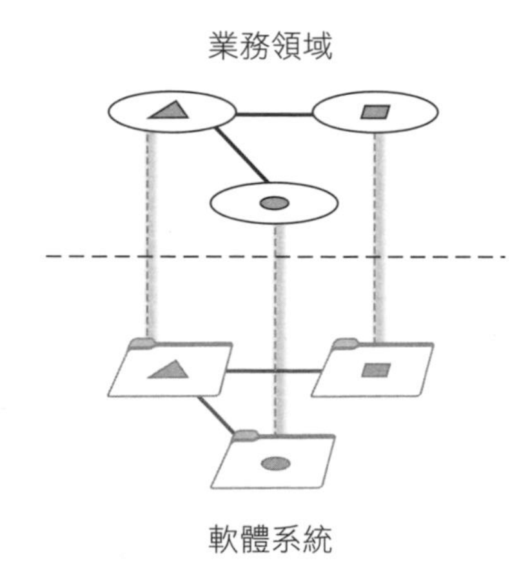

圖 6.13 軟體元件一對一的符合業務領域

因此你的線上商店成長很快，導致增加許多新需求，這表示還有更多功能要加入元件。因此你必須增加新元件、改寫一些元件、分割或合併現有元件以方便維護、改進、測試。

開發團隊也需要僱用新人。作為新人必須的知識轉移，你想要一些文件，從業務方面或領域的系統概觀開始。你可以手動製作、花數小時在 PowerPoint 或圖表工具上。但你想要信任你的文件，你知道你可能會忘記在系統改變時更新手動製作的文件（你知道系統一定會改）。

幸好，讀過本書後，你決定從程式碼自動產生所需圖表。你不想要花時間手動安排佈局；根據領域關係的佈局會很完美。如圖 6.14 所示。

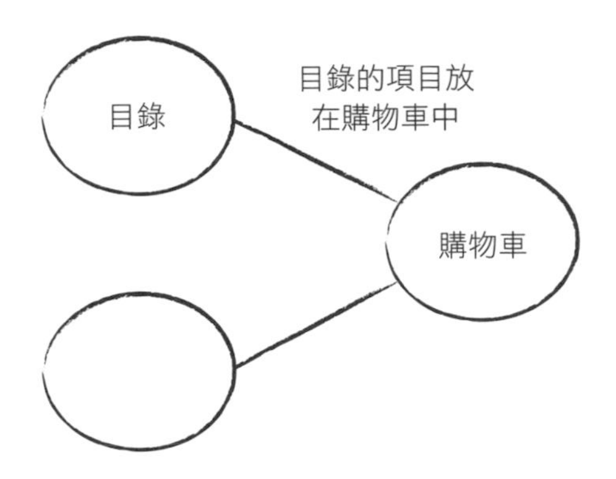

圖 6.14 預期的圖表樣式

實作：現有原始碼

你的系統如圖 6.15 所示由 Java 套件組成。

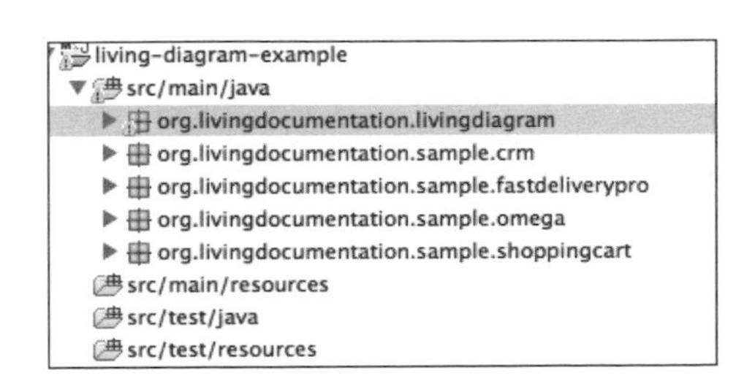

圖 6.15 元件的 Java 套件概觀

此套件的命名有一點不一致，因為元件以前通常依開發專案命名。舉例來說，處理出貨的程式碼命名為 Fast Delivery Pro，因為它是行銷團隊兩年前給的名稱。這個名稱除了套件名稱外已經不再使用。同樣的，Omega 是處理目錄與導航功能的元件。

你的命名問題也是文件製作的問題：程式碼沒有表達業務。為了某些原因你現在無法更改套件名稱，但你希望明年能改。但就算名稱正確，套件還是沒有說出它們之間的關係。

增強程式碼

由於目前程式碼中的命名問題，你需要額外資訊才能讓圖表有用。如前述，一種好方法是以注釋增加程式碼的知識。你至少要加入下列知識到程式碼中以改正命名問題：

```
1  @BusinessDomain(" 出貨 ")
2  org.livingdocumentation.sample.fastdeliverypro
3
4  @BusinessDomain(" 目錄與導覽 ")
5  org.livingdocumentation.sample.omega
```

你引入一個有名稱的自定注釋以宣告業務領域：

```
1  @Target({ ElementType.PACKAGE })
2  @Retention(RetentionPolicy.RUNTIME)
3  public @interface BusinessDomain {
4          String value(); // 領域名稱
5  }
```

接下來你可以表達領域間的關係：

- 下訂單前目錄項目放在購物車
- 然後訂單項目必須出貨
- 這些項目也靜態分析過以通知客戶關係管理

然後你用相關領域清單擴充注釋。但你開始多次參考相同名稱時，文字名稱會帶來一些問題：若你改變一個名稱，則你必須改變所有提到它的地方。要解決這個問題，你需要抽出每個名稱到單一位置供參考。一種可能是所有列舉型別代替文字，然後你可以參考列舉型別的常數，重新命名一個常數就不需要到處更新。因為你也想要說出每個連結的故事，你加入連結的文字說明：

```
1  public @interface BusinessDomain {
2           Domain value();
3           String link() default "";
4           Domain[] related() default {};
5  }
6
7 // 宣告每個領域的列舉型別放在同一個
8 // 地方
9 public enum Domain {
9    CATALOG("Catalog & Navigation"),
10   SHOPPING("Shopping Cart"),
11   SHIPPING("Shipping"), CRM("CRM");
12
13         private String value;
14
15         private Domain(String value) {
16                 this.value = value;
17         }
18
19         public String getFullName() {
20                 return value;
21         }
22 }
```

接下來只需要使用每個套件的注釋來明確的加入程式碼漏掉的所有知識：

```
1  @BusinessDomain(value = Domain.CRM,
2           link = " 過去訂單用於客戶
3           關係管理的靜態分析 ",
4           related = {Domain.SHOPPING}))
5  org.livingdocumentation.sample.crm
6
```

```
7  @BusinessDomain(value = Domain.SHIPPING,
8          link = "訂單中的項目會出貨到
9          出貨地址",
10         related = {Domain.SHOPPING})
11 org.livingdocumentation.sample.fastdeliverypro
12
13 // 略
```

產生活圖表

由於你需要在各種情況下可行的完整自動化佈局，你決定使用 Graphviz 處理佈局與繪製圖表。這個工具需要符合 DOT 語法的 .dot 文字檔案。你必須在執行 Graphviz 之前建立這個純文字檔案以將它繪製到一般圖檔中。

產生的程序涉及下列步驟：

1. 掃描原始碼或類別檔案以蒐集加註過的套件與它們的注釋資訊。
2. 在 DOT 檔案加入每個加註過的套件：
   - 加入代表模組本身的節點
   - 每個相關節點加一個連結
3. 儲存 DOT 檔案。
4. 傳入 .dot 檔案名稱與所需選項來從命令列執行 Graphviz dot 以產生圖檔。

這樣就好了！圖檔已經在磁碟上。

執行這個工作的少於 170 行的程式碼可放在單一類別中。由於你使用 Java，大部分的程式碼用於處理檔案，最困難的部分是掃描 Java 原始碼。

執行 Graphviz 後，你得到圖 6.16 所示的活圖表。

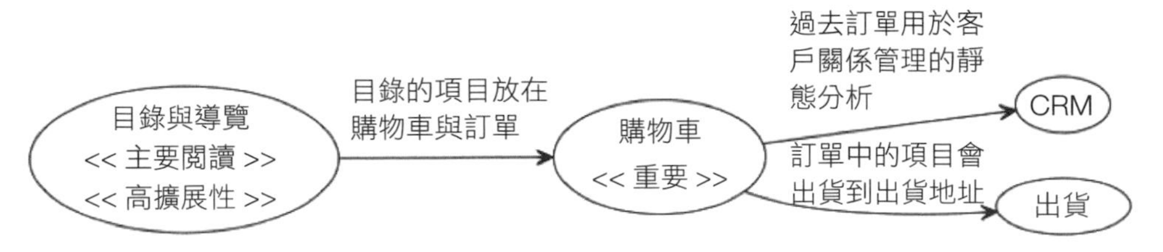

圖 6.16 從原始碼產生的圖表

增加一些額外樣式資訊後，你得到圖 6.17 所示的圖表。

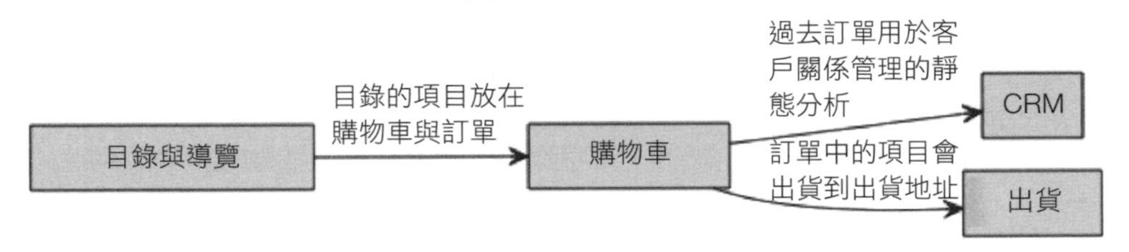

圖 6.17 從原始碼產生的有樣式設定圖表

適應改變

之後，業務成長，支援軟體系統也必須跟著成長。出現了一些新元件—有些是全新的，有些是從原有元件分割出來的。舉例來說，你現在有下列業務領域的專屬元件：

- 搜尋與導覽
- 帳務
- 會計

每個新元件有獨立的套件、且必須如同其他行為良好的元件一樣在其套件注釋中宣告它的知識。然後，無需任何額外工作，你的活圖表會自動的適應並產生如圖 6.18 所示新的、更複雜的概觀圖表。

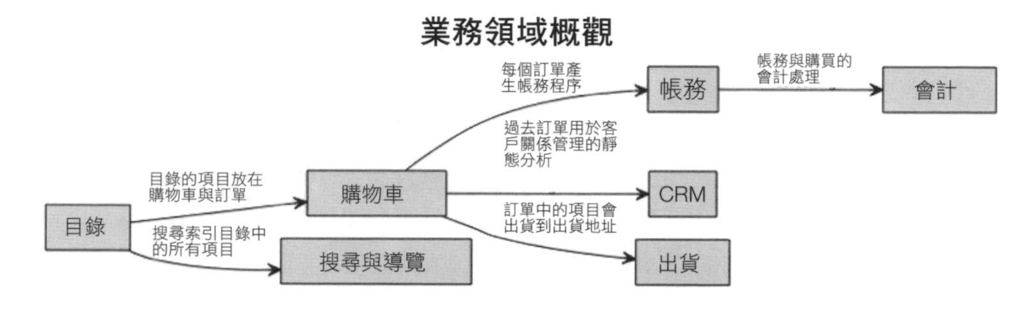

圖 6.18 之後從原始碼產生的新圖表

加入其他資訊

接下來你想用品質屬性等豐富此圖表。由於程式碼中漏掉這個知識，你必須透過增強程式碼來將它加入。你可以如圖 6.19 所示再次使用套件注釋。

```
@Concern({ HIGH_SCALABILITY })
@BusinessDomain(value = SEARCH, link = "Search indexes all items of the catalog", upstream = { CATALOG })
package org.livingdocumentation.sample.search;

⊕import static org.livingdocumentation.livingdiagram.Domain.CATALOG;
```

圖 6.19 package-info.java 中的套件注釋

接下來可以增強活圖表處理器以擷取 `@Concern` 資訊到圖表中。然後你得到圖 6.20 所示的圖表，它很明顯較前一個圖表稍微不清楚。

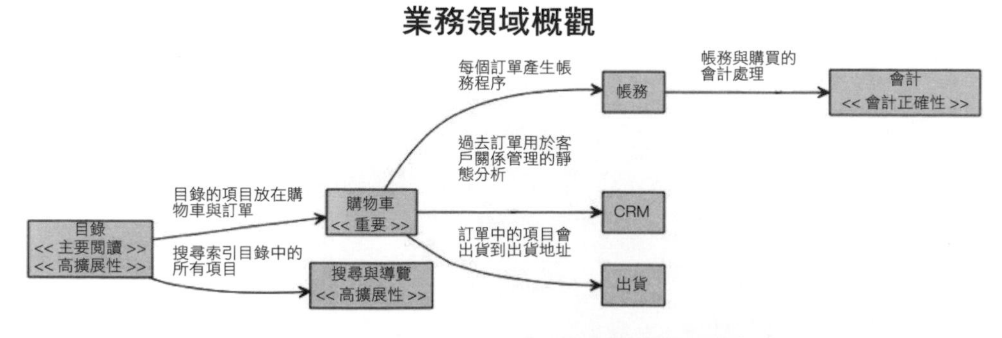

圖 6.20 從原始碼產生的圖表，具有額外的品質屬性

這個案例研究提供活圖表的應用例。主要的限制是你的想像力與嘗試想法所需的時間，有些想法可能不可行。但值得隨時或對文件製作或設計感到沮喪時花時間嘗試想法。活文件使你的程式碼、設計、基礎設施能讓所有人看清楚。若你不喜歡你看到的東西，你必須從原始碼修改。

活圖表如何與活文件模式匹配？

此圖表是系統改變時自動更新的活文件。若你新增或刪除模組，此圖表會在下一次建置時調整。

此案例研究提供一個圖表範例，此圖表透過顯示簡短說明的連結，講述從一個節點到下一個節點的故事。

此圖表是一個增強程式碼的範例，使用對應業務領域的知識注釋增強每個模組。這也是整合分散在多個套件的資訊的範例。

最後，加入原始碼的知識可用於增強關於架構的指南。寫檢驗程序類似寫活圖表產生器，除了以節點間的關係作為相依性白名單，來檢測預料外相依性而不是產生圖表。

範例：背景圖表

沒有系統是孤立的；每個系統都是具有其他人與系統等角色的更大生態系統的一部分。從開發者的觀點來看，與其他系統整合有時視為不值得製作文件的知識，特別是早年的系統。但隨著系統成長而與其他角色深度整合，甚至團隊已經不知道這個生態系統。要重建整個圖景，你必須檢視所有程式碼並訪問有知識的人（非常忙的人）。

背景知識是推論其他角色在修改此系統或外部系統時的影響的基礎。因此，它應該要很清楚且隨時更新。基本上，背景圖表提供所有使用此系統（API 端）或被此系統使用（服務提供端）的所有角色的概要：

```
1  角色使用 * --> 系統 --> *角色被使用
2  使用此系統              由此系統使用
```

背景可用簡單的清單表示：

- API（使用此系統的角色）
  - 加油卡 API
  - 車隊管理團隊
  - 支援與監控
- SPI（提供服務給系統的角色）
  - Google Geocoding
  - Garmin GPS 行車記錄器
  - 舊車指派

但視覺化佈局也有優勢，如圖 6.21 所示。

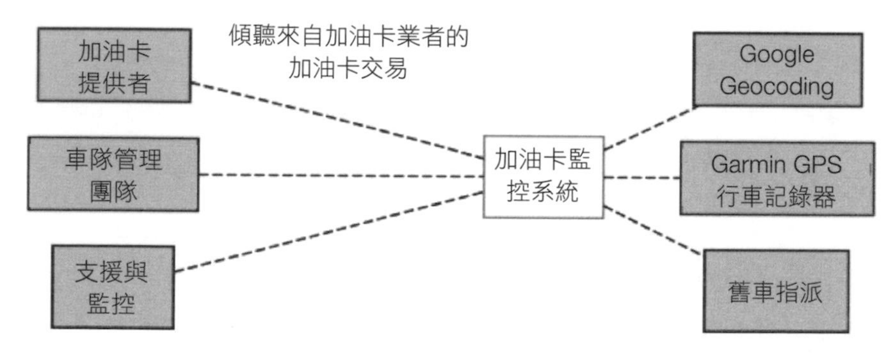

圖 6.21 產生的背景圖表，左邊有三個角色，右邊有三個角色

你可以在每次有需要時手動建構這種圖表，依需求修改。或者你也可以產生它。

圖 6.21 所示的圖表是 Flottio 車隊管理系統產生的範例。此圖表透過連結外部的角色訴説系統的故事與其中一些角色的簡短説明。

> **註**
>
> 背景圖表一詞借用 Simon Brown 的 C4 模型[4]，它是越來越多開發者採用的輕量化的架構圖表。

此圖表是系統改變時自動更新的活文件。它由掃描增強後的原始碼與呼叫 Graphviz 等圖形佈局引擎產生。若你新增或刪除模組，此圖表會在下一次建置時調整。此圖表也是會跟著重構的圖表的例子；如果你想要重新命名一個模組，圖表也會重新命名而無需額外動作。不需要每次啟動 PowerPoint 或圖表編輯器。

超連結相對應的原始碼位置

你的活文件可利用超連結指向程式碼的精確位置。使用者可點擊圖表上的外部角色，連結到線上程式庫中程式碼對應 URL 的位置（你可以使用第 8 章所述的穩定連結模式）。

就算沒有連結，圖表中的文字還是能一字不差的在程式碼中執行搜尋。由於文字來自程式碼，可以很容易的搜尋相對應位置。

套用增強程式碼與知識整合

當然，問題是自動化識別外部角色與它們的名稱、説明、使用方向（用或被用）。不幸的是我還沒找到解決方案。

4 Simon Brown, Coding the Architecture blog, http://www.codingthearchitecture.com/2014/08/24/c4_model_poster.html

要產生此圖表，程式碼必須以某些注釋增強以宣告外部角色。這是增強程式碼的例子也是整合分散在各個套件與子套件的資訊的案例。

舉例來說，flottio.fuelcardmonitoring.legacy 套件整合車輛指派給駕駛的舊系統，它是系統的服務提供者：

```
1  /**
2  * 車輛管理是舊系統，管理
3  * 什麼人在什麼時候開哪一台車
3  */
4
5  @ExternalActor(
6    name = " 車輛指派舊系統 ",
7    type = SYSTEM,
8    direction = ExternalActor.Direction.SPI)
9  package flottio.fuelcardmonitoring.legacy;
10
11 import static flottio.annotations.ExternalActor
12                                            .ActorType.SYSTEM;
13 import flottio.annotations.ExternalActor;
```

另一個例子是傾聽訊息通道的類別，基本上使用該系統檢測加油卡交易異常：

```
1 package flottio.fuelcardmonitoring.infra;
2 // 更多匯入…
3
4 /**
5 * 傾聽來自外部加油卡提供者
6 * 的加油卡交易
7 */
8 @ExternalActor(
9    name = " 加油卡交易提供者 ",
10   type = SYSTEM,
11   direction  = Direction.API)
12 public class FuelCardTxListener {
13   //...
```

你無需使用注釋。你也可以在注釋程式碼的資料夾，加入與內部注釋相同內容的 YAML、JSON、.ini 等附加檔案：

```
1  ; external-port.ini
2  ; 這是整合程式碼資料夾中的附加檔案
3  name=Fuelo Fuel Card Provider
4  type=SYSTEM
5  direction=API
```

若你想要增加資訊到背景圖表中，你將此資訊加到程式碼與整合程式碼的 Javadoc，然後圖表會如圖 6.22 所示更新。

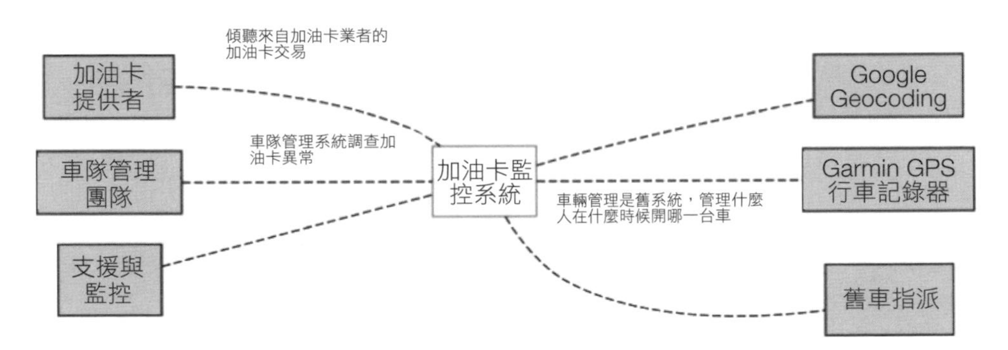

圖 6.22 產生的背景圖表，左邊有三個角色，右邊有三個角色

此活系統圖表的限制與好處

由於想要以注釋檔案做程式碼增強，它有不知道某些外部角色的風險。

若你的專案只能有幾種整合方式，你可以嘗試檢測它們並將它們加入圖表，除非透過程式碼增強明確的使它們保持沉默。

無論如何，透過資料庫整合會很難檢測與製作文件。你或許相信資料庫是系統的私密細節，但若其他系統直接查詢或寫入，不與原凶交談就很難找出原因。

另一方面，此圖表顯示每個可能的整合，但它不能說出整合是否在實際應用中啟用。若程式碼是實際產品的工具，它會顯示所有可能的整合，不只是特定實例中實際使用的那一個。

另一個產生如圖 6.22 所示的圖表與手動圖表比較的缺點是，它沒有為特定目的修改。但產生圖表較手動繪製快很多。

還有，你可能會要調整圖表產生器。舉例來說，專注於背景的某個部分。

自動化產生設計文件的挑戰

手動製作軟體專案的設計文件需要很多工作並會很快的在修改或重構後過時。手動繪製有意義的 UML 圖表非常花時間，就算是選擇要顯示什麼也要花很多時間。

根據領域驅動設計，程式碼是模型，但程式碼無法清楚的表示比類別更大的結構與關係。因此，一些特別選取的設計文件對顯示更大的圖景很有用。它可以從程式碼產生，只要程式碼有以設計意圖增強過。

在產生的設計文件中使用模式

使用模式來幫助產生設計文件的過程是有希望的。模式自然位於語言元素的“頂部”。它們在背景中處理特定的問題、討論解決方案、有明確的意圖。它們涉及來自該語言的多個元素的合作，像是多個類別及其協定，或者只是類別中的欄和方法之間的關係。每個模式都是設計知識的一部分。需要將自動說明設計時，依模式劃分自動化過程似乎是很自然的。

我在一些專案中宣告一些所用的模式（使用注釋），並建立小工具來依模式導出部分軟體設計的巨集結構。每個模式有個背景，此背景幫助選擇要顯示什麼與如何顯示。此工具從程式碼中宣告的模式產生不錯的知識片段設計文件（例如圖表）。

前面的活圖表範例是在編譯期間從原始碼產生的，但不一定要如此；也可以利用執行期知識產生它們。

總結

活文件可產生與填補快節奏專案，與可能有時候還合適的傳統文件之間的缺口。前述的設計圖表、詞彙表、概觀圖表、領域專用圖表展示自動化產生聰明文件。

但重要的不只是自動化圖表；從已知來源導出圖表，使圖表改變時文件也改變也很重要。如前述，你必須增強原始碼（舉例來說，明確透過注釋或其他增強程式碼方法宣告你想要使用的模式或設計模板）以達成可靠的自動化。

Chapter 7

執行即為文件

敏捷宣言說“可用的軟體重於詳盡的文件”。

若可用的軟體本身就是一種文件呢？

使用者體驗的設計常讓使用者能與應用程式互動而無需閱讀使用者手冊。但軟體設計較不常讓開發者無需閱讀原始碼就懂它。

使用有關與設計良好的應用程式就能學習業務領域。軟體本身就是本身與業務領域的文件。這是為什麼所有應用程式的開發者，應該要知道使用應用程式的標準使用案例，就算是處理複雜想法的複雜應用程式（例如金融工具）也一樣。

重點

任何能回答問題的東西都可視為文件。若你能透過使用應用程式回答問題，則該應用程式就是文件的一部分。

第 6 章討論過幾個基於原始碼的活圖表例子，但活圖表也可以基於執行期知識產生。讓我們檢視一個基於分散式追蹤的例子，它通常用於用多個元件的分散式系統。

範例：活服務圖表

根據 Google 的 Dapper 文件 [1]，分散式追蹤漸漸變成微服務架構的主要成分。它是"分散式服務的新除錯工具"，一種通常用於解決反應時間問題的監控執行期工具。但它也是現成的活圖表工具，隨時可發現系統的活架構與所有服務。

舉例來說，Zipkin 與 Zipkin Dependencies 提供現成的服務相依性圖表，如圖 7.1 所示。此圖只是一段時間中（例如一天）每個分散追蹤的集合。

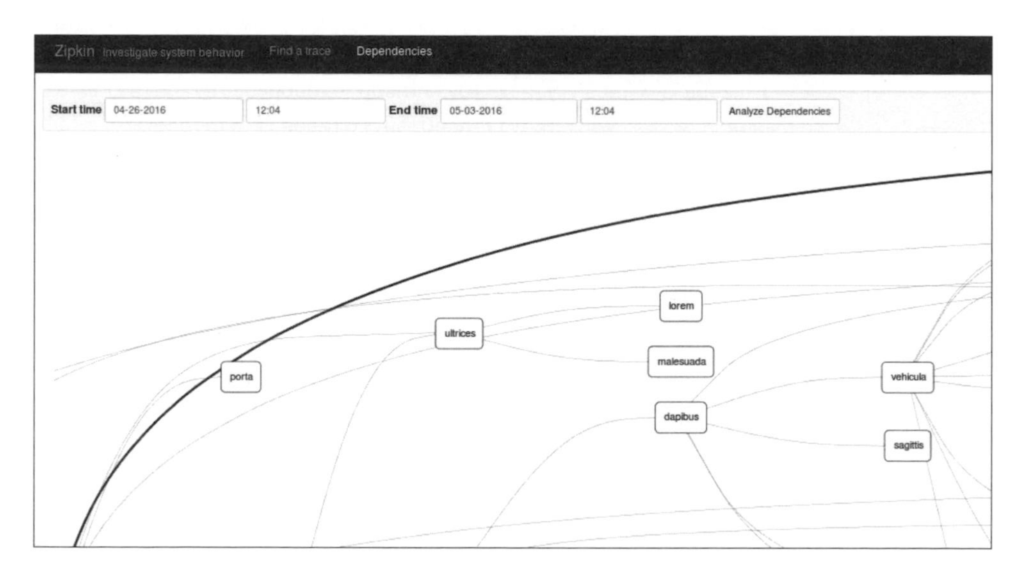

圖 7.1 螢幕上的 Zipkin Dependencies 圖表

增強程式碼的執行期版本

要讓分散式追蹤運作，你必須透過測量增強系統。每個服務或元件必須使用符合追蹤識別的追蹤器來宣告請求的接收、回應的發送以及注釋與額外的鍵 / 值儲存體"行李"。

1 http://research.google.com/pubs/pub36356.html

追蹤識別器包含一個由三個識別組成的背景，使你能夠將呼叫樹建構為一個離線行程：

- **追蹤 ID**：完整呼叫樹的關聯 ID
- **範圍 ID**：單一主從呼叫的關聯 ID
- **父 ID**：目前父呼叫

範圍名稱可用 Spring Cloud Sleuth 等以注釋指定：

```
1 @SpanName("calculateTax")
```

有些核心注釋用於定義主從請求的開始與結束：

- **cs**：用戶端開始
- **sr**：伺服器接收
- **ss**：伺服器發送
- **cr**：用戶端接收

注釋可擴展來分類服務或執行過濾。但工具可能不會支援你自己的注釋。

或稱為“二進位注釋”的行李可進一步捕捉關鍵執行期資訊：

```
1 responsecode = 500
2 cache.somekey = HIT
3 sql.query = "select * from users"
4 featureflag.someflag = FALSE
5 http.uri = /api/v1/login
6 readwrite = READONLY
7 mvc.controller.class = Application
8 test = FALSE
```

此處所有元資料標記與其他或資料實時發生。你可能會發現這種方式類似增強程式碼。你必須注入某些知識來讓工具做出更多幫助，而此增強發生在執行期。

發現架構

能夠實時檢查分散式系統不只是為了前端開發者。如 Mick Semb Wever 在他的部落格所述，積極追蹤執行期服務相依性圖“能長期幫助架構設計師與管理階層精確的認識運作狀況，減少高階文件製作的需求”[2]。

讓它可行的魔法

某些請求在經過每個系統節點處理時受到取樣測量。測量產生蒐集並以某種中央（邏輯上）儲存體儲存的範圍追蹤。個別追蹤可被搜尋與顯示。每天執行的 `cron` 觸發所有追蹤的後續處理，集中以表示服務間的“相依性”。此集合會像是下面簡化過的範例：

```
1  select distinct span
2  from zipkin_spans
3  where span.start_timestamp between start and end
4  and span.annotation in ('ca', 'cs', 'sr', 'sa')
5  group by span
```

然後 UI 以某種自動化節點佈局顯示所有相依性。

進一步

創意使用標籤並透過測試機器人在預先定義的情境上刺激系統，Zipkin 等分佈式基礎結構對於活架構圖表有很大的潛力：

- 你可以從測試機器人驅動一或多個服務，加上標示相對應追蹤的特定標籤來建立“受控”的追蹤。
- 你可以顯示“快取 = 命中”與“快取 = 沒有命中”情境的不同圖表。

---

2 Mick Semb Wever, The Last Pickle blog, http://thelastpickle.com/blog/2015/12/07/using-zipkin-for-full-stack-tracing-including-cassandra.html

- 你可以顯示系統中所有“寫”與“讀”的不同圖表。

你嘗試過什麼做法？請讓我知道！

可見的工作方式：可用的軟體是自己的文件

另一個關於*軟體即文件*的想法是依靠軟體本身說明其內部如何運作，Brian Marick 稱此為*可見的工作方式*，它讓內部機制從外部可見[3]。做法有很多種，它們都依靠軟體本身輸出所需格式的文件。

舉例來說，許多應用程式執行薪資、銀行對帳單、或其他形式的資料處理計算。通常會有必要向業務人員或稽核人員等外部受眾說明如何處理。

你可以將可見的工作方式視為匯出，或產生向終端使用者說明內部如何工作的報表功能。你想要能夠問軟體“你如何計算這個？”或“此結果的公式是？”並讓它在執行期直接回答。應該不需要問開發者來得到答案。

客戶不常要求可見的工作方式，但它是處理更多文件需求的可行方法。可見的工作方式技術很明顯對開發團隊很有用。這樣的團隊應該有充分的自由來決定新增功能以使自己的工作更輕鬆，因為它顯然是專案的重要利益關係人之一。關鍵是要花足夠的時間來達到預期的效果。

可見的測試

好的測試隨時以預先定義的條件檢查程式。除非有失敗或錯誤等問題，否則它們不會發出聲音。但我發現測試有時可用來產生各種領域專用記號法圖表等可見輸出。

3 Brian Marick, “Visible Workings” :https://web.archive.org/web/20110202132102/http://visibleworkings.com/

開始刺穿（spike）等探索模式時，問題不清楚且你不確定如何解決，此時很難定義正確的條件。但可見輸出提供工作是否如預期等快速回饋。然後隨著測試變成非迴歸工具，你可以加上實際的條件，但你可能還是會決定留下一些可見輸出作為顯示發生什麼事的方法。

領域專用記號法

許多業務領域隨著時間發展出自己的專用記號法。領域專家很會用記號法，通常以紙筆進行。

以供應鏈為例，我們會畫出如圖 7.2 所示從上游生產商到下游經銷商的樹：

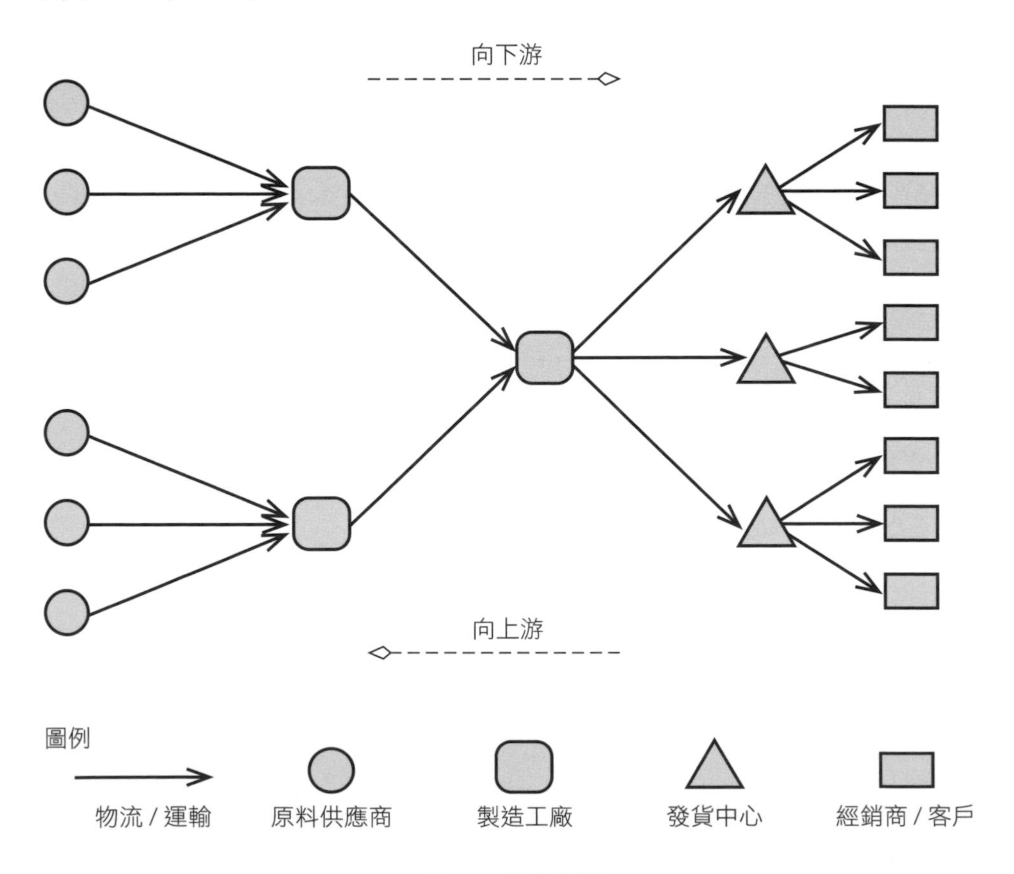

圖 7.2 供應鏈樹

對股票交易來說，我們經常在決定如何撮合時畫買賣清單，如圖 7.3 所示。

買方出價	價格	賣方出價
	105.00	40
	104.50	30
	104.00	20
	103.50	10
10	103.00	
20	102.50	
30	**102.00**	**50**
40	101.50	
50	101.00	

圖 7.3 撮合用買賣清單

在金融業，我們用垂直箭頭畫現金收付流（金額數量）時間線，如圖 7.4 所示。

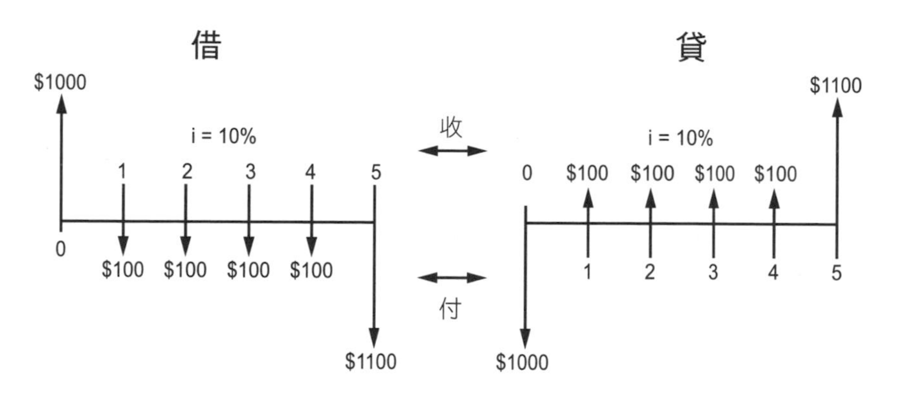

圖 7.4 時間線上的現金流

產生自定領域專用圖表以得到視覺回饋

很久以前，我在新專案開始時會建立沒有條件的簡單測試，來產生如圖 7.5 所示的醜陋 SVG 檔案。

圖 7.5 產生 SVG 檔案

比較圖 7.5 顯示的資訊與下面的試算表：

1	EUR13469	20/06/2010
2	EUR13161	20/09/2010
3	EUR12715	20/12/2010
4	EUR12280	20/03/2011
5	EUR12247	20/06/2011
6	EUR11939	20/09/2011
7	EUR11507	20/12/2011
8	EUR11205	20/03/2012
9	EUR11021	20/06/2012
10	EUR8266	20/09/2012
11	EUR5450	20/12/2012
12	EUR2695	20/03/2013

使用圖表更容易檢查支付額隨著時間的變化。

當然，你也可以傾印 CSV 檔案並用試算表應用程式製圖。或者你可以用程式產生 XLS 檔案與圖表；舉例來說，在 Java 可以使用 Apache POI。

圖 7.6 顯示產生更複雜的圖的例子，它顯示現金流如何受市場因素調節。

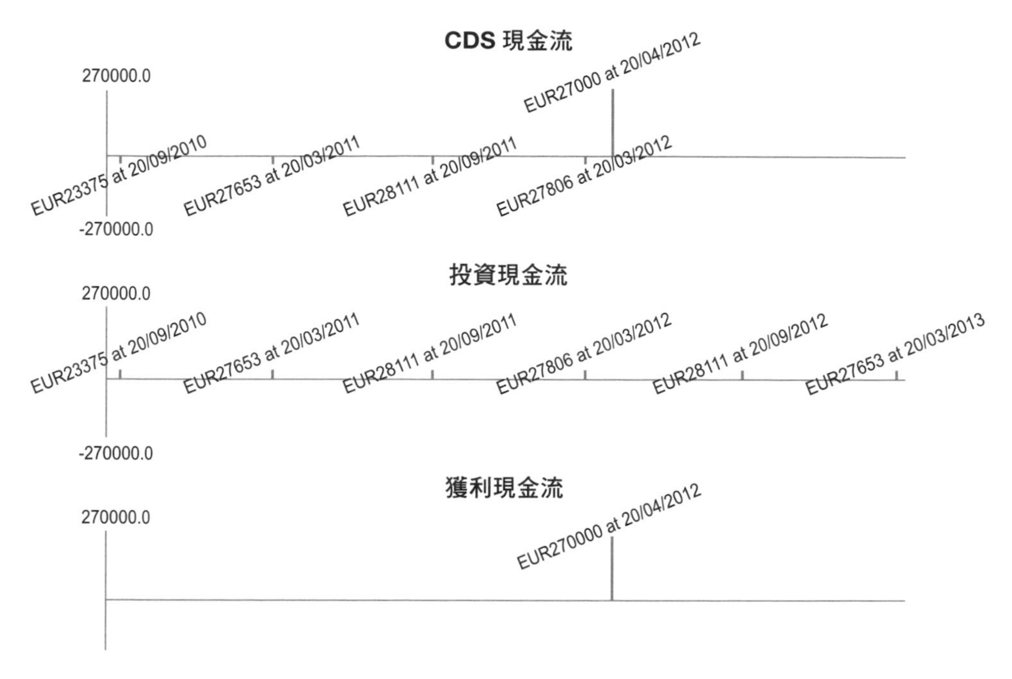

圖 7.6 產生複製金融計量現金流的 SVG 檔案

如你所見，我不是 SVG 專家，這個圖只是一個大專案的初始尖刺過程的視覺回饋。你可以使用新式 JavaScript 函式庫產生更漂亮的圖表！

> **瓜果類情境的補充？**
>
> 我還沒有嘗試過，但是我希望 Cucumber 或 SpecFlow 中的一些關鍵場景，能夠產生這種領域專用圖以及它們的斷言測試結果。這聽起來很可行，所以如果你嘗試過，請告訴我！

範例：使用事件來源時的可視測試

事件來源是一種捕捉序列應用程式狀態變化事件的方法。在這種方法中，每個應用程式狀態改變（領域驅動設計術語中的集合）以儲存的事件表示。目前的狀態可經由套用過去所有事件達成。

使用者或系統想要改變狀態時，它透過命令處理器發出命令到相對應的狀態儲存器（集合）。命令可被接受或拒絕。無論接受與否，一或多個事件會送給所有關注事件方。事件只使用領域詞彙表命名為過去式動詞。命令也以領域語言的祈使動詞命名。

我們可以用下列方式表示：

1 前提是過去的事件
2 時機是我們處理命令
3 然後發出新事件

在這種方法中，每個測試是個預期業務行為的情境，不需要做什麼就可以讓它變成業務可讀的流程英文情境。因此我們回到典型的 BDD 好物——無需 Cucumber ！

所以：進行事件來源時無需“BDD 框架”。在這種方法中，若命令與事件以領域語言適當的命名，則測試自然是業務可讀的情境。若你想要給非開發者的額外報表，你可以透過事件來源測試框架中簡單的文字轉換輸出事件與命令。

使用事件來源有許多好處，其中之一是你會得到很好的自動化測試與幾乎不花力氣的活文件。這是 Greg Young 在各種談話中首先提出的 [4]，Greg 還讓它變得相對簡單。測試框架可從 Github 取得 [5]。這個想法後來被 Jeremie Chassaing 實現 [6]。

程式碼中的具體範例

讓我們以 Brian Donahue 在 CQRS 郵寄清單 [7] 討論 Greg 的方法用的製作（與吃）餅乾批次為例：

4 Greg Young, Skills Matter, http://skillsmatter.com/podcast/design-architecture/talk-from-greg-young

5 Simple.Testing, https://github.com/gregoryyoung/Simple.Testing

6 Jeremie Chassaing, https://twitter.com/thinkb4coding

7 Brian Donahue, https://groups.google.com/forum/#!topic/dddcqrs/JArlssrEXlY

前提：批次製作 20 個餅乾

時機：吃餅乾：數量 = 10

然後：餅乾被吃掉：數量 = 10，剩下數量：10

我以 Java 建立類似而非常簡單的框架作為展示[8]。

在這種方法與使用這種框架中，情境以程式碼撰寫，直接使用領域事件與來自事件來源 API 的命令：

```
1  @Test
2  public void eatHalfOfTheCookies() {
3    scenario("Eat 10 of the 20 cookies of the batch")
4      .Given(new BatchCreatedWithCookiesEvent(20))
5      .When(new EatCookiesCommand(10))
6      .Then(new CookiesEatenEvent(10, 10));
7  }
```

這是個測試，“然後”句子是個斷言。若沒有發出 `CookiesEatenEvent`，則測試失敗。但它不只是測試；它還是活文件的一部分，因為執行測試也會以非開發者可讀的方式說明相對應的業務行為：

```
1  吃一個批次 20 個餅乾中的 10 個
2          前提是一個批次製作 20 個餅乾
3          時機是吃掉 10 個餅乾
4          然後 10 個餅乾被吃掉並剩下 10 個餅乾
```

這個框架只是呼叫與輸出涉及測試（又稱為情境）的每個事件與命令的 `toString()` 方法。它就是這麼樸實無華又簡單。

結果它並不漂亮且不像在 Cucumber 或 SpecFlow 等工具中手寫的“自然語言”文字情境，但也不錯。

8 jSimpleTesting, https://github.com/cyriux/jSimpleTesting

當然，歷史集合中可能不只有一個事件，套用命令時可能發出不只一個事件：

```
1  @Test
2  public void notEnoughCookiesLeft() {
3    scenario(" 只吃要求的 15 個餅乾中的 12 個 ")
4      .Given(
5        new BatchCreatedWithCookiesEvent(20),
6        new CookiesEatenEvent(8, 12))
7      .When(new EatCookiesCommand(15))
8      .Then(
9         new CookiesEatenEvent(12, 0),
10        new CookiesWereMissingEvent(3));
11 }
```

第二個情境會輸出下列文字：

```
1  只吃要求的 15 個餅乾中的 12 個
2          前提是一個批次製作 20 個餅乾
3          8 個餅乾被吃掉並剩下 12 個餅乾
4          時機是吃掉 15 個餅乾
5          然後 12 個餅乾被吃掉並剩下 0 個餅乾
6          3 個餅乾不見（餅乾沒了）
```

這個小框架只是使用 `Given(` 事件…`)`、`When(` 命令 `)`、`Then(` 事件…`)` 三個方法間的方法鏈產生測試案例的製作器。每個方法儲存以參數傳入的事件與命令。執行最後呼叫 `Then()` 方法會執行完整測試，並呼叫每個事件與方法的 `toString()` 輸出文字情境，前綴 `Given`、`When`、或 `Then` 關鍵字。關鍵字重複時，它會變成 `And` 別名。

`scenario(`*`title`*`)` 方法以你想要輸出或記錄的方式初始化框架的 `SimpleTest` 類別。接下來你不只可以做測試。舉例來說，你也可以使用這些測試的關鍵字製作可能行為的活文件。

來自事件來源情境的活圖表

前面的範例的測試檢查行為，並以任何人皆可讀的純文字輸出業務行為。

總共有好幾個測試，每個有不同的輸入事件、命令、輸出事件。所有測試的集合代表目標集合的使用案例。通常這樣就夠了。

若你想要將此測試轉換成圖表，基於事件來源的測試框架可跨測試套件蒐集所有這些輸出入，以輸出輸入命令與輸出事件的圖表。

每個測試蒐集命令與事件。測試套件完成時就該以下列方式輸出圖表：

```
1  add the aggregate as the central node of the diagram
2  add each command as a node
3  add each event as a node
4
5  add a link from each command to the aggregate
6  add a link from the aggregate to each command
```

這在瀏覽器中以 Graphviz 繪製時，你會得到如圖 7.7 所示的東西。

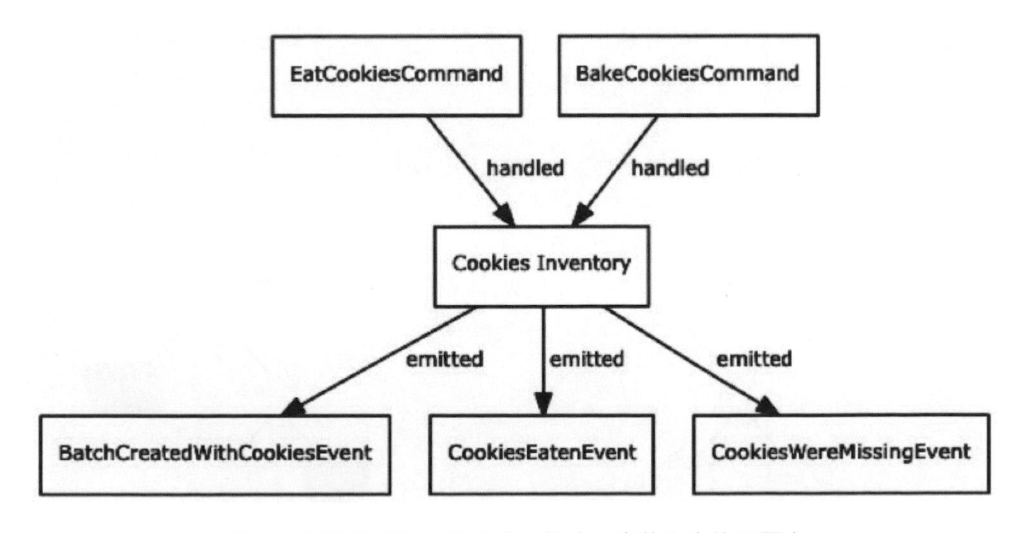

圖 7.7 餅乾庫存集合的命令、集合、事件產生的活圖表

你也許會發現這種圖表有用，你可以基於這種方法自行發展。此範例展現自動化測試是可採掘有價值知識的資料來源，然後可以轉換成活文件或活圖表。

注意圖 7.7 所示的內容也可以繪製成表格：

Cookies Inventory Commands
`BakeCookiesCommand`
`EatCookiesCommand`
Cookies Inventory Events
`BatchCreatedWithCookiesEvent`
`CookiesEatenEvent`
`CookiesWereMissingEvent`

你可能也想避免混合情境，或可能決定在同一個圖片中加入更多資訊。舉例來說，你可能刪除 `Event` 或 `Command` 後綴噪音。你可以在你的特定背景中為此自定。

可內省的工作方式：記憶體中的程式即知識來源

執行期的程式碼經常具有物件樹形式，它是你使用 new 運算子、工廠、或 Spring 或 Unity 等相依性注入框架建立的物件樹。

通常物件樹的本質依組態或請求而定，如圖 7.8 所示。

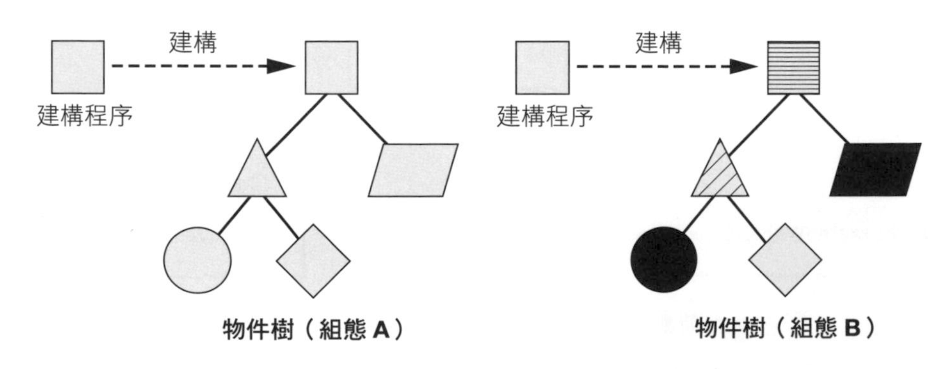

圖 7.8 執行期物件樹視組態或請求而定

你如何知道某個請求的執行期物件樹長什麼樣子？一般的做法是檢視原始碼並嘗試想像物件樹怎麼接線。但你或許還是要檢查你的認識是否正確。

所以：在執行期內省物件樹，以顯示物件的實際安排、它們的物件型別、它們的實際結構。

在 Java 或 C# 等語言中，這可以透過反射或內省結構的每個成員的方法，如圖 7.9 所示。這個想法最簡單的形式是依靠每個元素的 `toString()` 方法以某種縮排方式說出本身與其他成員。使用相依性注入（DI）容器時，你可能也會嘗試要求容器說出它的結構。

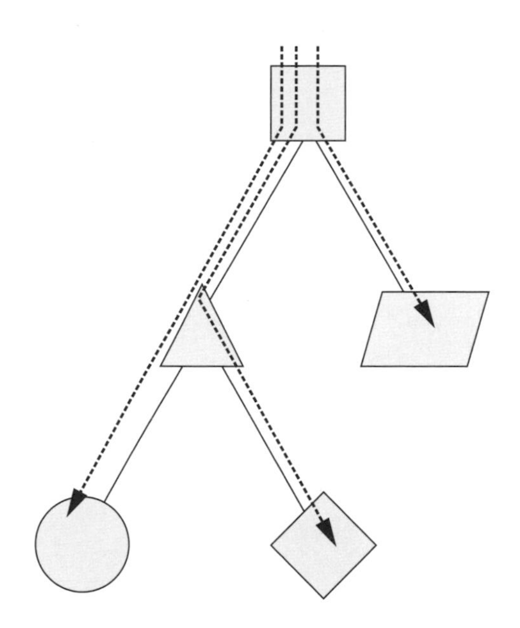

圖 7.9 從根開始內省物件樹

讓我們看一個嘻哈節奏循環的搜尋引擎。它由位於根部的引擎，搜尋請求會以反向索引進行快速查詢。為了建立索引，它也會瀏覽服務使用者提供的連結庫，使用循環分析器擷取節奏循環的重要特徵，並放到反向索引中。分析器使用波形處理器。

引擎、反向索引、連結庫、循環分析器都是有超過一個實作的抽象介面。物件樹的實際接線視執行期而定，且會根據環境組態而改變。

以反射內省

> 若它是物件，我們就可以遍歷它。
>
> —阿諾 · 史瓦辛格

內省物件樹只需要簡單的遞迴遍歷。從指定的（根）實例開始取得它的類別並列舉每個宣告欄位，因為類別將注入的合作者儲存在這裡。對每個合作者，你以遞迴呼叫進行遍歷。

如你預期，你必須過濾你不想要遍歷的不重要元素——字串與其他低階類別。過濾是根據類別的全名進行。若插入的類別參數的實例與業務邏輯無關，則你可以忽略它。下面的程式碼展示如何進行過濾不重要元素的內省：

```
1  final String prefix = org.livingdocumentation.visibleworkings.";
2
3  public void introspectByReflection(final Object instance, int depth)\
4  throws IllegalAccessException {
5    final Class<?> clazz = instance.getClass();
6    if (!clazz.getName().startsWith(prefix)) {
7      return;
8    }
9    // System.out.println(indent(depth) + instance);
10   for (Field field : clazz.getDeclaredFields()) {
11     field.setAccessible(true);// necessary
12     final Object member = field.get(instance);
13     introspectByReflection(member, depth + 1);
14   }
15 }
```

使用這個程式碼輸出適當縮排的元素，則控制台顯示如下：

```
1  SingleThreadedSearchEngine
2  ..InMemoryLinkContributions
3  ..MockLoopAnalyzer
4  ....WaveformEnergyProcessor
5  ..MockReverseIndex
```

此引擎是單執行緒，它使用記憶體中的連結庫，加上模擬循環分析器與模擬反向索引。

同樣的程式碼可以加上每個元素與其關係來建立 DOT 圖表，如圖 7.10 所示。

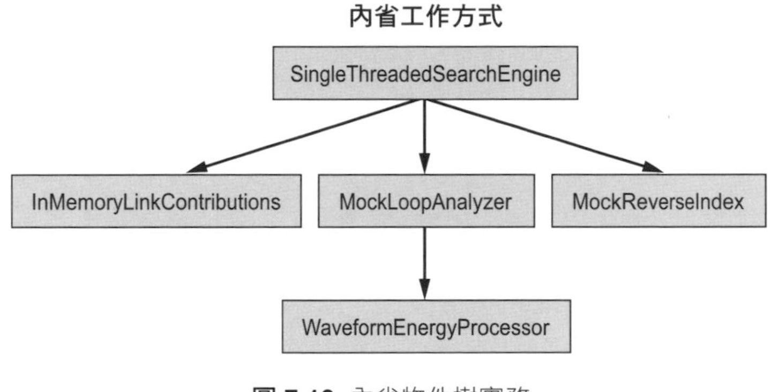

圖 7.10 內省物件樹實務

此圖顯示與前面控制台文字相同的資訊，但可見的關係能顯示額外資訊。

無反射內省

不使用反射來內省物件樹時，樹的所有物件必須能以可列舉其合作者的方式存取。你可以使用公開欄位，但我不建議這麼做，而是要以公開的方法回傳成員清單。

在最簡單的案例中，每個元素會實作像是 `Introspectable` 的介面，變成組合模式的實例：

```
1  interface Introspectable {
2    Collection<?> members();
3  }
```

因此樹的遍歷也只是組合的遞迴遍歷：

```
1  private void traverseComposite(Object instance, int depth) {
2    final String name = instance.getClass().getName();
3    // 將此節點加入圖表
4    digraph.addNode(name).setLabel(instance.toString());
5    if (!(instance instanceof Introspectable)) {
6        return;
7    }
8    final Introspectable introspectable = (Introspectable) instance;
9    for (Object member : introspectable.members()) {
10     traverseComposite(member, depth + 1);
11     // 將此節點與其成員的關係加入圖表
12     digraph.addAssociation(name, member.getClass().getName());
13   }
14 }
```

很明顯的，這個方法產生與使用反射相同的輸出。

你應該選擇哪一種方法？若物件由團隊建立且沒有很多，我建議組合方法，只要它不會嚴重污染類別就行。

在其他的狀況下，以反射進行的內省是最好或唯一的選擇。這種方法有助於讓內部工作方法可見。對特定業務請求即時製作的的工作流程、決策樹、決策表來說，內省工作方式是一種使建構的特定結構對使用者和開發者都可見的方法。

但有時候你完全不需要內省。程序由組態、寫死、從檔案或資料庫驅動時，顯示工作方法可能簡單的多，因為這是一種顯示組態的好方法。至少每個由組態驅動的工作流程或處理，應該能顯示用於特定類型處理的組態。

總結

由於知識在原始碼執行時較程式庫中的靜態製作物容易存取，可用軟體也應可視為文件製作的事實來源。隨著分散式架構與雲端基礎設施日益普及，利用執行期知識的機會也將越來越多，而機器也可以存取執行期知識以獲取更好的活文件。

Chapter 8

可重構文件製作

活文件是使用權威來源最新知識自動產生的文件。相對的，使用專屬工具製作的文件必須手動更新，這很繁瑣。兩者之間是*可重構文件*，它必須手動更新，但方法是聰明的，因為有自動化工具減少大量工作。

對文字文件來說，重構工具的一個例子是大部分文字編輯器的尋找與取代功能，它可以在大文件中做出一致的改變。舉例來說，這對維護有時改變多次參考的文字的圖表很有吸引力。

但最有力的重構工具例子是原始碼與套用在它上面的自動化重構。開發者花很多時間閱讀程式碼並嘗試從中獲得知識。若你以文件價值來看程式碼，則它是你的活文件的重要成分，此成分非常適應變化。

自動化重構是改變軟體系統的主要方式之一。在健康的專案中，此程序隨時都在使用。在某處重新命名類別或方法，自動化重構工具更新宣告與整個專案中的每個實例一立即更新。移動型別到另一個模組、函式增加一個參數、從一段程式碼擷取函式等都是工具可以自動做的轉換。此重構自動化，加上測試，能讓團隊做出改變，包括高頻率大改變，因為工具能免去痛苦。

隨時重構是個好事，就算是曾經被傳統文件製作視為挑戰。活文件擁抱持續重構與利用自動化重構來改進文件而不是抗拒改變。

程式碼即文件

> 程式碼應該是給人讀的且剛好電腦可以執行。
>
> ——*Harold Abelson*、*Gerald Jay Sussman*、*Julie Sussman*，
> 《*Structure and Interpretation of Computer Programs*》

> 沒錯，而且不只是這樣。原始碼也是在你可能擁有的任何集合中唯一保證準確反映現實的文件。因此它是已知的唯一真實的設計文件。設計者的思想、夢想、幻想只有在程式碼中才真實。UML 中的圖片只有在程式碼中是真實的。原始碼是以其他文件無法宣稱的方式設計的。另一個想法是：也許光彩不在寫作中，也許是在閱讀中。[1]
>
> ——*Ron Jeffries*

通常程式碼是本身的文件。程式碼當然是寫給機器，但程式碼也寫成人類可以理解的以便維護與改進。

提高程式碼被人們快速而清晰的理解的能力需要大量的技能和技術。這是軟體開發社群的一個核心主題，且已經有許多關於這個主題的書籍、文章、演講，本書並不打算取代它們。相反的，它專注於一些與程式碼本身即文件的思想、典型或原始的實踐和技術。如 Chris Epstein 在一次演講中所說："善待未來的自己"。學習如何讓程式碼更容易理解對未來的你是一個很大的獎勵。

有許多關於撰寫容易閱讀的程式碼的書。特別重要的是 Robert Cecil Martin（通常稱為 Uncle Bob）的 *Clean Code* 和 Kent Beck 的 *Implementation Patterns*。Kent 提倡自問："別人讀這些程式碼時我想對他們說什麼？"、"計算機將如何處理這些程式碼？"、"如何才能把我的想法傳達給別人？[2]"

1 http://wiki.c2.com/?WhatIsSoftwareDesign

2 Beck, Kent. *Implementation Patterns.* Hoboken: Addison-Wesley Professional, 2007.

文字佈局

我們通常視程式碼為線性媒體，但程式碼本身是字元在文字編輯器的二維空間中的圖排列。程式碼的這種 2D 佈局可用來表達意義。

最常見的文字佈局例子是類別成員的排序指南：

- 類別宣告
- 欄
- 建構元與成員

在此排序下，就算類別以純文字宣告，還是在視覺上隱含頁面文字區塊分層。這與 UML 視覺化展示類別不會差很多（見圖 8.1）。程式碼佈局與視覺化記號法的主要差別是程式碼文字區塊缺少邊界線。

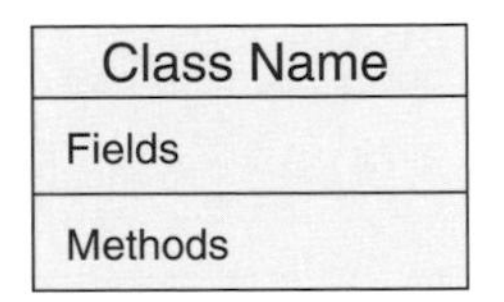

圖 8.1 UML 的類別視覺化記號法

下面的內容討論其他程式碼佈局。

表格程式碼佈局

以被視為狀態機器的 socket 為例。這個狀態機器可以透過它的狀態轉換表來完整的描述，狀態轉換表可以按字面意思表示為程式碼。在這種情況下，佈局非常重要，包括當前狀態、轉換、和下一個狀態的垂直對齊，如圖 8.2 所示。

這種佈局很容易在程式碼中實現，但是 IDE 的自動程式碼格式化常常會破壞這種對齊方式。在行的開頭放置空註釋（/**/）可以防止格式化程序對行重新排序，但是很難保留空白。當然，這完全取決於 IDE 及其以更聰明的方式自動格式化的能力。

```
public static enum State {
    CREATED, OPEN, CLOSE;
}

public static enum Action {
    CREATE, CONNECT, CLOSE;
}

public Object[][] socketStableTransitionTable() {
    final Object[][] stableTransitionTable = {
    //state,          action,          next state
    { State.CLOSE,    Action.CREATE,   State.CREATED },
    { State.CREATED, Action.CONNECT, State.OPEN },
    { State.OPEN,     Action.CLOSE,    State.CLOSE }};
    return stableTransitionTable;
}

@Test
public void testSocketStateMachine() {
```

圖 8.2 socket 狀態機器的轉換表與具有表達性的程式碼佈局

排列 - 動作 - 斷言

單元測試提供程式碼的 2D 圖形佈局用於表達意義的例子。排列 - 動作 - 斷言慣例呼籲以三個段落安排程式碼，各別位於前一個的下方，如圖 8.3 所示。

```
@Test
public void aaa_distance_4km2_between_centre_pompidou_and_Eiffel_Tower() throws Exception {
    // Arrange
    final Coordinates centrePompidou = new Coordinates(48.8608333, 2.3516667);
    final Coordinates eiffelTower = new Coordinates(48.858222, 2.2945);

    // Act
    final double distance = GeoDistance.EQUIRECTANGULAR.distanceBetween(centrePompidou, eiffelTower);

    // Assert
    assertEquals(4190, distance, 10);
}
```

圖 8.3 單元測試中的排列 - 動作 - 斷言慣例

熟悉此慣例時，垂直佈局使每一段做什麼在視覺上變得明顯。你可以從文字組合與空白看出來。

另一個單元測試的慣例是視單元測試檢查某個運算式的左邊等於另一個運算式的右邊。在這種方法中，水平佈局有意義：你想要完整評估一行，兩個運算式在斷言兩邊，如圖 8.4 的範例所示。

```
@Test
public void distance_4km2_between_centre_pompidou_and_Eiffel_Tower() throws Exception {
    assertEquals(4190, GeoDistance.EQUIRECTANGULAR.distanceBetween(CENTRE_POMPIDOU, EIFFEL_TOWER), 10);
}
```

圖 8.4 一個檢查左右兩個運算式的測試

還有很多關於圖形化排列程式碼的方式可以說，但是這一節只是要讓你注意這種可能性。

程式設計慣例

程式設計總是依靠慣例在程式碼中傳達額外的意義。程式設計語言語法有很多任務。舉例來說，在 C# 與 Java 中很容易區分 `play()` 方法與 `play` 變數，因為方法後面有括號。但括號不足以表示類別識別名稱與變數識別名稱的差異。因此，我們依靠特定大小寫等命名慣例來快速的區分類別名稱與變數名稱。這種普遍的慣例可視為強制性。

舉例來說，Java 的類別名稱必須混合大小寫，第一個字母必須大寫（舉例來說，`StringBuilder`）。此慣例有時稱為 *CamelCase*。依循某些慣例的實例變數的第一個字母必須小寫（舉例來說，`myStringBuilder`）。另一方面，常數應該全大寫並以底線分隔（舉例來說，`DAYS_IN_WEEK`）。熟悉這種慣例後，你不用太常思考，你立即就能根據大小寫分辨類別、變數、常數。

注意標準 Java 與 C# 記號法在有顏色突顯語法的 IDE 中是多餘的（實例變數是藍色、靜態變數有底線等）。因此，理論上，你不再需要命名慣例。

匈牙利記號法是以命名慣例儲存資訊的極端例子。它的變數或函式的名字表示變數或函式的型別或用處。這個想法是將型別寫成短前綴，例如：

- `lPhoneNum`：變數為長整數（`l`）
- `rgSamples`：變數是採樣元素（`rg`）的陣列

此記號法明顯的缺點是很醜，已經廢棄了。我絕對不建議這種慣例。

慣例不只是慣例；它也是習俗，所有開發者的習俗。你熟悉一種慣例後，你會很習慣，遇到不同慣例時會不舒服。熟悉記號法使得它幾乎隱形，就算是對不懂的人來說很神秘也一樣。

匈牙利記號法源自於缺少型別系統的語言，使用這種記號法能幫助你記得每個變數的型別。但除非你還在寫 BCPL，你不太可能還需要這種記號法，因為它妨礙程式碼可讀性且幾乎沒有任何優點。

注意

不幸的是 C# 還是維持介面前綴 `I` 的慣例，這是沒有優點的匈牙利記號法。從設計角度來看，我們不應該知道型別是介面或類別；從呼叫方的觀點來看是不重要的。事實上，你或許從類別開始，然後改成介面，這樣應該不會改很多程式碼。但它是應該遵循的標準慣例，除非參與應用程式的所有開發者都同意不要。

在沒有內建命名空間的語言中，型別前綴模組專用前綴是很常見的做法，例如：

- `ACMEParser_Controller`：`ACMEParser` 模組
- `ACMEParser_Tokenizer`：`ACMEParser` 模組
- `ACMECompiler_Optimizer`：`ACMECompiler` 模組

這通常不是個好做法，它會以可能會被套件（Java）或命名空間（C#）排除的資訊污染類別名稱：

- `acme.parser`：控制程序
- `acme.parser`：分詞程序
- `acme.compiler`：最佳化程序

如你所見，程式設計慣例嘗試擴展程式設計語言的語法，以支援漏掉的功能與語意。沒有型別時，你必須透過命名慣例的幫助來手動管理型別。另一方面，型別對文件製作會有幫助。

以命名作為主要文件製作方式

> 設計時搜尋正確詞彙是有價值的利用時間。
>
> ——*@Kent Beck* 與 *Ward Cunningham* 的 *"A Laboratory for Teaching Object-Oriented Thinking"*

文件製作工具的最重要工具之一是命名。雖然不吸引人，但命名絕對不能忽略。通常情況下，原始作者提供的名稱是搜尋這些作者的知識的唯一文件元素。好的命名非常重要，但是好的命名是困難的。名字作為一種習俗需要一致和共享內涵。查同義詞典，看看有沒有其他的術語、主動傾聽對話中用到的詞、問問同事對名字的反應，這些都會有所幫助。

好名字不只在閱讀時有幫助；它們也在搜尋時有幫助。好名字確保所有名字都可搜尋。Go 程式設計語言是命名在搜尋上失敗的例子，特別有意思的是它來自稱為 Google 的"搜尋公司"。

組合方法：你必須為它們命名

名字不單獨存在。在物件導向程式設計語言中，類別名稱組成語言，用字互相有關係，整體增加表達性。Kent Beck 與 Ward Cunningham 在"A Laboratory for Teaching Object-Oriented Thinking"（1989）寫到：

> 物件的類別名稱建立討論設計用的詞彙。確實，許多人已經注意到物件設計與語言設計的共同點要多於程序性程式設計。我們鼓吹學習者（在設計時我們自己也要花相當多的時間）去尋找適當的詞彙來描述我們的物件，這是一個在更大的設計環境中具有內在一致性和喚起性的詞彙集合[3]。

3 Kent Beck 與 Ward Cunningham, "A Laboratory for Teaching Object-Oriented Thinking," http://t.co/PjQfDzRZcX

更多命名與做法建議參考由 Tim Ottinger 在 Robert C. Martin 的 *Clean Code* 一書中寫的命名內容章節。

慣例命名有背景

大規模程式碼中的命名風格不一定要一致。系統中不同地方使用不同的慣例風格，我總是在領域模型或領域層中使用業務領域名稱（舉例來說，`Account`、`ContactBook`、`Trend`）。但在基礎設施層或轉接器（以六角架構來說）中，我喜歡使用前綴與後綴來完整表示實作子類別使用的技術與模式（舉例來說，`MongoDBAccount`、`SOAPBankHolidaysRepository`、`PostgresEmailsDAOAdapter`、`RabbitMQEventPublisher`）。在這個命名的雙重標準中，名稱必須表示領域模型有什麼，而領域模型外的基礎設施程式碼中，名稱必須表示它們如何實作。

程式設計與框架

> 若你寫“沒有框架”的應用程式，最終會得到沒有指定、沒有文件、非正規的框架。
>
> —*Hacker News, https://news.ycombinator.com/item?id=10839081*

在常見或特別的框架中寫設計對文件製作很有價值。沒有寫的程式不需要文件。使用 Spring Boot（一種輕量化微服務框架）或 Axon-Framework（一種事件來源應用程式框架）等現成框架時，很多程式碼已經寫好了，你的程式碼必須符合框架。選擇這種框架對不成熟的團隊是個好主意，框架能限制設計必須依循某種結構。這聽起來不是好事，但從知識轉移觀點來說是好事：比較少意外，且熟悉框架後更能理解程式碼。此外，這種框架的文件寫得很好，它們的注釋也提供程式碼中的文件，例如：

```
1  @CommandHandler
2  void placePurchase(PlacePurchaseCommand c){...}
```

型別驅動文件製作

型別是儲存與傳遞知識給開發者與工具的好載具。使用型別系統就不需要匈牙利記號法：型別系統知道有什麼型別。它是文件製作的一部分，無論是在編譯期（Java、C#）或執行期（TypeScript）系統中。

在 Java 或 C# 的 IDE 中，你可以將滑鼠移到任何東西上來看它的型別，工具提示會告訴你它的型別。

原始型別是型別，但型別在使用自定型別取代原始型別時特別有用。舉例來說，下面的程式碼沒有說出關於數量應該以金額表示的完整故事，你必須用註解表示幣別：

```
1  int amount = 12000; // EUR
```

舉例來說，若你自行建構 `Money` 型別類別，它就很明確。現在你知道它是金額，且幣別是程式碼的一部分：

```
1  Money amount = Money.inEUR(12000);
```

為不同概念建立型別有許多好處，文件製作是其中之一。它不再是隨機整數，它是金額，且型別系統知道並能告訴你。

你也可以檢視 `Money` 型別以知道更多。舉例來說，下面是該類別的 Javadoc 註解說明：

```
1  /**
2  * 歐元（EUR）金額
3  * 用於會計，
4  * 精確度為 1 分
5  *
6  * 不適合超過 1 萬億歐元
7  */
8  class Money {
9  ...
10 }
```

這是非常有價值的資訊，且它最好放在程式碼中而非其他地方。

你的型別是文件的基本部分。讓所有東西具有型別且小心的命名型別。

所以：盡可能使用型別，型別越強越好。避免原始型別與基本集合，將它們提升為一級型別。小心的根據通用語言命名型別，並在型別本身加入足夠的文件。

從原始型別到型別

下面的範例程式碼設定 `String` 開關；它是個型別，但型別弱，實務上幾乎與原始型別差不多：

```
1  validate(String status)
2    if (status == "ON")
3    ...
4    if (status == "OFF")
5    ...
6    else
7      // 一些錯誤訊息
```

這種程式碼很可恥。由於 `String` 可以是任何東西，你必須加入 `else` 來捕捉例外值。這個程式碼只有說明預期的行為，但若此行為由型別系統完成一舉例來說，使用具型別的列舉一則完全不需要寫程式：

```
1  switch (Status status){
2    case: ON ...
3    case: OFF ...
4  }
```

記錄型別與整合文件

型別是將概念文件放在 Javadoc 或 C# 類似機制的好地方。這種文件會在型別的生命期間演進：建立型別時建立，若型別被刪除則文件跟著消失。若型別重新命名或移動，文件還是跟著，因此無需維護。

唯一的風險是若你改變型別定義而沒有改變它的文件，則文件會誤導。但此風險很低，因為文件與型別宣告放在一起。

使用型別與文件的明顯好處是它讓你直接在 IDE 中整合文件。滑鼠移動到程式碼中型別的名稱上時，IDE 會顯示相關文件。使用自動完成時會在自動完成選項前面顯示簡短說明文件。

型別與關聯

程式碼中的關聯（association）表示為成員欄型別。程式碼與它的型別可以說出很多事，但有時你還需要其他東西。讓我們看幾個例子。關聯是一對一且成員欄有適當命名，你只需下面這個：

```
1  // 沒有要說的
2  private final Location from;
3  private final Location to;
```

型別也可以表達它的意義時不需要說什麼。下面的例子的關聯與型別宣告重複，且 Set 不重複是常識：

```
1  @Unicity
2  private final Set<Currency> currencies;
```

同樣的，下面的例子不需要宣告有序，因為它的型別已經說明了（但從呼叫方看是這樣嗎？）：

```
1  @Ordered
2  Collection<Item> items = new TreeSet<Item>();
```

你可以重構成新的型別宣告以讓文件多餘：

```
1  SortedSet<Item> items = new TreeSet<Item>();
```

但這麼做會顯露很多你不想顯露的方法。若你只想顯露 `Iterable<Item>`，則排序是內部細節。

你可以看到我偏好型別更甚於注釋。

型別重於註解

註解會且經常說謊。命名也是，只是程度較輕。但型別不說謊；若說謊則程式不能編譯。

方法名稱可能會偽裝：

```
1  GetCustomerByCity()
```

但不管是什麼名字，若格式與型別如下，你會更清楚的知道它是什麼：

```
1  List<Prospect> function(ZipCode)
```

它還可以更好：`List<Prospect>` 可以是型別，例如 `Prospects` 或 `ProspectionPortfolio`。

使用原始型別則必須自己判斷是否能信任名稱。布林的 `ignoreOrFail` 代表什麼？ `IGNORE` 與 `FAIL` 列舉更精確。

`Optional<Customer>` 精確表示可能沒有結果。單子（monads）在支援它們的語言中精確的表示有副作用。在這些例子中，資訊是精確的，因為編譯器會確保正確。

`Map<User, Preference>` 等泛型說出很多事，無論變數是什麼名字。

如果你還不同意，你可以閱讀“What Do We Really Know About the Differences Between Static and Dynamic Types?”這一份研究[4]。

4 Stefan Hanenberg, http://www.slideshare.net/mobile/devnology/what-do-we-really-know-about-the-differences-between-static-and-dynamic-types

型別驅動開發

使用型別時，就算是你沒有為變數命名，你還是能從型別判斷很多事情。以下面的變數宣告為例：

```
1  FuelCardTransactionReport x = ...
```

型別名稱說出很多事情。變數名稱只在範圍內同時有一個以上實例時才有用。

函式與方法也是。就算不知道名字，你還是可以看出輸入 `ShoppingCart` 參數並回傳 `Money` 的函式，與價格或稅的計算有關。只看函式格式，你可以大致知道該函式做什麼。

另一方面，若你嘗試找出購物車計價程式，你有兩個選項：

- 猜類別或方法名稱並根據猜測搜尋
- 猜型別格式並搜尋格式

Haskell 有個 Hoogle 文件工具可顯示指定格式的函式。Java 使用 Eclipse（Kepler），你也可以搜尋方法格式。在搜尋選單中選擇 Java Search 分頁，點擊 Search For：Method 並限制 Declarations，然後輸入搜尋字串（見圖 8.5）：

```
1  *(int, int) int
```

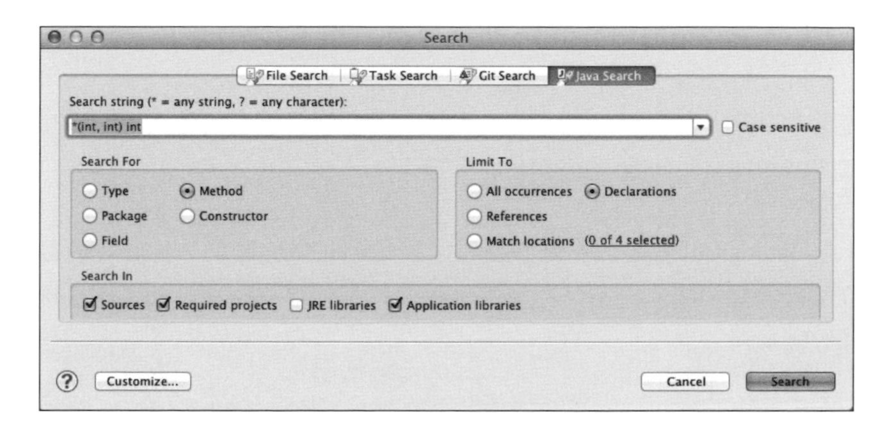

圖 8.5 在 Eclipse 中搜尋方法格式

許多搜尋結果是有兩個參數並回傳一個整數的方法，舉例來說：

```
1 com.sun.tools.javac.util.ArrayUtils
                              .calculateNewLength(int, int) int
2 com.google.common.math.IntMath.mean(int, int) int
3 com.google.common.primitives.Ints.compare(int, int) int
4 org.apache.commons.lang3.RandomUtils.nextInt(int, int) int
5 org.joda.time.chrono.BasicChronology
                              .getDaysInYearMonth(int, int) int
6 ...
```

這不只可用於整數等原始型別，還可以用於任何型別。舉例來說，若要找計算兩個 Coordinates 物件（Latitude、Longitude）間距離的方法，你可以使用完整型別名稱搜尋下列格式：

```
1  *(flottio.domain.Coordinates, flottio.domain.Coordinates) double
```

這會找出你要找的服務而無需知道名稱：

```
1  GeoDistance.distanceBetween(Coordinates, Coordinates) double
```

你可能聽過型別驅動開發（TDD）或型別優先開發（TFD）。這些方法與型別的想法類似。

組合方法

> 清楚的程式碼，如同清楚的寫作，很難。通常你只能在其他人看它或自己回頭看時才知道如何讓它更清楚。
>
> Ward Cunningham 如是說。你必須看出程式碼在做什麼時，你正在頭腦中建立某種認識。建立之後，你應該將認識移入該程式碼讓其他人不必再從頭建立認識。
>
> ——*Martin Fowler*，*“Refactoring”*

清楚的程式碼不是碰巧發生的。你必須使盡渾身解數持續重構才能讓它浮現。舉例來說，依循 Kent Beck 說的四個簡單設計規則可能是個好主意[5、6]。

在所有設計技能中，組合方法模式特別與文件製作目的有關。舉例來說，這一段程式碼做什麼？

- 它“squishing the fibbly-bar”
- 因此擷取它到 `squishFibblyBar` 函式中？

組合方法是寫清楚程式的基本技術。它是將程式碼分割成幾個小方法，各執行一個任務。由於每個方法有命名，方法名稱是主要文件。

一種常見的重構是將需要註解的程式碼區塊替換成以註解命名的組合方法。例如：

```
1 public Position equivalentPosition(Trade... trades) {
2         // 若交易清單沒有交易
3         if (trades.length == 0) {
4                 // 回傳數量零位置
5                 return new Position(0);
6         }
7         // 回傳第一筆交易數量
8         return new Position(trades[0].getQuantity());
9 }
```

註解表示你可以做得更好，例如簡化程式碼或擷取方法成組合方法。你可以擷取稍微黏合的程式碼區塊到獨立的組合方法中，例如：

```
1 public Position equivalentPosition(Trade... trades) {
2         if (hasNo(trades)) {
3                 return positionZero();
4         }
```

---

5 Martin Fowler, ThoughtWorks, http://martinfowler.com/bliki/BeckDesignRules.html

6 Corey Haines, "Understanding the Four Rules of Simple Design," https://leanpub.com/4rulesofsimpledesign

```
5         return new Position(quantityOfFirst(trades));
6  }
7
8  //----
9
10 private boolean hasNo(Trade[] trades) {
11          return trades.length == 0;
12 }
13
14 private Position positionZero() {
15         return new Position(0);
16 }
17
18 private static double quantityOfFirst(Trade[] trades) {
19        return trades[0].getQuantity();
20 }
```

注意現在第一個方法說明整個程序，下面其他三個方法說明程式的低階部分。這是另一種安排方法到不同抽象層次以讓程式碼更清楚的做法。

此處的第一個方法是其他三個方法上面的抽象層。你通常可以靠閱讀高抽象層的程式碼來理解它做什麼而無需閱讀所有低階抽象層。這能讓你更有效率的閱讀與導覽未知程式碼。

上面的程式碼也顯示文字佈局的意義：你可以將方法排序而圖形化的看到兩個上下抽象層。

流暢風格

讓程式碼更可讀的最明顯方式是使用稱為流暢介面的風格讓它模擬自然語言。以計算行動電話帳單的軟體應用程式為例：

```
1  Pricing.of(PHONE_CALLS).is(inEuro().withFee(12.50).atRate(0.35));
```

你可以很容易的以英文閱讀："The pricing of phone calls is in euros, with a fee of 12.50, at a rate of 0.35."（行動電話以歐元計價，費用 12.50，費率 0.35）

程式變大時還是能以接近英文的句子閱讀：

```
1 Pricing.of(PHONE_CALLS)
2   .is(inEuro().withFee(12.50).atRate(0.35))
3   .and(TEXT_MESSAGE)
4     .are(inEuro().atRate(0.10).withIncluded(30));
```

使用內部 DSL

使用內部領域專屬語言（DSL）通常大量依靠方法鏈接與其他把戲。流暢介面是內部 DSL 的例子，它依靠程式設計語言本身。好處是你獲得表述能力而無需放棄程式設計語言的優點：編譯器檢查、自動完成、自動化重構功能等。

建立好的流暢介面需要花時間力氣，因此我不建議全面作為預設程式設計風格。它作為公開介面、顯露給所有使用者的 API、任何與組態有關的部分特別有趣，也能讓測試變成任何人可讀的活文件。

有關 .Net 中著名的流暢介面例子是 LINQ 語法。它透過擴展方法實作，盡可能的模仿 SQL，例如：

```
1  List<string> countries = new List<string>
2   {"USA", "CANADA", "FRANCE", "ENGLAND","CHINA", "RUSSIA"};
3
4  // 找出名字中有 'C' 的國家
5  // 依長度排列
6  IEnumerable<string> filteredOrdered = countries
7                               .Where (c => c.Contains("C"))
8                               .OrderBy(c => c.Length);
9
10
```

下面是另一個資料檢驗的流暢介面，摘自 FluentValidation[7]：

```
1 using FluentValidation;
2
3 public class CustomerValidator: AbstractValidator<Customer> {
4   public CustomerValidator() {
5     RuleFor(customer => customer.Surname).NotEmpty();
6     RuleFor(customer => customer.Forename).NotEmpty()
7                 .WithMessage("Please specify a first name");
8     RuleFor(customer => customer.Discount).NotEqual(0)
9                 .When(customer => customer.HasDiscount);
10    RuleFor(customer => customer.Address).Length(20, 250);
11    ...
12  }
```

實作流暢介面

如同撰寫 TDD 測試的第一步，實作流暢介面從做夢開始。想像它已經存在且完美來撰寫使用理想流暢介面的例子，就算是你還沒有開始建構它也一樣。然後開始讓一部分可行，你會遇到困難而打算以其他做法表達相同的行為。Martin Fowler 對流暢介面有更多意見[8]。

流暢測試

流暢風格在測試中特別受歡迎。JMock、AssertJ、JGiven、NFluent 都是可以幫助你以流暢風格撰寫測試的知名函式庫。測試很容易閱讀時，它們變成軟體行為的文件。

NFluent[9] 是 Thomas Pierrain 建構的 C# 測試斷言函式庫。你可以使用 NFluent 撰寫流暢的測試斷言，例如：

---

7 https://github.com/JeremySkinner/FluentValidation

8 Martin Fowler, ThoughtWorks, http://martinfowler.com/bliki/FluentInterface.html

9 http://www.n-fluent.net

```
1 int? one = 1;
2 Check.That(one).HasAValue().Which.IsPositive()
3            .And.IsEqualTo(1);
```

透過方法鏈接與其他把戲（特別是 C# 的泛型），該函式庫能做出非常可讀的測試，例如：

```
1  var heroes = "Batman and Robin";
2  Check.That(heroes).Not.Contains("Joker")
        .And.StartsWith("Bat")
        .And.Contains("Robin");
```

AssertJ 是 Java 中相同的函式庫[10]。

建立 DSTL

你可以建立自己的領域專屬測試語言（DSTL）來寫出普通程式碼中的漂亮情境。這包括測試資料建構程序。

使用建構程序時，建立內部 DSL 來建立測試資料不是非常困難。Nat Pryce 稱此為測試資料建構程序。你可以用測試資料建構程序建構特定段的物件來擴展前面的例子。

測試資料建構程序可以套疊。舉例來說，你可以定義集合團體機票、住宿、其他服務的套裝行程以方便購買。你可以使用測試資料建構程序分別建立每個元素：

```
1 aFlight().from("CDG").to("JFK")
2      .withReturn().inClass(COACH).build();
3
4 anHotelRoom("Radisson Blue")
5      .from("12/11/2014").forNights(3)
6      .withBreakfast(CONTINENTAL).build();
```

10 AssertJ, http://joel-costigliola.github.io/assertj/

你可以使用另一個測試資料建構程序建構來自個別產品的套裝：

```
1  aBundledTravel("Blue Week-End in NY")
2    .with(aFlight().from("CDG").to("JFK")
3    .withReturn().inClass(COACH).build())
4  .with(
5     anHotelRoom("Radisson Blue")
6     .from("12/11/2014").forNights(3)
7     .withBreakfast(CONTINENTAL).build()).build();
```

測試資料建構程序很方便，所以你不只可以用它們做測試。舉例來說，我將它們放到實際程式碼中並確保它們不再是“測試”資料建構程序，而只是與測試無關的一般建構程序。

更多 DSL 資訊見 Martin Fowler 的 Domain-Specific Languages。

何時不要用流暢風格

流暢不是終點，流暢風格程式設計不一定是正確的做法：

- 建立 API 會更複雜，不一定值得這麼做。
- 流暢 API 有時讓撰寫程式碼更困難，因為它不是程式設計語言的慣用方法。特別是會搞不清楚何時使用方法鏈接或套疊函式或物件視野。
- 流暢風格使用的方法的名稱單獨看沒有意義，例如 `Not()`、`And()`、`That()`、`With()`、或 `Is()`。

案例研究：註解導引的重構

這個案例研究從金融領域的 C# 應用程式中隨便挑一個類別：

```
1  public class Position : IEquatable<Position>
2  {
3      // 可能只有 DealId
```

```
4       private IEnumerable<Position> origin;
5
6       // Position properties to be defined ...
7       private double Quantity { get; set; }
8       private double Price { get; set; }
9
10      // 分發任務的 MAGMA 屬性
11      public int Id { get; set; }
12      public string ContractType { get; set; }
13      public string CreationDate { get; set; }
14      public string ModificationVersionDate { get; set; }
15      public bool FlagDeleted { get; set; }
16      public string IndexPayOffTypeCode { get; set; }
17      public string IndexPayOffTypeLabel { get; set; }
18      public string ScopeKey { get; set; }
19      // 分發任務的 MAGMA 屬性結束
20
21    #region constructors
22 ...
```

注意段落都以註解分隔。舉例來說，最後一個註解表示“從這裡到那裡是只有MAGMA 應用程式使用的段落”。不幸的是，註解文字是給人看的，像你這樣的開發者必須時刻應付它。

你不只能使用這些開放文字註解來描述段落：你可以將它們轉換成以不同類別表示的正規段落。如此能將模糊的文字知識轉換成程式設計語言表示的精確知識。以前一段程式為例：

```
1  public class MagmaProperties
2  {
3      public int Id { get; set; }
4      public string ContractType { get; set; }
5      public string CreationDate { get; set; }
6      public string ModificationVersionDate { get; set; }
7      public bool FlagDeleted { get; set; }
8      public string IndexPayOffTypeCode { get; set; }
9      public string IndexPayOffTypeLabel { get; set; }
10     public string ScopeKey { get; set; }
11 }
```

你可以再對一部分欄套用一兩次這種方法。舉例來說，CreationDate 與 ModificationVersionDate 或許可以放在一起作為共用類別：

```
1  public class AuditTrail
2  {
3      public string CreationDate { get; set; }
4      public string ModificationVersionDate { get; set; }
5  }
```

這麼做能開啟更深入思考你在做什麼的機會。舉例來說，使用 AuditTrail 這個名稱時，很明顯它應該是不可變以防止改變歷史。

也許 IndexPayoffTypeCode 與 IndexPayoffTypeCode 也可以放在一起，因為它們名稱差不多：

```
1  IndexPayoffTypeCode
2  IndexPayoffTypeLabel
```

名稱的前綴的作用如同模組名稱或命名空間。同樣的，這可以表示為實際類別：

```
1  public class IndexPayoffType
2  {
3      public string Code { get; set; }
4      public string Label { get; set; }
5  }
```

你可以一直繼續下去，純粹由註解與命名引導來改善程式碼與設計。這麼做時，使用語言的正規語法而不是易損與模糊的文字註解。

註解、隨意的命名、其他可恥的信號都代表改善程式碼的機會。若看到這種東西且不知道有什麼替代技術，則你需要清潔程式、物件導向設計、或函式性程式設計風格的外部輔助。

整合文件

你的整合開發環境（IDE）已經滿足許多文件製作需求。因為有自動完成功能，此文件甚至能更進一步與你的程式設計整合。這有時稱為“intellisense”，因為它能根據前後文猜測你要什麼。你寫程式時，IDE 會顯示有什麼可用。

若你寫類別的名稱並按下句號鍵，IDE 會立即顯示該類別的所有方法。事實上，並非所有方法，而是你的游標在程式碼目前位置中可存取的部分。舉例來說，若不是在類別內部就不會顯示私用方法。

這是一種任務導向且高度依背景整合的文件。

所以：知道你的 IDE 是文件製作的重要工具，學習如何好好的使用。知道 IDE 處理的文件案例無需在其他地方處理。

型別階層

類別階層圖是參考文件的經典元素。由於這些圖通常使用 UML 記號法，它們需要佔領很多螢幕面積。相對的，IDE 可以實時從指定類別顯示自定型別階層圖。這個圖是互動的：你選擇顯示型別上或下的階層，你可以展開或收合階層分支。由於不是使用 UML，它相當的精簡，因此你可以從一部分螢幕面積中看到很多東西。

舉例來說，你想要找一個固定長度的清單，但你不記得它的名稱，你可以選擇標準的 `List` 型別並向 IDE 查它的型別階層。IDE 會顯示所有清單型別。接下來你可以檢查每個型別的名稱、移動滑鼠到上面檢視 Javadoc、選取你要找的那一個。媽，你看，不用文件耶！

確實，這是文件。只是不一樣。再重複一次，這是一種任務導向且高度依背景整合的文件。

程式碼搜尋

討論 IDE 就得提到 IDE 的搜尋功能。

要找類別但不記得名稱時，你可以輸入類別名稱字根，搜尋引擎會顯示有這個字根的型別。這同樣適用於字根縮寫字。舉例來說，你可以輸入 `bis` 表示 `BufferedInputStream`。

從實際使用推導語意

有人曾經告訴我意義來自事物的關聯。所以，學習類別意義的一種方式是檢視它與其他已知類別的關係。

表面上這是你或許已經知道的事情。假設你需要找出程式碼中所有交易服務。若服務使用 `@Transactional` 等注釋，那就簡單：選擇注釋並要求 IDE 找出來。

另外，若交易透過 Java 的 `Transaction` 類別與其 `Commit()` 方法執行，你可以要求 IDE 讀取呼叫堆疊。直接或間接呼叫這個交易的每個類別應該是交易性服務，因此 IDE 是個斷言工具，只是沒有很完美而已。你必須將你的目標轉譯成 IDE 提供的功能。儘管如此，IDE 提供的所有功能代替了大量文件，否則這些文件將是必需的。IDE 是一個很好的整合文件工具。

你可以用 IDE 作為使用者介面以增強程式碼方式擴展你的程式碼。導覽與啟發範本（見第 5 章）展示了這種方式。

使用純文字圖表

大部分圖表的生命期不長。一個圖表可能對某個討論有用或幫助某個決策，但溝通完成後或做出決策後，圖表馬上就失去價值。這是為什麼餐巾紙草圖是手寫圖表的最佳選擇。我使用餐巾紙草圖真的是指低科技視覺與伸手可及的技術。白板、*CRC* 卡片、事件激盪都差不多。它們是很好的溝通、推理、以視覺化實驗的工具。

有些圖表具有較長期的價值，在這種情況下，你想要在更合適的地方保存一開始的餐巾紙、卡片、便籤、白板。一種方式是拍照並儲存在 wiki 或原始碼控制，與相關製作物放在一起。這在圖片描述穩定知識時可行，但若它描述經常演進的決策，一段時間後圖片就會產生誤導。你可以嘗試製作活圖表，但可能很困難或很麻煩。這時候你需要純文字圖表。

所以：將餐巾紙草圖或 CRC 卡片轉換成純文字形式。使用文字繪圖工具自動繪製成視覺化圖表。然後在改變時維護圖表的純文字說明，並儲存在程式碼的原始碼控制系統中。

要記得純文字圖表的內容重於格式。你想要專注於純文字內容並讓工具處理格式、佈局、繪製。

範例：純文字圖表

讓我們以加油卡詐欺檢測演算法為例。假設你從餐巾紙草圖開始（見圖 8.6）思考問題，列出相關責任與問題解決方法。

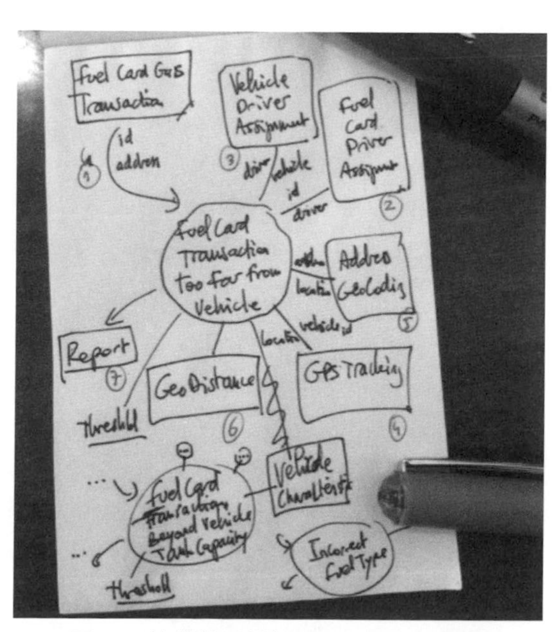

圖 8.6 詐欺檢測機制的初步餐巾紙草圖

團隊過幾天後認為你必須保存餐巾紙草圖作為文件的一部分，你必須讓它容易閱讀與維護，因為你預期它會經常修改。

此圖表應該說一個故事。它應該隱藏與故事無關的所有東西。要成為故事導向，你可以使用連結作為句子：

```
1 （角色 A 對角色 B 做一些事情）
```

因此，基本上，你看著餐巾紙草圖並以下列格式描述它：

```
1  FueldCardTransaction received into FuelCardMonitoring
2  FuelCardMonitoring queries Geocoding
3  FuelCardMonitoring queries GPSTracking
4  Geocoding converts address into AddressCoordinates
5  GPSTracking provides VehicleCoordinates
6  VehicleCoordinates between GeoDistance
7  AddressCoordinates between GeoDistance
8  GeoDistance compared to DistanceThreshold
9  DistanceThreshold delivers AnomalyReport
```

然後你以繪圖工具將這些句子轉換成漂亮的圖表。

註

圖 8.7 與 8.8 使用 Diagrammr 這個不再可用的線上工具繪製；但 Zoltán Nagy（於參加我在 CraftConf Budapest 的活文件研討會時）提供了稱為 diagrammr-lite 的類似工具：https://gist.github.com/abesto/a58a5e7155f38f4ac29d6c02f720a312。

此圖的預設活動佈局如圖 8.7 所示。

但同樣的句子也可以繪製成序列圖，如圖 8.8 所示。

這種工具僅僅是 Graphviz 等自動化佈局工具的簡單包裝。每個句子描述兩個節點間的關係。句子的第一個詞代表起始節點，最後一個詞代表目標節點。這是個粗糙的方式。

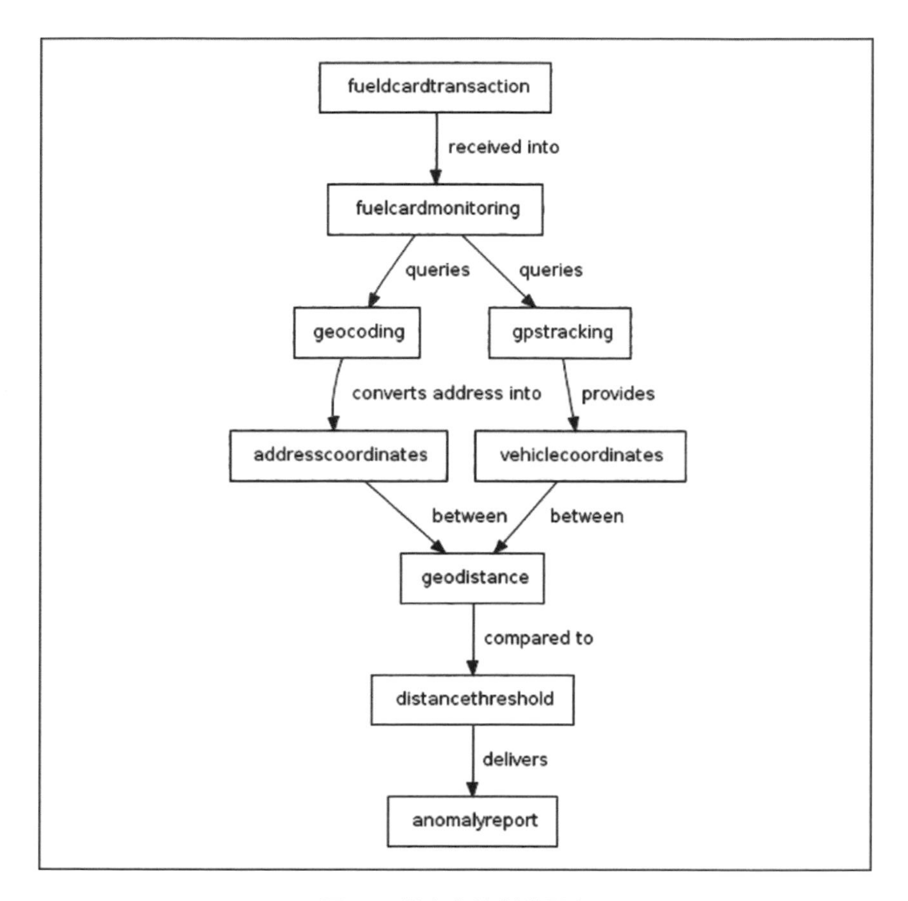

圖 8.7 從文字繪製的圖表

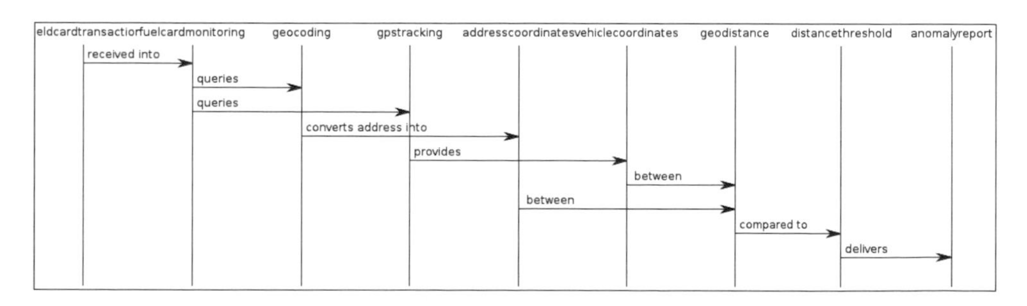

圖 8.8 以不同方式說相同故事的另一個佈局

自行建構以不同的慣例解譯文字句子不困難。但重點是保持粗糙。若你不保持語法簡單，最終會因為語法太複雜而必須隨時查閱它的語法表。

有修改而使得圖表必須更新時，從文字中修改很容易。透過 Find 與 Replace 執行。你選擇的 IDE 或許有純文字檔案自動化重構功能，在這種情況下你比較不會忘記更新該圖表。

圖表即程式碼

另一種純文字圖表方式是使用程式設計語言的程式碼宣告節點與其關係。這種方式的優點是：

- 可利用自動完成
- 編譯器或直譯器可捕捉語法錯誤
- 你可以透過自動化重構維持所有修改的一致
- 你可以用程式從資料來源產生許多動態圖表

它也有缺點：

- 程式碼本身較純文字更不易於非開發者閱讀
- 識別名稱不能帶空白
- 它不是活圖表，只是從程式碼產生的圖表

下面是從我的包裝 Graphviz 的 DotDiagram 函式庫產生的圖表 [11]：

```
1 final DotGraph graph = new DotGraph("MyDiagram");
2 final Digraph = graph.getDigraph();
3
4 // 加入節點
```

11 DotDiagram, https://github.com/LivingDocumentation/dot-diagram

```
5 digraph.addNode("Car").setLabel("My Car")
        .setComment("This is a BMW");
6 digraph.addNode("Wheel").setLabel("Its wheels")
        .setComment("The wheels of my car");
7
8
9 // 加入節點間關聯
10 digraph.addAssociation("Car", "Wheel").setLabel("4*")
        .setComment("There are 4 wheels")
11      .setOptions(ASSOCIATION_EDGE_STYLE);
12
13 // 繪製所有東西
14 final String actual = graph.render().trim();
```

從這個程式碼產生的圖表應該如圖 8.9 所示。

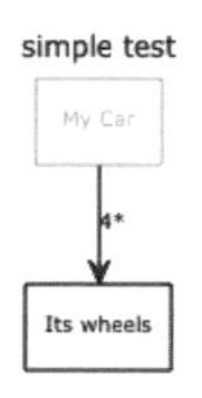

圖 8.9 繪製 `MyCar —> 4* Wheel`

當然，圖表即程式碼最大的優點是能夠從任何資料來源產生圖表。

總結

讓軟體系統中的修改透過自動化重構完成，利用重構更新文件也很合理。實務上，這個建議在純文字到實際程式碼中偏向程式碼層級技術，學習使用型別與小心命名等寫程式技術對程式碼的表達力有幫助。

Chapter 9

穩定的文件

穩定的知識很容易製作文件，因為它不常修改。穩定知識的好處是你可以使用任何形式的文件記錄它。由於無需更新文件，就算是 Microsoft Word 或 wiki 等我會避免的傳統格式也絕對適合。但要做好也需要一些處理；你必須適當的設計細節以確保所有東西真的穩定。

長青內容

長青內容是持續一段期間有意義、沒有修改、有特定受眾的內容。長青內容不會改變且維持有用、相關、精確。很明顯的，不是每一種文件都有長青內容。

長青內容文件具有下列特質：

- 偏向簡短、沒有太多細節
- 專注於高階知識——“大方向”
- 專注於目標與意圖而非實作決策
- 相較於技術，它更專注於業務概念

這些特質是文件穩定性的關鍵。

所以：傳統文件適合很少改的知識。如果是這樣且知識有用，不要動用活文件技術。只需以 PDF、內容管理系統、投影片、試算表等任何形式記錄知識，但要排除有可能改變的文件。

你無需花很多時間建立長青文件，但若你這麼做，會對讀者有很長時間的好處。

注意穩定的知識並不一定表示它有用與值得記錄。

需求較設計決策更穩定

> 若你不能改變決策，則它是需求。若你能改，則它是設計。
>
> ——*Alistair Cockburn, https://twitter.com/TotherAlistair/status/606892091432701952*

若你不能改變決策，則該決策較設計決策更穩定。因此，需求通常較設計決策更穩定。特別是高階需求很穩定而可用長青文件表達。

當然，有時需求也會經常改，但通常是改預期行為的細節。對於經常改的低階需求，BDD 等實踐更適合處理變更；交談與合宜的自動化足以有效率的快速交換知識。

高階目標通常穩定

公司可能有改變世界的願景。這種高階願景是穩定且公司形象的一部分。新創公司可能定期轉向，但願景通常維持原狀。

在大型公司中，改變隨時隨地發生，但傳統管理方法視大部分決策與知識為確定、可預測、穩定的。在部門、團隊、專案中，周遭所有東西都可視為穩定的。

以幾句話表達的專案願景如同簡介一樣穩定。若它被改變，專案或許會終止或全盤推翻。

專案為什麼存在？誰贊助的？什麼業務驅動的？預期獲利與成功條件為何？

你必須特別保持願景夠抽象以避免過早限制專案執行。

舉例來說，“建立函式庫來向官方做報告”的願景已經限制了解決方案。這麼描述願景，團隊就喪失了更好的機會，像是擴展兩個現有服務使它們一起產生報表。這個願景的例子也很容易改變。若新 CTO 決定所有東西都得是服務（不允許函式庫），則團隊必須更新專案的願景。更好的專案願景應該是“向官方做銷售報告”或更好的“擴展報告機制以符合 MIFID II 法規”。這種願景不管你如何達成目標；選項是開放的。

很多知識比看起來不穩定

長青文件有個限制：就算知識本身不會經常改變，有圖形樣式、公司商標、公司頁腳的長青文件中的圖形樣式、公司商標、公司頁腳等風格元素有時會改變。

另一個包括長青文件在內所有文件都有的限制是與原始碼放在同一個原始碼控制系統中。這導致鼓勵所有文字或 HTML 等輕量化格式而非 Microsoft Office 文件或其他專屬格式。將知識放在純文字中也是穩定知識偏好的方式。

案例研究：README 檔案

以車隊管理系統的 README 檔案為例：

```
1  # 鳳凰專案
2  （加油卡整合）
3
4  專案經理：Andrea Willeave
5
6  ## 每日同步
7  加油機交易資料自動傳送到
8  Fleetio。
9  不再使用手動輸入加油收據或下載與
```

```
10 匯入加油交易到系統中。
11
12 ## 加油卡交易監控
13
14 加油機交易資料自動驗證
15 與各種規則比較以檢測詐欺：漏
16 油、交易離車輛太遠等。
17
18
19 * 負責類別稱為
20 FuelCardMonitoring。 *
21
22 檢測到異常若車輛遠離
23 加油站 300 公尺，或交易量
24 超過油箱大小 5%
25
26 駕駛在加油機輸入距離時，Fleetio 使用該
27 資訊觸發服務提示程序。這個節省時間
28 的方法幫助你維護車輛
29 與維持最佳表現。
30
31 * 此模組在 2015 年 2 月啟動。請
32 聯絡我們以獲得更多資訊。 *
33
34
35 ## 智慧加油管理
36 ...
```

這個檔案有很多問題需要定期更新檔案：

- 專案名稱鳳凰可能會因為政治或行銷原因而多次更改。
- 專案經理名稱有可能會改，可能每兩年。
- 類別名稱會改、分割、或合併，若團隊進行重構，這是預期中會發生的。這個文件每次都要跟著改。
- 如同類別名稱，具體參數也隨時會改（舉例來說，300 公尺會變成 500 公尺，5% 會變成 3%）。

- 啟動日期可能會改，因為它已經過去了。你要怎麼辦？

你可以從參考業務或模組將標題改變成穩定的名稱開始。它也不會永遠穩定，但至少比公司內部政治穩定。要這麼做，將下列項目：

```
1  # 鳳凰專案
2  （加油卡整合）
3
4  專案經理：Andrea Willeave
```

改成簡介：

```
1  # 加油卡整合
2
3  此模組的主要功能：
```

你可以從檔案中拿掉專案經理，因為它不是這個資訊的正確位置。相對的，它應該放在 wiki 的團隊章節，或專案宣言的團隊章節（舉例來說，Maven POM 檔案）。你也可以用帶有此資訊的網頁的連結取代專案經理的名字。

你也應該將啟動日期從檔案中刪除。相較於放在此檔案中，你可以連結到企業行事曆、新的入口網站、專用論壇、內部社交網路、Twitter、Facebook 等宣告啟動的網頁。

類別名稱與此無關。若你真的想要連接這個檔案與程式碼，或許應該連結到原始碼控制的搜尋，例如“連結到標示為 `@EntryPoint` 的類別”。

最後，這裡的參數值是不必要的。若你真的需要它們，你可以檢視程式碼或組態，或檢視什麼預期行為的情境與 Cucumber 或 SpecFlow 使用的東西。

總而言之，下面是程式碼應該有的樣子：

1 ~~# 鳳凰專案~~
2 **# 加油卡整合**
3

```
4  專案經理：Andrea Willeave
5
6  找出團隊有誰 // 連結到 wiki
7
8
9
10 下面是此模組的主要功能：
11
12 ## 每天同步
13 加油機交易資料自動傳送到
14 不再使用手動輸入加油收據或下載與匯入加油交易到系統中。
15
16 ## 加油卡交易監控
17
18 加油機交易資料自動驗證與各種規則比較以檢測詐欺：漏
19 油、交易離車輛太遠等。
20
21
22
23 * 負責類別稱為 FuelCardMonitoring *
24
25 相對應的程式碼在公司的 Github // 連結到原始碼程式庫，但不是具體的類別名稱
26
27
28 * 檢測到異常若車輛遠離加油站 300 公尺，或交易量
29 超過油箱大小 5%*
30
31
32 更多詐欺檢測的業務規則資訊見業務情境 // 連結到活文件
33
34
35
36 ## 里程表讀數
37 駕駛在加油機輸入距離時，Fleetio 使用該資訊觸發服務提示程序。
38 這個節省時間的方法幫助你維護車輛與維持最佳表現。
39
40
42 * 此模組在 2015 年 2 月啟動。請聯絡我們以獲得更多資訊。 *
43
```

```
44
45 產品新資訊請見我們的 Facebook 網頁
46
47
48 ## 智慧加油管理
49 ...
```

現在你有了長青 README。

長青文件祕訣

下面是如何保持文件最新的祕訣。

避免混合策略文件與實作文件

策略與實作不會以相同節奏演進。Lisa Crispin 與 Janet Gregory 在 *Agile Testing: A Practical Guide for Testers and Agile Teams* 一書中建議，不要混合策略文件與實作文件，以測試策略為例：

> 若組織想要記錄專案整體測試方式，將此資訊放在不會經常修改的靜態文件中。有很多非專案專屬的資訊可以擷取到測試策略或測試方法文件中。
>
> 此文件可作為參考且只在程序改變時需要更新。測試策略文件可供新僱員從高階了解測試程序如何運作[1]。

我在很多組織中成功運用這種方法。專案共通的程序放在一個文件中。使用這種格式符合大多數合規需求。下面是已經涵蓋的一些主題：

- 測試做法
- 故事測試

1 Crispin, Lisa, and Janet Gregory. *Agile Testing: A Practical Guide for Testers and Agile Teams.* Hoboken: Addison-Wesley, 2009.

- 解決方案檢驗測試
- 使用者驗收測試
- 研究測試
- 負載與效能測試
- 測試自動化
- 測試結果
- 缺陷記錄程序
- 測試工具
- 測試環境

所以：避免混合策略文件與實作文件。讓策略文件做成長青文件。實作使用其他活文件方法，因為實作更常改變。

策略應該記錄成長青文件，穩定且在多個專案間共用。刪除策略文件中所有會修改或屬於特定專案的細節。這些經常修改且各個專案不同的細節，應該以本書所述的宣告式自動化與 BDD 等其他更適合經常改變的技巧分開存放。

確保穩定性

說明業務利益的名稱應該是穩定的，通常會超過數十年。業務正在改變，但從高階觀點來看，它還是關於銷售、購買、預防損失、報表。若你閱讀領域相關的舊書，你會發現雖然做生意的方法有演進，舊書的大部分內容還是有效與有意義。業務領域詞彙還是很穩定。

另一方面，組織、法規、行銷的變化很快：公司名稱、子公司、品牌、商標經常改變。避免在多處使用，改用穩定的名稱。

檢視公司組織表並與幾年前比較。差多少？新老闆經常會改組織架構。有些公司三年就換一批領導人，部門分割重組改名。業務與政治因素可能會改變組織結構但不改變底層業務運作。

你想要花時間到處改程式碼與文件用字以符合這些變化嗎？我不想，因此我盡可能選擇穩定的業務領域名稱。

程式碼中的隨意與說明性名稱

我注意到 SuperOne 等沒有說明性的隨意名稱，較有說明性的常見名稱更常改動。就算你在公司工作了兩三年，你還是會看到這種名稱變化。但隨意名稱很常見，因為我們經常改變它們以符合新風格。另一方面，AccountingValuation 等說明它是什麼的常見字很呆，但比較不會被改名且因此更穩定。更重要的是後者的名稱本身是文件的元素。你不需要其他東西就能知道 AccountingValuation 元件做什麼。

使用長壽命名法

命名是最好的知識轉移方法之一。不幸的是，很多種名稱經常改變，例如行銷品牌與產品名稱、專案名稱、團隊名稱。發生時，需要維護工作：某人得找出所有舊名稱並全部更新。

有些名稱比其他名稱更持久，某些名稱比其他名稱更常改。舉例來說，行銷名稱、法律名稱、公司組織名稱一到三年就改一次。這些名稱很常改。

明智的選擇名稱使它們不用常改，對減少各種製作物的維護工作很重要。這對程式碼與其他文件也很重要。

所以：在你維護的文件中使用穩定名稱，不要使用常改的名稱。類別、介面、方法、程式碼註解、所有文件使用穩定名稱。避免在文件中參考不穩定的名稱。

根據穩定度安排製作物

在巨觀層次，你要如何安排文件？文件的安排有很多方式：

- **依應用程式名稱**：舉例來說，`CarPremiumPro`、`BestSocksOnline`
- **依業務程序**：舉例來說，零售賣車，線上銷售
- **依策略客戶**：舉例來說，個別車主、中產階級、B2B 或 B2C
- **依團隊名稱**：舉例來說，B2B 隊、忍者隊
- **依團隊目的**：舉例來說，巴黎軟體交付，倫敦 R&D
- **依專案名稱**：舉例來說，`MarketShareConquest`、`GoFastWeb`

這些安排模式如何隨著時間改變？若你回顧過去的工作經驗，有什麼不變，有什麼經常改變甚至是一年好幾次？

專案開始與結束。有時被取消有時改個名字。應用程式較專案更持久，但最終被解散並以提供類似業務利益的其他專案取代。

連結知識

只要連結穩定，知識就更有價值。知識以關係圖的形式聯繫在一起時，它就變得更有價值，這種關係圖傳達了額外的資訊，也帶來了結構。

在一個特定的主題或專案中，所有的知識都以某種方式與其他知識關聯。在網際網路上，資源之間的連結增加了很多價值：誰是作者？哪裡可以找到更多？這個定義是什麼意思？這裡引用誰？在一本書或一篇論文中，參考書目會告訴你背景。作者知道這本書嗎？如果它在參考書目中被引用過，那麼你可以猜到是這樣的。同樣的概念也適用於你的文件。

所以：在文件中連結其他相關知識。列出關係。定義資源識別方法，例如 URL 或出處。採用確保連結長期穩定的機制。

以來源、參考主題、評論、作者等元資料描述連結很重要。

> 注意
>
> 注意連結方向。如同設計，連結應該從不穩定向著穩定的一方。

連結到某個知識的一個好方法是透過 URL。你可以透過連結將知識作為網路資源公開。只要有必要，你可以透過連結查閱相關知識。使用連結登記簿來確保鏈接的持久性。

許多工具透過連結來展示它們的知識：問題追蹤、靜態分析工具、規劃工具、部落格平台、以及像 GitHub 這樣的社群程式庫。如果你想連結到某個特定版本的內容，使用 permalinks。另一方面，如果你更喜歡連結到某個東西的最新版本，那麼連結到首頁、索引或資料夾，它們通常會先顯示最新的版本。

不穩定到穩定的相依性

引用某些內容時，要確保引用的方向是從更不穩定的元素到更穩定的元素。將不穩定和穩定結合起來，比將不穩定和不穩定結合起來要方便得多。對某個穩定東西的引用不是很昂貴，因為相依性不會有很多影響，因為它不經常更改。另一方面，對於不穩定相依的引用必須在相依性更改時跟著進行更改。這適用於程式碼和文件。

以程式碼為例，大多數程式設計語言建議將實作與它們實現的合約或介面耦合，而不是相反方向。泛用的東西通常比專用的東西更穩定。

在稱為文件的表示知識的領域中傾向引用以下方法，而不是相反：

- 從製作物（程式碼、測試、組態、資源）連結到專案目標、限制、需求
- 從目標連結到專案願景

檢查失效連結

若有資源的直接連結，你必須有檢查連結是否失效的方法。GitHub 連結在程式碼改變時失效，外部網站重組或刪除內容時外部連結失效。

所以：在你的同事這麼做之前使用機制檢測失效連結。

你可以使用失效連結檢測程序檢測所有文件的失效連結（網路上搜尋“broken link checker”就可以找到很多檢測程序）。你也可以用改變導致連結失效時會失敗的低科技檢測。這種方式能讓你知道何時必須修改連結或程式碼以回到一致，這是另一個調和機制的例子。

你可以建構單元測試來比較隨時會改變的程式碼、與代表連結等外部合約的固定文字。測試失敗時，你知道你必須更新文件或復原改變。

舉例來說，若類別全名直接用於連結，則合約測試會像是這樣：

```
1  @Test
2  public void checkLinks() {
3  assertEquals(
4  "flottio.fuelcardmonitoring.domain.FuelCardMonitoring",
5  FuelCardMonitoring.class.getName());
6  }
```

重構或意外破壞合約時，此固定文字檢查會失敗以告訴你必須做改正。

連結登記簿

所有連結都必須維護，因為網路是活的，你的公司內部網路也是。連結失效時，你不會想要檢查每一個帶有失效連結的文件並替換成另一個連結。

所以：不要在製作物中直接連結多個地方。相反的，使用你管理的連結登記簿。

連結登記簿是在一處改變就能改正失效連結的間接連結。連結登記簿給你實際連結的 URL 別名。連結失效時，你只需更新連結登記簿的一筆紀錄以導向另一個連結。

內部 URL 縮址非常適合連結登記簿。有些縮址程序可讓你選擇非常短的連結；不只連結變得很好管理，它們也比較短比較漂亮。

我看過有些公司安裝自己的連結登記簿。這對關注知識可信度的公司有必要。你可以找到很多可以自行安裝的 URL 縮址程序，有些是開源有些是商售。

書籤搜尋

另一種更能應付修改的連結方式是以連結書籤搜尋代替直接資源。假設你想要連結到程式庫中的 `ScenarioOutline` 類別，你可以透過直接連結來連結。舉例來說，在 GitHub 中使用連結：

```
https://github.com/Arnauld/tzatziki/blob/
4d99eeb094bc1d0900d763010b0fea495a5788d\d/tzatziki-core/src/main/java/
tzatziki/analysis/step/ScenarioOutline.java
```

問題是此類別會移動到另一個套件，或者套件被重新命名。類別本身也可能重新命名，雖然不太可能。但上述任何改變會讓連結失效，這很糟糕。

所以：以更穩定的搜尋條件取代直接連結。可能有多個搜尋結果，但它能以更強的方式幫助使用者找到目標連結。

你可以用更強的書籤搜尋取代直接連結。舉例來說，你可以在特定程式庫中搜尋 `ScenarioOutline` 類別。使用 GitHub 的進階搜尋 [2] 可建構下列搜尋：

```
ScenarioOutline in:path extension:Java repo:Arnauld/tzatziki
```

2 GitHub, https://help.github.com/articles/searching-code/

搜尋選項能幫助建立更精確的搜尋：

- **ScenarioOutline**：搜尋這個詞
- **in:path**：搜尋這個路徑
- **extension:Java**：副檔名必須是 Java
- **repo:Arnauld/tzatziki**：只搜尋這裡

搜尋結果會顯示多個結果，但你要找的東西就在這個清單中（清單中的第二個）：

```
1 .../analysis/exec/model/ScenarioOutlineExec.java
2 .../analysis/step/ScenarioOutline.java
3 .../pdf/emitter/ScenarioOutlineEmitter.java
4 .../analysis/exec/gson/ScenarioOutlineExecSerializer.java
5 .../pdf/model/ScenarioOutlineWithResolved.java
```

書籤搜尋不只適合連結。它也是活文件的重要工具。它在瀏覽器上提供 IDE 的搜尋能力。建立整理展示過的書籤搜尋可以建立快速發現與一個概念有關的程式碼導覽，例如此處顯示的 ScenarioOutline 概念。

穩定知識的分類

如以下討論所述，不同知識有不同的生命期，從很短到很長。下面的穩定知識典型分類適合長青文件。

長青 README

> 我們的專案有簡短、糟糕、完全無關的文件…技術規格與非規格之間必定存在一個中間地帶。事實上有。這個中間地帶是卑微的 README。
>
> ——*Tom Preston-Lerner, "Readme Driven Development"*

對阿里不達專案來說，若 README 檔案專注於回答下列關鍵問題則會是長青的：

- 什麼是阿里不達？
- 阿里不達如何運作？
- 誰使用阿里不達？
- 使用阿里不達的組織有什麼好處？
- 如何開始阿里不達？（注意：保持簡短，因為它不應該經常修改。特別是不要寫版本號碼而是寫從哪裡找到最新版本）
- 阿里不達的授權資訊？（也可以在 LICENSE.txt 寫細節）

這種程度的關鍵資訊在時間上相當穩定。

要注意除了固定郵寄清單外，不要包含如何開發、使用、測試、幫助、以及聯絡資訊。

還有，使用 GitHub 等線上程式庫時，避免從 README 連結 wiki 網頁：README 有版本，wiki 沒有，因此連結會失效，特別是複製或分支時。

版本陳述

> 版本是完成時的世界的圖像。
>
> ——*The McCarthy Show (@mccarthyshow)* 的推文

> 經理人找我時，我不會問“有什麼問題”而是“告訴我什麼故事”。這是我找出真正問題的方式。
>
> ——連鎖零售商人 *Avram Goldberg* 在 *The Clock of the Long Now* 說的話

專案中的每個人絕對應該知道的最重要知識之一是專案或產品的版本。

有了清楚的願景，團隊成員能真正投入實現願景。願景是個夢想，但也是夢想讓團隊採取行動使它成真。

願景通常發自特定人，他以各種方式嘗試與其他人分享：

- 談話、教學、或許加上視覺設計，例如 TED 演說
- 重複對大家遊說
- 畫大餅
- 寫下願景陳述

這些都是文件製作。記錄談話影像可能是最好的願景文件製作。

願景必須簡單才能用幾句話遊說。新創公司喜歡寫願景陳述，但這些陳述有時候缺乏深度，因為它們只是偷成功新創公司的願景。

完美的願景陳述輔助物是描繪它並讓它更像是真的故事。

願景陳述通常比較穩定，至少比原始碼與組態資料等其他專案製作物穩定。但公司有可能改變願景，例如在轉向時。

設定好願景後，它可以分割成高階目標。

領域願景陳述

有一種願景陳述專注於產品的業務領域。這種陳述的目的是說明要建構的系統的價值。此說明可能會跨多個子領域，因為一開始沒有人知道該領域如何分割成子領域。領域願景陳述的重點是最重要領域的關鍵面向。

Eric Evans 表示：

> 寫出核心領域的簡短（一頁）說明與它的價值，也就是“價值定位”。忽略與此領域與其他領域沒有區別的部分。展示此領域模型如何服務與平衡不同利益。保持簡短。盡早寫陳述並在有新想法時趕快改[3]。

大部分技術方面與基礎設施或 UI 細節不是領域願景的一部分。

下面是車隊管理業務的加油卡監控的領域願景陳述的例子：

> 加油卡監控每個加油卡交易以檢測司機可能的異常行為。
>
> 檢查濫用模式與各種來源的事實讓系統報告異常，以使車隊管理團隊進一步調查。
>
> 舉例來說，加油卡監控的客戶使用 GPS 功能可以捕捉員工濫報時數、偷油、或用加油卡購物。
>
> 每個加油卡交易與位置歷史會經過車輛特徵驗證，是否符合車輛指派與貨物運輸路線。油錢也可以用於計算是否需要維修。

領域願景陳述對領域主要概念與交付價值很有用。它可以視為還沒製作的軟體的代理。

目標

願景是每個人應該知道並隨時牢記於心的最重要知識。依靠願景做出決定以轉換成解決方案與實作。

---

3 Evans, Eric. *Domain-Driven Design: Tackling Complexity in the Heart of Software.* Boston: Pearson Education, Inc. 2004.

只有願景不足以讓人開始工作，你必須有明確的過程目標，像是在不同團隊間分享工作或探索可行性與替代方案。

目標可用根為願景的目標樹與子目標樹說明。目標在願景的下層，但較說明系統如何建構的細節高。它們在穩定的一邊，層級越高越穩定。

人們必須知道長期目標，它們很重要是因為它們推動很多決策。因此，它們必須保存紀錄。由於它們也在穩定的一端，因此傳統形式的文件適合記錄目標：

- Microsoft Word 文件
- 投影片
- 書面文件

這不表示目標文件很容易做好，還是很容易浪費大量時間製作因為太長或太無聊而沒有人會讀的文件。

> **注意**
>
> 要記得過早決定目標有風險：可能會太早限制專案，此時你知道的不多。這會妨礙專案執行。這是為什麼 Woody Zuill 建議“保持非常高與一般程度的要求直到使用前一刻”[4]，因為它們很容易變化。你不想要因為過早的子目標而過早的拒絕機會。

影響對應

一種探索目標與安排高階專案或業務提議的知識的好方法是 Gojko Adzic 所謂的影響對應[5]。它提議透過互動研討會研究目標並納入替代目標以保持執行過程中選項的開放。這種合作技術簡單且輕量化，它涉及假設與目標的視覺化。

4 Woody Zuill, “Life, Liberty, and the Pursuit of Agility” blog, http://zuill.us/WoodyZuill/2011/09/30/requirements-hunting-and-gathering/

5 Impact mapping, http://www.impactmapping.org/

影響對應圖顯示達成目標的選項與替代路徑。因此它不會像傳統線性道路圖一樣限制執行。

影響對應圖本身是穩定的，但建議兩年重新考慮一次。另一方面，如果你經常發佈，則追蹤專案執行的圖會經常改變，而這不應該透過修改圖來進行。

讓我們以音樂業界公司的影響對應為例，它的顯示方式類似樹狀心智圖：

```
1 減少授權處理費用
2  IT 部門
3    100x 量
4    50% 處理費用
5  銷售部門
6  每小時餵一次統計資料
7  帳務部門
8    線上實時報表（2 秒或更低）
```

影響對應依主要利益關係人將目標分類，包括 IT 部門、銷售部門、帳務部門。它也要求影響對應圖的目標必須以成功指標量化，稱為“效能目標”。

還有 EVO 的 Gilb [6] 方法等類似技巧能以各種方式探索需求。

無論有無影響對應，最好在牆上以標籤建立目標樹。如果你想要乾淨的展示，你可以使用任何心智圖應用程式，例如 MindMup、MindNode、Mindjet MindManger、Zengobi Curio、MindMeister 來記錄與顯示乾淨的圖。

這些應用程式可匯入各種形式的心智圖，包括縮排文字。身為一個純文字製作物愛好者，我最喜歡縮排文字！

6 Gilb, http://gilb.com

投資穩定知識

穩定知識是有長期回報的投資，學習一個主題是成本很高的投資。我學習半衰期為幾年的技術時日子很難過。

業務領域知識（金融、保險、會計、電商、製造等）是最穩定的知識。但由於你不一定會一直在同一個領域，你可能不確定是否要學習特定領域的知識。但也有領域專屬知識可用於其他業務領域。舉例來說，Martin Fowler 的 *Analysis Patterns* 以會計或醫療的模式說明一些幾乎可直接用於金融、保險、電商的模式。

此外，計算機基礎與軟體架構與設計也是穩定知識。閱讀此領域的舊論文與模式不要猶豫。

所以：投資時間與精力在學習穩定知識時不要猶豫。特別是業務領域知識與軟體建構基礎是特別值得學習的長青內容。

領域沉浸

領域知識通常是穩定的，就算是你知道它會隨著時間改變（應該會）。但使用案例、目的、具體範例、與業務從業者交談大部分是長青的。

傳統上，軟體專案本身是學習領域的主要方法。一個任務接著一個任務，每個工作帶來新詞彙與新概念，因為它們是執行工作時的必要部分。這導致幾個弱點：

- 沒有足夠的時間交付工作並深入研究部分業務領域。學習還是膚淺的。
- 許多任務只能靠對業務膚淺的認識完成。有時碰巧可行，但對下一個業務需求是個定時炸彈。
- 就算你決定暫停工作並投入兩個小時學習，領域專家當時不一定有空。

缺少領域知識成為瓶頸時，提早學習該領域很有吸引力。最好的方式之一是沉浸，提早讓團隊沉浸該領域。造訪業務進行的地方，拍照，複製使用的文件。仔細傾聽業務人員交談，如果可以就提問。就你所見畫草圖並寫很多筆記。

領域沉浸也是新人練習以快速認識領域的有效做法。它是另一種形式的知識轉移，直接從現場進行，這也表示它是一種真實形式的文件。

有時不可能到現場，或成本太高，在這種情況下你需要此珍貴知識的廉價替代方案，像是調查牆或簡單的訓練。

調查牆

你可能想要建立發現牆，如同警匪片中的警察釘很多照片、筆記、地圖以使自己沉浸在犯罪中的調查牆。

同樣的，你可以建立釘很多照片、筆記、草圖、業務文件範本的牆以感受實際業務領域。

領域訓練

團隊或部分團隊可從業務領域專業訓練中受惠。

我曾經在一個專案中決定在壓力還不大時提早投資領域知識，因此每兩週在午餐後花 30 分鐘進行訓練課程。看起來像是領域專家的業務分析師或產品經理以領域專家的身分，向團隊說明我們必須知道的一個概念（債券、其他金融標準、其他新法規等）。團隊覺得這種訓練很有用，開發者也很喜歡。

實習活動

“實習”活動是一兩個開發者花一兩天到業務現場跟著某人工作以感受業務、使用他們使用的軟體工具。開發者可能在後面，嘗試不要干擾而只是暗中觀察。但最好是能夠隨時或在暫停時提問。

這種實驗可能會有更多的參與。舉例來說，開發者可能會擔任助理。有些公司還會讓員工交換角色一天。讓開發者做一天會計工作可能是感受他們的工作並因此改進軟體最好的方式。這樣也可以改善使用者體驗。

影子使用者

另一種實習方式是作為影子使用者觀察使用者的行為。開發者以真實使用者身分登入，暗中實時觀察使用者的畫面。觀察他們實際使用軟體達成業務目標的方式很有價值。

影子使用者很明顯在很多情況下不可行——因為隱私權或因為軟體不可存取。

長期投資

這些投資穩定知識的方式可視為投資，因為業務領域通常相當穩定。執行業務的細節隨時改變，但業務還是使用相同的舊概念。我在 2007 年還在讀 1992 寫的金融相關書籍。除了範例不再有效外，該書還是很有用：1992 年的利率範圍在 12% 到 15%，15 年後接近 2%（現在約為 0.2% ！）。

就算是電腦出現前的書也很有趣。

所有以這些穩定知識方法投資的背景知識會每天改善許多決策。學習這些領域專屬詞彙能讓開會討論更有效率。你不再需要在會議開始時花時間澄清這些詞彙。

總結

就算是快速變化的專案也還是有傳統文件的空間，但只限於記錄成長青內容的穩定知識。這一章的範例只是例子而非規則。

注意知識如何變化是減少工作量的好策略，因為它表示你可以為幾乎不會改變的知識建立只需手動更新的文件。在其他狀況下，你需要使用本書所述更動態的文件形式，你需要依靠更多的交談、合作、活文件。

Chapter 10

避免傳統文件

我們擁抱文件，但不是幾百頁從不維護與很少使用的書卷。#agilemanifesto

——*@sgranese* 的推文

我沒有認識很多喜歡傳統形式文件的開發者。我蒐集其他方法很多年，其中有些看起來像文件有些不像文件。這一章接著第 1 章，反對製作文件（見圖 10.1）並探索幾種不經過文件製作技術來保存與分享知識的技術。

圖 10.1 不製作文件是尋找傳統形式文件製作的替代方案的宣言，其中的“不”實際上是“不只是”。我們知道製作文件的目的，但我們不同意傳統方法。不製作文件是尋找更好的在人們之間與跨時間轉移知識的方法

註

文件製作只是一種方法，不是終點，不是產品。

讓我們從識別一起工作且有效率的交談以交換知識的健康團隊開始探索。

關於正規文件的交談

> 交談，比記錄交談更重要，比自動化交談更重要。
>
> ——*@lunivore*（*Liz Kheogh*）

> 打電話可以省下二十封郵件，面對面聊天可省下二十通電話。
>
> ——*@geoffcwatts* 的推文

寫文件通常是製作文件的預設選擇，文件製作一詞通常用於"寫文件"。但我們說需要文件時，我們的意思是需要將知識從某人轉移到另一個人。壞消息是並非所有媒體都有相同的轉移知識效率。

Alistair Cockburn 在二十年間分析了三十六個專案。他在書籍文章中發表他的發現並產生描述不同溝通模式的效率的圖表（見圖 10.2）[1]。

雖然圖 10.2 有點過時，但它總結 Alistair 關於人們一起工作與在白板上討論是最有效的溝通模式，而書面是最沒效率的觀察。

大部分時間，有效的分享知識最好是談話與問答而非寫文件。

所以：讓所有參與者交談重於寫文件。交談不像寫製作物，交談是互動且快速的，它們傳遞感覺且頻寬很大。

---

1 Alistair Cockburn. *Agile Software Development*. Boston: Addison-Wesley Longman Publishing Co., Inc., 2002.

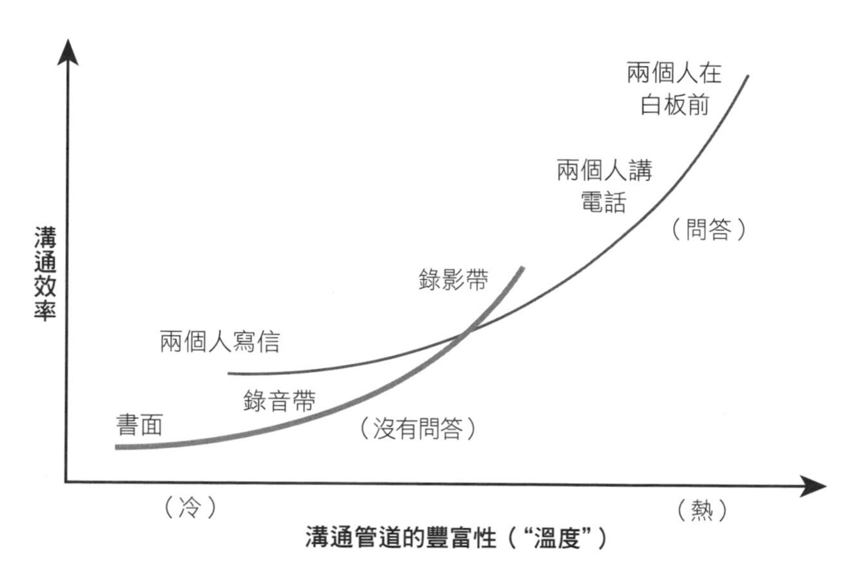

圖 10.2 以溝通管道的豐富性改善溝通效率

交談有幾種重要特質：

- **大頻寬**：交談提供比讀寫更大的頻寬，同樣時間有更多的知識可以有效的溝通。
- **互動**：交談雙方有需要時有機會要求澄清與討論最有用的部分。
- **即時**：交談雙方只討論有興趣的部分。

這些重要的交談屬性使它們成為最有效的分享知識溝通形式。

相較之下，寫文件浪費時間，因為需要時間寫也因為需要時間找有關部分——可能內容與預期不符。更糟的是可能內容是錯的。

Wiio 法則

Osmo Antero Wiio 教授發明的 Wiio 法則表示人類溝通通常會失敗，除非是意外[2]：

2 http://jkorpela.fi/wiio.html

- 溝通通常會失敗，除非是意外
- 若溝通有失敗的可能，則溝通會失敗
- 若溝通不可能失敗，則溝通還是會失敗
- 若溝通看起來成功，一定有什麼誤會
- 若你對你的訊息感到滿意，溝通鐵定失敗
- 若訊息有多種詮釋方式，它會以傷害最大的方式詮釋

人類溝通最好的方式是互動對談，有機會讓資訊接收方做出反應、否認、複述、要求更多說明。這種回饋機制是改正 Wiio 教授強調的單向溝通問題的基礎。

Alistair Cockburn 在他的 *Agile Software Development* 表示過類似的發現：

> 要讓溝通盡可能有效，必須改善接收方跨越始終存在的溝通障礙的可能性。發送方需要接觸到與接收方共享經驗的最高層次。在這個過程中，雙方應該不斷的向對方提供回饋，這樣他們就能發現自己在多大程度上沒有達到自己的目的[3]。

面對面、互動、自發形式的文件是改善 Wiio 教授強調的誤解最好的方式。若利益關係人與團隊的溝通良好，則什麼都不會改。你無需寫文件。

註

敏捷文件製作的目標是以多種方式"幫助人們互動"：

- 知道要接觸誰
- 認識專案、方針、風格、啟發
- 分享相同的詞彙
- 分享相同的思維模式與隱喻
- 分享相同的目標

3 Alistair Cockburn. *Agile Software Development.* Boston: Addison-Wesley Longman Publishing Co., Inc., 2002.

三詮釋法則

Jerry Weinberg 也寫了關於詮釋接受訊息的問題，他提出如何檢查你理解的所謂的三詮釋法則：

> 若我無法對接收到的訊息想到至少三個不同的詮釋，則我還沒有想清楚它的意義[4]。

這個法則不能證明你的詮釋是對的，但它幫助避免覺得第一個想到的詮釋就是對的。

交談障礙

若人們很容易在工作場所交談，則不需要強調交談的重要性。不幸的是，通常不是如此。

多年來把文件遞出去的工作方式讓許多人養成了除了在會議上交談之外不進行交談的習慣。在會議上，交談通常是談判。具有政治和資訊保留的企業環境也訓練了同事們不要過早的分享太多的知識，才能留在遊戲中並維持權力，包括阻擋權力。

與相同團隊或部門或專案或位置的人相比，不同團隊或部門或專案或位置的人比較少交談。他們比較常使用較冷（無互動）與較無效率的模式溝通，例如電子郵件或電話而非面對面溝通。注意階級距離（也就是不同管理層）與地理距離造成的障礙程度一樣很重要。

4 Weinberg, Gerald M. *Quality Software Management Volume 2: First-Order Measurement.* New York: Dorset House, 1993.

合作持續分享知識

活動的權責是另一個交談障礙：

> 產品“經理”
>
> 產品“負責人”
>
> Scrum“大師”
>
> 我搞不清楚為什麼人們不合作！
>
> ——*@lissijean* 的推文

> 缺陷追蹤系統不會提升程式設計師與測試者之間的溝通。它們可避免雙方直接交談。
>
> ——*Lisa Crispin* 與 *Janet Gregory*，*Agile Testing*[5]

依職能將人分隔成 Dev、QA、BA 等團隊是減少交談的好方法。打官腔也會降低人們一起開會與討論的可能性：

> “我是測試者，我必須等開發完成才能開始測試”
>
> “我是 BA，所以我必須在問題交給開發者實作前獨立解決問題”
>
> “我是開發者，我執行事先定義好的工作，且我的工作不是在寫好後進行測試”

我聽說過有些業務分析師很難想像沒有寫大量文件，這會讓他們的工作看不到。他們似乎認為只是討論不足以證明他們對專案有幫助。我們可以看到系統變得多不合理，產生浪費（大量早期文件）是因為要讓老闆看到而不是因為本身有價值。害怕失去工作或求個人表現導致這種負面行為。

5 Crispin, Lisa, 與 Janet Gregory. *Agile Testing: A Practical Guide for Testers and Agile Teams.* Hoboken: Addison-Wesley, 2009.

然而，合作是持續分享知識的機會。要確保每個人知道唯一的目標是交付價值。讓工作環境對每個人都安全。就算是文件寫得很少，傳統的 BA 與 QA 團隊成員還是有必要，但必須轉換成持續對所謂的專案或產品有貢獻。

所以：要確保每個人經常交談並減少寫文件的時間且沒有人會因此覺得愧疚。鼓勵合作重於個別工作崗位。擁抱合作能持續分享知識的想法。無論如何要確保將最重要的知識保存在某處。

讓每個人，甚至是不同團隊的人，大部分時間坐在一起，盡可能在同一張桌子，使自發性的溝通可進行而沒有障礙。

交談是好事。建構軟體時，我們必須交談，我們必須寫程式。持續與一個或多個同事合作同時進行是個好想法。

合作有許多好理由，包括為使用者與維護者改善軟體品質，因為會持續的審核與持續的討論設計。

但合作與經常交談也是特別有效的文件製作形式。結對程式設計、跨程式設計、眾人程式設計、三人行都能改變文件製作，因為知識在建構或應用在任務的同時也持續交換。

結對程式設計

> OH：“眾人程式設計如同結對程式設計的 RAID6”。
>
> ——*@pcalcado* 的推文

> 結對程式設計：減少電子郵件、開會、寫文件的最佳方法！
>
> ——*@sarabmei* 的推文

結對程式設計是來自 Extreme Programming 的關鍵技術。若程式碼審核很棒，何不隨時進行？

在結對程式設計中，稱為*司機*的寫程式的人說明發生什麼，而觀察者以確認、意見、更正、任何其他類型的回饋來回應。又稱為*領航者*的觀察者與司機討論進行中的工作、建議可能的步驟與解決問題的策略。

你現在可能不喜歡結對工作，但可以在工作上透過程式設計道場或程式設計撤退學習。結對程式設計有各種方式，像是乒乓結對是一個人寫失敗測試然後將鍵盤交給另一個人讓它通過與重構。

為了盡可能分享知識以真正做到合作負責，結對程式設計很常交換合作夥伴。交換根據團隊可能每小時、每天、每週一次。有些團隊沒有固定週期，但要求任何任務不能由一開始的一對完成。

跨程式設計

跨程式設計是觀察者非開發者而是業務專家的結對程式設計。這在程式設計任務需要深入認識業務領域時是一種有效率的合作形式，因為電腦前面的這一對更熟悉業務而使得決策更有效率。這個名稱是我的同事 Houssam Fakih 為研討會的演講取的[6]。

眾人程式設計

> 眾人程式設計是一種軟體開發方式，團隊同時、同地、在同一台電腦進行同一個工作。這類似兩個人同時、同地、在同一台電腦進行同一個工作的結對程式設計。眾人程式設計擴展的團隊所有人，還是在同一台電腦上寫程式並將它加入程式庫中。
>
> ——*mobprogramming.org*

> 所有聰明人同時、同地、在同一台電腦進行同一個工作。
>
> ——*Woody Zuill*[7]

6 @Houssam, https://speakerdeck.com/fakih/cross-programming-forging-the-future-of-programming

7 Zuill, Woody. "Mob Programming–A Whole Team Approach," https://www.agilealliance.org/wpcontent/uploads/2015/12/ExperienceReport.2014.Zuill_.pdf

眾人程式設計是新的穩定合作程式設計形式並很快的受到歡迎。若 Extreme Programming 將程式審核旋鈕轉到 10，則眾人程式設計將它轉到 11。

在眾人程式設計中，結對輪替使每個人一定會參與每個任務中，因此每個人知道每個任務。這就是合作負責一同時在同一個地方。

五個人的眾人程式設計團隊中，知識分享沒有問題，因為它持續、隨時進行。有人出外開會時，其餘人繼續工作，幾乎不受影響。

三人行（或更多人）

> 產品負責人、開發者、測試者三人坐在一起討論開發中系統的某件事。產品負責人說明使用者故事。開發者與測試者提問（並建議）直到他們認為已經回答過基本問題“我如何知道這個故事已經達成？”。
>
> 不論如何完成，這三個人（採自俚語）必須對此基本條件達成共識，否則事情就會出錯。
>
> ——*George Dinwiddie, http://blog.gdinwiddie.com/2009/06/17/if-you-dont-automate-acceptance-tests/*

三人在規格研討會中合作的概念是 BDD 方法的核心。相較於結對程式設計、跨程式設計、眾人程式設計，三人行不寫程式而是建立說明軟體預期業務行為的情境。但所有參與者還是負責此情境，將它寫在書面記錄或自動化測試工具（例如 Cucumber）的人也算。雖然統稱為“三人行”，實務上還有其他與成功有關的人參與（舉例來說，UX、Ops）。

事件激盪作為加入程序

Alberto Brandolini 發明的事件激盪[8]是在大牆面上使用自黏便籤的合作模型設計活動。他說有些團隊發現有新成員加入團隊時進行事件激盪很有價值，可作為快

8 https://www.eventstorming.com/

速加入機制。我可以作證事件激盪真的很好。身為一個參加新領域的新團隊的顧問，我必須盡快學習新領域。最近我經常使用事件激盪活動，就算是團隊已經做過很多次也一樣。你可以在兩個小時內從這種活動學到的東西真的很了不起。

最近有個領域專家在事件激盪會議中表示他已經寫好領域的圖表。我們要把事件貼在牆上時，他把圖畫在白板上。他的圖在許多方面都比牆上的事件完整。但互動研討會形式意味着我們都更關注我們的貼紙牆，而不是僅僅關注靜態圖表。會議變成了一個比較圖表和事件牆以更好的理解兩者的遊戲，過程中出現了許多新的見解。

知識轉移會議

知識轉移（knowledge transfer，KT）會議在沒有結對程式設計或眾人程式設計的公司中很常見。團隊規劃 KT 作為定期工作與加上簡短的文件以確保知識確實分享並很好的認識。根據 Wiio 法則，這是個好主意。典型的 KT 例子包括在部署釋出前交換知識而 Ops 在組織的另一個地方。這種情況下的分享知識的一種方式，是根據部署文件與所有自動化部署做法執行部署演習。在這種方式下，任何議題、問題、錯誤可在過程中快速發現 - 全部都在正常工作時間中發生。

當然，另一種方式是開發者與 Ops 直接合作進行準備、組態、記錄所有部署程序。KT 可在傳統公司中作為這種方向的一個步驟，如同程式碼審核的下一步是結對程式設計。

持續文件製作

合作形式最適合程序文件製作。面對面互動交談是最有效率的溝通形式，而結對程式設計、跨程式設計、三人行、眾人程式設計將有效交談的機會最大化。文件製作發生在最需要的時刻。必須知道它的人可以看到並立即提問澄清。

任務完成時，這些人可能會記得一部分重要知識並忘記其餘部分。若有人休假，知識還是安全的保存在同事的腦袋中，因此少了某個人不會阻礙工作進行。

卡車因素

合作對改善專案的卡車因素很好（也就是團隊中有多少人被卡車碾過去會造成專案嚴重問題的人數）。卡車因素評估資訊在個別團隊成員的集中程度。卡車因素為 1 時，表示只有一個人知道系統的關鍵部分，若這個人有狀況，則很難復原該知識。

專案的各個部分有多人參與時，知識自然的在更多人間複製。有人休假或離職或開會時工作還可以繼續進行。

小的卡車因素表示某人是專案的英雄，有很多知識沒有分享給其他團隊成員。這對專案彈性絕對是個問題，管理者應該要清楚。引進合作程式設計形式是緩和這種風險的好方法。將英雄調動到附近其他單位也是另一種處理方式。

咖啡機溝通

並非所有知識交換都是計劃中的。輕鬆環境中的自發討論通常效果更好，值得推廣。

咖啡機或飲水機旁的隨機討論很有價值，有時最好的知識交換是自發的。你遇到一兩個同事並開始交談，然後你們有時會發現有共同利益的主題。你可以從非專業主題開始。在這種情況下，你建立聯繫，這很有價值。選擇專業主題時，你開始最好的溝通形式：選擇這個主題是因為你們有共同的利益。你有關於目前任務的問題，其他人樂意回答或説自己的經驗故事。

我相信這種溝通是交換知識最好的方式，主題基於共同利益開放選擇。它是互動的，有問有答且有很多自發的説故事，需要多久就聊多久。我有時沒有參加開會是因為咖啡機旁的討論比參加會議更有意義。

用於見面的開放空間技術是為更多人的咖啡機溝通而設置的。兩英尺法則指出每個人都可以自由的移動到最感興趣的地方。其他重要的原則是“在那裡的人是對的人”，以及“無論何時開始，都是對的時間”。

為了讓這種溝通可行，咖啡機旁邊必須沒有階級壓力。每個人可以任意的跟 CEO 交談。

所以：不要忽略咖啡機旁邊、飲水機旁邊、或放鬆空間中隨意的聊天的價值。製造見面機會並隨便聊。必須在所有閒聊中忽略階級身分。

Google 與其他網路公司以設施鼓勵人們碰面聊天。不信可以問著名 Google 人 Jeff Dean。身為 Google 人 20 載，Dean 有很多成就，包括廣告系統的設計與實作。Dean 將他不熟悉的深度學習推向新高峰，靠的是與同事喝的 20000 杯咖啡。Dean 告訴 Slate：“我不懂神經網路，但我懂分散式系統，我到餐廳或任何地方找人討論。跟專家聊天與合作可以很快的學習並解決很多大問題”[9]。

La Gaité Lyrique 是巴黎的數位藝術家中心，其中有辦公室與會議室，但員工喜歡在公開場合開會（見圖 10.3）。他們甚至提供啤酒，但我沒有看過它的員工在白天喝酒。

我花很多時間在該中心寫這本書。我體驗到傳統工作環境與封閉會議室沒有的好處：

- **氣氛**：由於人來人往，許多人享受著茶酒，氣氛相當放鬆。這很愉悅，且鼓勵人們更有創意的思考。你可以選擇沙發或餐桌椅。討論嚴肅的主題時，我每次都選擇休息室！討論圖表時，我選擇餐桌椅。

9 Tech Crunch, http://techcrunch.com/2015/09/11/legendary-productivity-and-the-fear-of-modern-programming/

圖 10.3 進行大部分會議的非正規場合

- **即興討論**：舉例來說，La Gaité Lyrique 的總監要與兩個員工開會。他們不登記會議室，討論完總監就抓附近參加別的會議的人繼續討論。

想到在企業界忙著約忙碌的客戶到無聊的會議室開會的沮喪，我很嫉妒 La Gaite Lyrique 的員工有更好的合作體驗。

待在那裡也表示我有機會向總監本人隨意提問——不需要預約、沒有秘書過濾。哇！

總監表示絕對鼓勵非正式會議。在中心享樂而不是工作不會是問題，因為每個人有自己的責任，不管是如何、何時、何處、多久的工作。隨意碰面可任意在任何地方進行，例如咖啡機旁邊。

當然咖啡機溝通不適合所有狀況。它不保證能在咖啡機旁邊找到你想要找的人，這種地方沒有白板也沒有電話會議系統，它也沒有隱私。

註

交談、合作、自發的知識分享場所是大多數知識的理想文件製作形式。然而，這種方法不能擴展到大量的人，且所有的團隊成員都離開了或者忘記了來自遙遠過去的知識時，這種方法對於長期的知識來說是不夠的。對很多人感興趣的知識來說，這是不夠的，對那些重要的知識來說，這是不夠的。有時你需要更多的東西，需要一種從非正式到更正式的方式。

想法沉澱

> “記憶是思考的殘渣”—簡單但深厚的領悟對我的工作很重要。我更重視它。
>
> ——*@tottinge* 的推文

要弄清楚一項知識是否重要需要時間。很多知識只有在它被創造出來的那一刻才是重要的。你可能會爭論設計選項、嘗試其中一個、發現它是錯誤的、然後嘗試另一個。一段時間後，可能很明顯這是正確的選擇，並且這個選擇在程式碼中是可見的。它已經在那裡。沒有必要再做什麼了。

你們在咖啡機旁邊討論選項。你在心裡模擬它們的表現。每個人都同意最好的選擇。然後回到他們的電腦去實現它。討論中所交換和創造的知識*在當時*是很重要的。但第二天，它已經只是一個細節。

有時，即使過了一段時間，其中的一些知識仍然很重要。它得到了增強，直到它值得記錄下來，供更多的受眾在未來分享。

所以：人少時使用交談、草圖、便籤等快速、簡單的知識交換方法。只對證明有用、重要、每個人都應該知道、特別是大規模的知識採用重量級文件製作。

從即興交談開始，然後固定重要部分，無論是增強程式碼、長青內容、或其他持久的東西。

變換生命期的知識可透過手機拍照、手寫筆記等捕捉（見圖 10.4）。但這些形式的文件之後經常會被忽略。

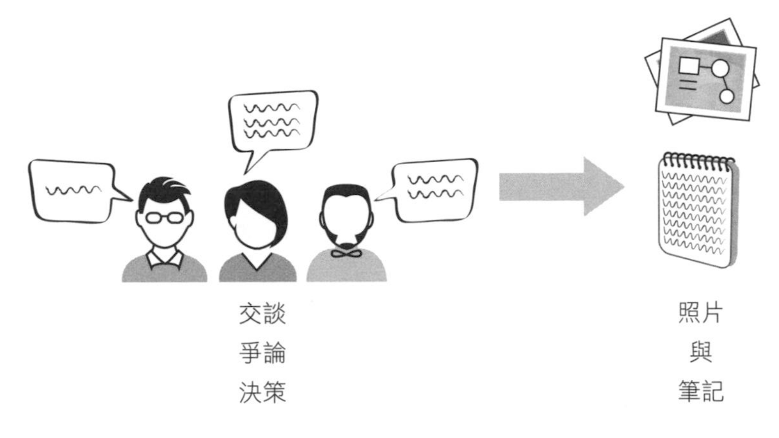

圖 10.4 交談記錄

沉澱的隱喻類似溪流積沙。沙粒的移動很快，但有些沙粒會慢慢沉積在河床。醒酒瓶是類似的程序（圖 10.5）。

圖 10.5 粒子沉積在醒酒瓶底部

用餐巾紙草圖記錄設計，然後如果有必要就轉換成可維護的東西，例如純文字圖表或活文件或可見測試。

使用條列記錄品質屬性，然後若沒有改很多，將條列轉換成可執行的情境。

拋棄式文件

有些文件只在一段時間有用且之後可以刪除。舉例來說，你對某個問題進行設計時需要一個圖表。解決問題後，該圖表立即失去大部分的價值，因為不再有人會在乎圖表的焦點。下一個問題需要另一個完全不同的圖表與另一個完全不同的焦點。

所以：拋棄特定問題的文件不要遲疑。

將值得保存的圖表轉換成部落格文章，將圖表當做插圖說出故事。

一種重要的文件轉變是關於規劃的所有東西，例如使用者故事與關於評估、追蹤等的所有東西。使用者故事只在開發前有用。燃盡圖只在迭代時有用（你可能想要記錄統計資料然後檢視規劃與評估有多困難，但這是另一回事）。你可以在迭代後拋棄使用者故事標籤紙。

依需求的文件製作

最好的文件是你真正需要且符合目的的文件。最好的達成方式是依需求建立文件以應付實際需求。

你現在的需求是從真人得到證實的需求。它不是某人在某時會用到的某個東西。你現在的需求精確且有目的，可以用一個問題表示。要做出來的文件必須回答該問題。這是決定何時製作關於什麼主題的文件的簡單演算法。

所以：避免猜測應該要記錄什麼。相反的，注意所有提問或沒有問但應該問的問題，它是某些知識應該被記錄的信號。

即時文件製作

文件最好是即時製作的。文件的需求是精確的回饋，“知識缺口”信號應該觸發某些文件活動回應。最重要的文件可能是遺漏的文件。傾聽知識沮喪以判斷何時填補缺口。

> **註**
>
> 即時文件的想法受精實的牽引系統啟發。*牽引系統*是客戶有需要或生產程序的下一步有需要時，交付貨物或服務的生產或服務程序。

你可能不會為每一個問題花時間製作文件。必須有一些調節：

- 遵循“兩次法則”：必須回答同一個問題兩次時，開始製作相關文件。
- 開源專案有時依靠社群投票決定要做什麼，包括文件製作。
- 商售產品有時依靠網站分析決定要做什麼，包括文件製作。
- Peter Hilton 在 Documentation Avoidance 有自己的看法，類似兩次法則：
  1. 不要寫文件
  2. 鬼扯，“wiki 上面有”
  3. 還是不要寫文件
  4. 若還是找來了，假裝沒看見
  5. 只好寫文件
  6. 然後不經意的說“你找到了”[10]

10 Peter Hilton, https://www.slideshare.net/pirhilton/documentation-avoidance

實務上，你可以保持低科技：每次被要還沒有寫任何文件的資訊時，用標籤紙記錄請求並貼在牆上。

收到類似資訊的重複請求時，團隊可以用簡單投票機制決定是否用最少的時間寫文件。

從手動與非正式開始。在團隊活動時觀察並討論標籤紙紀錄；根據團隊決策拋棄或升級成自動化文件任務。

然後從互動説明開始，使用現有或改善後的支援：瀏覽原始碼、在 IDE 中搜尋與視覺化、在紙上或白板上繪製、甚至是使用 PowerPoint 或 Keynote 作為繪圖板（需要大量的“複製與貼上修改”時使用工具會比較方便）。然後立即重構重要部分成為小段落文件。你從與同事的互動得知什麼部分是必要的。若有什麼東西很難懂或是意外或有“啊！”的時刻，則它或許值得為其他人保存。

Peter Hilton 有另一個很妙的寫文件技巧，他稱為“反向即時文件”：

> 相較於事先寫文件，你可以在論壇提問讓別人寫即時文件（然後把答案貼到文件中）[11]。

及早激發即時學習

從程式碼到產品的改正錯誤或小修改，是快速學習應用程式與完整開發程序的好方式，這是為什麼很多公司將改正錯誤與小修改當做是新人訓練程序。這會產生知識需求，它本身會觸發找出知識來源的需求：人、製作物、任何東西。

有些新創公司有個“你在入職一兩天內必須自行在有些指導下交付什麼東西上線”的政策。它強迫你快速的發現完整的程序與有關的同事。它也表示信任：相信你可以立即交付一些東西。它也表示對程序、測試、開發自動化策略有信心。你不只學習程式碼，你還學習到可以信任交付方法與修改時間通常很短。它也是

11 Peter Hilton, https://www.slideshare.net/pirhilton/documentation-avoidance

獲得新程序回饋的好辦法。若工作站的安裝與需求條件的設定需要兩天以上，則你無法在兩天內交付任何東西。若必須有人幫助開發者設定，則你需要更好的文件或更好的自動化程序。文章的交付管道與其他重要的東西也是如此。

若新員工必須學習公司中特別的東西，新人會告訴你可改用標準的替代方案。

令人驚訝的報告

新人的超能力是新觀點。令人驚訝的報告是簡單有效的學習什麼應該記錄與什麼應該改善的工具。

要求新人報告第一天工作時發現什麼令人驚訝的事情。就算是來自同一個公司或類似的背景，他們還是有可能帶來新觀點。建議新人用筆記本立即在注意到什麼東西令人驚訝後記錄下來。最重要的是要保持坦率，所以觀察期要短，例如兩天或一週。即使是兩天的時間也可能足夠讓你適應，所以奇怪的事情就不再那麼奇怪了。根據評論進行改進。

納入一些事前文件

> 成為你小時候想要成為的大人。專案開始時寫下你的希望。
>
> ——*@willowbl00* 的推文

有時候依需求文件方法可由事前文件補充。問題是你可能建立沒有用的文件。好處是對人有幫助的基本知識不需等待兩次法則觸發。

假設你是專案的新人，什麼都不知道。若你記得加入時是怎麼樣，事情就簡單多了。然後建立你希望能找到的理想文件。

但知識的詛咒會讓這種方法變得無效。你已經知道時，就不再能想像不知道時是怎麼樣。

事先很難猜測哪些資訊對其他你還不知道、並嘗試執行你無法預測的任務的人有用。然而，還是有些線索可以幫助你判斷什麼資訊應該現在記錄：

- 每個人都認為該記錄。
- 熱門主題（有爭議）。
- 討論很久了，例如在衝刺段規劃活動過程中。
- 曾經被一些人誤解過。
- 很重要，沒有辦法猜測或從程式碼推斷。
- 應該重構以避免需要文件，但現在不能做。Andy Schneider [12] 有一段關於每天改善文件的說法：“保存你增加的價值”。

格言“將你正在寫的程式碼加上註解，使下一個人不必重複經歷相同的苦難”並沒有告訴你什麼時候做或不做文件。還是要靠你的判斷，但它的重點是要為其他人保護價值。

激勵依需求的文件製作的技巧是透過技能矩陣或知識待辦項目定義文件內容。

知識待辦項目

知識待辦項目由每個團隊成員在標籤紙寫下他想要有的知識，然後每個人將標籤紙貼在牆上，並讓大家憑感覺或計點投票決定應該先記錄什麼。這會變成你的知識待辦項目。每隔幾週或每個迭代取出一或兩個項目並決定如何處理它們，無論是透過結對程式設計、增強程式碼使架構明顯、或將特定領域知識記錄成 wiki 上的長青文件。

建立知識待辦項目活動可以在回顧中完成。

---

12 Andy Schneider 是 OOPSLA 2001 Workshop 寫“Software Archaeology：Understanding Large Systems”意見書的出席者，https://web.archive.org/web/20081121110405/http://www.visibleworkings.com/archeology/schneider.html。

但要注意待辦項目變大並避免使用電子追蹤系統；白板下面的標籤紙就夠了，空間不足可提醒你保持小待辦項目。

技能矩陣

另一種建立知識待辦項目的方法是建立預先定義領域的技能矩陣，並要求每個團隊成員交待自己在每個領域的熟悉程度。這個方法有其侷限性，就是矩陣會反映建立者的觀點，並忽略被此人忽略或疏忽的技能領域。

如 Jim Heidema 在一篇部落格文章中所述，你可以使用技能矩陣作為包含許多象限的圖表[13]。這是一張可以張貼在房間裡的圖表，用來確定所需的技能和團隊成員。左欄列出所有團隊成員，在最上面列出了團隊中需要的各種技能。然後每個人檢視各自的欄與每個技能，然後根據圖表下方的範圍確定可以滿足多少個象限。範圍從沒有技能到教授每一欄的所有技能：

0：沒有技能

1：基本知識

2：執行基本任務

3：執行所有任務（專家）

4：教授所有任務

技能矩陣顯示缺乏技能時，你必須規劃訓練或以某種方式改善文件製作。

互動文件製作

寫文件沒有互動的機會。如 Jukka Korpela 對 Wiio 法則的評論，寫文件時"如同書或網頁或新聞，因為作者在某處參加了對話"[14]。

13 Jim Heidema, Agile Advice blog, http://www.agileadvice.com/2013/06/18/agilemanagement/leavingyour-title-at-the-scrum-team-room-door-and-pick-up-new-skills/

14 Jukka Korpela, http://jkorpela.fi/wiio.html

寫文件要有用就不只是打字工作。George Dinwiddie 在他的部落格建議“記錄讀者可能有的問題”並“給多人審核”[15]。寫文件應該像是記錄可行的互動交談，讓它更有可能再次可行。

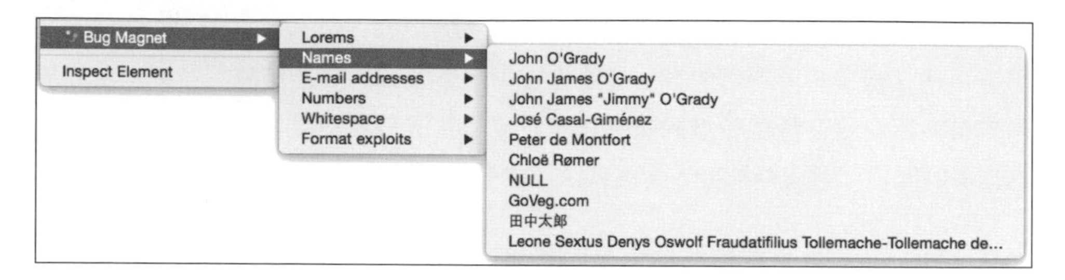

圖 10.6 BugMagnet

但你也可以發揮書面功能的極限，因為我們身邊有些科技可以使用。你可以建立某種程度的互動文件。

舉例來說，Gojko Adzic 以 BugMagnet 將測試檢查清單轉變成瀏覽器中的額外選單（見圖 10.6）[16]。

點擊選單的 Names 然後點擊 NULL 會以 `"NULL"` 字串填入瀏覽器中的編輯欄位。它還是手動輸入表單的檢查清單，但 Gojko 讓它更互動一點。注意清單導覽的提示效果：它需要被使用，至少要比列印出的檢查清單多。

所以：盡可能使用互動文件而非靜態書寫文字。使用超媒體透過連結去導覽內容。將文件轉換成檢測器、任務助理、搜尋引擎等工具。

你已經看過周圍幾個互動文件的例子：

- 超媒體文件與導覽連結，例如 Javadoc 與其他語言類似功能產生的文件

15 George Dinwiddie, http://blog.gdinwiddie.com/2010/08/06/the-use-of-documentation/

16 BugMagnet, https://github.com/gojko/bugmagnet

- Pickles 等將 Cucumber 或 SpecFlow 報表變成互動網站，或一開始就是互動的 Fitnesse 等工具
- Swagger 等將網路 API 轉換成互動網站的工具，它們有內建的直接發送請求並顯示回應的功能
- 你的 IDE 有很多按鍵或滑鼠點擊文件製作功能：呼叫堆疊、搜尋型別或參考、型別階層、搜尋、從程式設計語言抽象語法樹中尋找等

如下一節所述，文件製作自動化可讀形式能進行互動式發現：你可以執行與修改自動化程式（腳本與測試），以於修改它並檢視結果時更深入的認識主體。

宣告式自動化

每次自動化一個軟體任務時，你也應該利用機會讓它作為一種文件。軟體開發在各方面越來越多自動化。過去數十年間，常見工具改變了我們工作的方式，以自動化程序取代重複的手動任務。持續整合工具將軟體從原始碼建置自動化，它們甚至在遠端機器上自動執行測試。

Maven、NuGet、Gradle 等工具將擷取所有相依性自動化。Ansible、Chef、Puppet 等工具宣告與自動化所有 IT 基礎設施的組態。

此趨勢中有些事情很有趣：你必須說明要什麼才能自動化。你宣告程序，然後工具解譯與執行使你不必自己動手。好消息是你宣告程序時也在製作文件——不只是為了機器，也為了人類，因為你也必須維護它。

所以：將程序自動化時，利用此機會製作此程序的主要文件形式。偏向宣告式組態的工具而非規範風格的腳本。確保宣告組態主要是為了人類受眾而不只是工具。

宣告式組態的目標是作為程序的單一事實來源。這是同時為人類與機器製作文件的好例子。

在所有新的自動化工具出現之前，我們做了什麼？在最糟糕的情況下，這個過程是由一個對如何操作有知識的人手工完成的。他不在的時候根本沒有辦法做到這一點。運氣還好時，會有一個 Microsoft Word 檔案用混合的文字和命令描述了這個程序。然而，有幾次你試着使用它時，如果不向作者提問，你幾乎不可能成功：漏了一些部分，還有一些部分已經過時，而且有錯誤的指示。這是一個帶有欺騙性的手動程序。運氣很好時，會有一個腳本可以自動化這個程序。

但發生錯誤時，我們還是得找作者幫忙改。還有其他不完整且過時的 Microsoft Word 檔案假裝能說明該程序以滿足管理階層。它是個自動化程序，但還是沒有可用的文件。

現在我們弄清楚了，解決前述問題的關鍵字是*宣告式*與*自動化*。

宣告式風格

視為文件的製作物必須有表達性且容易被人理解。它應該說明意圖與高階決策而不只是如何發生的細節。

命令式腳本照規定、一個命令一個動作，無法進行重要的自動化。它們只專注於*如何*，而導致*如何*的重要的決策與反映只能以註解說明，如果能說清楚的話。

另一方面，宣告式工具更能支援文件製作，因為兩個原因：

- 它們已經知道如何做低階工作，這些工作已經由專門的開發者寫出可重複使用的現成模組。這是個抽象層。
- 它們提供宣告式領域專屬語言，更精確且更具說明性。這種 DSL 是標準的且本身的文件寫得很好，較你自己寫的腳本語言更可讀。這種 DSL 通常以無狀態與冪等的方式說明狀態；排除目前狀態使得說明更簡單。

自動化

自動化是讓宣告知識真實的基礎。你使用現代化自動化方法頻繁執行程序，甚至是持續執行或每小時十幾次。有好的壓力讓它保持可靠與更新。你必須聰明才能減少維護。你依靠的自動化因此變成在宣告程序有錯時很明顯的調節機制。

它發生過革命，或者是演化。最終你獲得最新、確實是你要的知識，用你討論它的方式。工具越來越接近我們思考的方式，這在很多方面改變了全局，特別是文件製作方面。

宣告式相依管理

在建置自動化中，又稱為套件管理的相依性管理是建置程序中的重要工具。它們會下載包括中間相依性的函式庫、解決衝突、跨多個模組支援你的相依性管理策略。

在自動化之前，管理需手動進行。你會手動下載某個版本的函式庫到 /lib 資料夾，然後儲存到原始碼控制系統中。若相依檔案還有相依檔案，你必須檢視網站並下載這些檔案。轉換到新版本時必須全部重來一次，這不好玩。

大多數程式設計語言有相依性管理員：Apache Maven 與 Apache Ivy（Java）、Gradle（Groovy 與 JVM）、NuGet（.Net）、RubyGems（Ruby）、sbt（Scala）、npm（Node.js）、Leiningen（Clojure）、Bower（web）等等。

為自動化執行，這些工具需要你宣告所有直接相依。你通常寫在 *manifest* 文字檔案中。此 manifest 是說明要抓什麼才能建置應用程式的清單。

使用 Maven 時，宣告寫在稱為 pom.xml 的 XML 檔案中：

```
1  <dependency>
2  <groupId>com.google.guava</groupId>
3  <artifactId>guava</artifactId>
4  <version>18.0</version>
5  </dependency>
```

在 Leiningen 中，宣告寫在 Clojure：

```
1  [com.google.guava/guava "19.0-rc1"]
```

無論是什麼語法，相依性宣告需要三個值：群組 ID、製作物 ID、要求版本。

在某些工具中，要求版本不只可以指定例如 18.0 一個版本，還可以指定範圍 [15.0,18.0)（表示從 15.0 到 18.0），或 LATEST、RELEASE、SNAPHOT、ALPHA、BETA 等特殊關鍵字。你可以從這些範圍概念與關鍵字看到工具已經學會在開發者的抽象思考層級工作。表示相依性的語法是宣告式的，這是件好事。

使用宣告式自動化，相依性宣告也是相依性文件的單一事實來源。知識已經寫在相依性 manifest 中。因此無需再於另一個檔案或 wiki 列出這些相依性。若你做出這個清單，你會有忘記更新它的風險。

但，同樣的，目前相依性宣告漏掉一個東西：不只要宣告工具的要求，還有相對應的理由。你必須記錄理由使未來的新人能快速的掌握每個相依性背後的理由。新增一個相依性應該不會太簡單，因此能判斷合理的原因是個好事。一種做法是對檔案中的相依性紀錄加上註解：

```
1  <dependencies>
2    <!-- 理由：非常輕量化的 JDBC 替代品，沒有魔法 -->
3    <dependency>
4        <groupId>org.jdbi</groupId>
5        <artifactId>jdbi</artifactId>
6        <version>2.63</version>
7    </dependency>
8  <dependencies/>
```

你可能想要加入說明，但不需要這麼做，因為它已經在相依性本身的 POM 中。在 Eclipse 等 IDE 中，很容易用按下 Ctrl（或 Mac 的 Cmd）找到相依性的 POM。將滑鼠移到 POM 中的相依元素上，它會變成直接跳到相依性的 POM 的連結，如圖 10.7 所示。這是整合文件與宣告式自動化的混合。了不起！

```
<dependencies>
    <dependency>
        <groupId>com.google.guava</groupId>
        <artifactId>guava</artifactId>
        <version>RELEASE</version>
    </dependency>
    <dependency>
```

圖 10.7 在 Eclipse 的 POM 編輯器中導覽 Maven 相依性

相依性的知識與其版本是否可存取？視受眾而定。對開發者來說，最可存取的方式是檢視 manifest 並使用 IDE，不需要其他東西。使用版本範圍或關鍵字時可能有個問題，你只看 manifest 是不知道在某個時刻抓到實際的版本。但開發者知道如何查詢相依性管理員以取得資訊。舉例來說，在 Maven 會執行：

```
mvn dependency:tree -Dverbose
```

對非開發者而言，你會想要擷取與發佈有意義的內容到 Excel 文件或 wiki。但非開發者真的對這種知識感興趣嗎？

宣告式組態管理

> 很抱歉花這麼久時間，我搞丟 bash 歷史所以不知道上一次是怎麼改的。
>
> ——*@honest status page* 的推文

組態管理較相依性管理更複雜。它涉及應用程式、服務、檔案等各有很多屬性且有相依性的資源。但有些工具採用與相依性管理員以及它們的 manifest 相同的宣告式方法。使用這些工具時，你應該不常使用命令列，與圖 10.7 所示的情境相反。

最常見的組態管理工具是 Ansible、Puppet、CfEngine、Chef、Salt。但其中有些是命令式（Chef），而其他是宣告式（Puppet 與 Ansible）。

舉例來說，Ansible 表示它是 "使用非常簡單的語言 [...] 能讓你以普通英文描述你的自動化工作" [17]，這是典型的宣告式方法，如 Big Panda 部落格所述：

17 https://www.ansible.com/overview/how-ansible-works

> Ansible 的哲學是劇本（無論是伺服器準備、伺服器協調、應用程式部署）應該是宣告式。這表示寫劇本不需要知道伺服器目前狀態的知識，只需要理想狀態[18]。

Puppet 有類似的哲學。下面摘自管理 NTP 的 Puppet 宣告：

```
1  # 註解…
2  service { 'ntp':
3    name      => $service_name,
4    ensure     => running,
5    enable    => true,
6    subscribe => File['ntp.conf'],
7  }
8
9  file { 'ntp.conf':
10   path    => '/etc/ntp.conf',
11   ensure  => file,
12   require => Package['ntp'],
13   source  =>  "puppet:///modules/ntp/ntp.conf",
14 }
```

Puppet 強調它的 manifest 是自我說明且符合多重法規：

自我說明

Puppet 的 manifest 很簡單，任何人都可讀並理解，包括非 IT 與工程部門的人。

可稽核

無論是外部或內部稽核，有合規證明都很好。你可以輕鬆的檢驗你的執行符合要求[19]。

這種工具使用的宣告式語言不只能讓你溝通預期狀態，還可以與團隊或外部稽核溝通。

---

18 https://www.bigpanda.io/blog/5-reasons-we-love-using-ansible-for-continuous-delivery/

19 Puppet blog, https://puppetlabs.com/blog/puppets-declarative-language-modeling-instead-of-scripting

同樣的，經常漏掉的是讓宣告完整並對人有用的，是每個決策的理由。若你認為 Puppet 的 manifest 對所有相關受眾可存取，則在 manifest 記錄理由與其他高階訊息也很合理──舉例來說，使用註解。

由於組態知識以正規方式為工具宣告，它在幫助推論時也可以產生活圖表。舉例來說，Puppet 包括產生顯示相依圖表的 .dot 檔案的選項。這在你遇到相依性問題或想要讓 manifest 更視覺化時很有用。

圖 10.8 顯示 Puppet 產生圖表的例子[20]。

圖 10.8 Puppet 產生的資源相依性圖表

20 John Arundel, http://bitfieldconsulting.com/puppet-dependency-graphs

這種圖表對讓 manifest 更整潔、更模組化的重構很方便。John Arundel 在他的部落格如此描述 Puppet 的這個功能：

> 開發 Puppet 的 manifest 時，你有時需要重構它們以使它們更整潔、更簡單、更模組化，檢視圖表對這個程序很有幫助。其中之一是它可以清楚的表示需要一些重構[21]。

宣告式自動化部署

如同組態管理，有很多工具可以將部署自動化，包括必要的公司工作流程與復原程序且可以只部署需要改變的部分。Jenkins 與 Octopus Deploy（.Net）等工具有自定或標準外掛。

下面是 Octopus 網站上的部署工作流程的例子[22]：

- 將負載平衡器導向“維護中”網站
- 從負載平衡器中移除網頁伺服器
- 停止應用程式伺服器
- 備份與升級資料庫
- 啟動應用程式伺服器
- 將網頁伺服器加回負載平衡器

這種工具的部署與釋出工作流程設定通常由點擊 UI 進行並保存在資料庫中。然而工作流程還是用每個人看工具畫面就能懂的宣告式。你想要知道它是怎麼做的時，只需從工具看。

21 John Arundel, http://bitfieldconsulting.com/puppet-dependency-graphs

22 https://octopus.com/blog/octopus-vs-puppet-chef

由於它是宣告式且由於工具知道部署基礎，它可以用簡明的方式說明複雜的工作流程，接近我們思考它的方式。舉例來說，它可以套用鑲黃釋出與青部署等標準持續交付模式。Octopus Deploy 以生命週期概念管理，它是處理這種策略的有用抽象。

工具不僅可以自動化工作並減少出錯的可能性，而且還能為你可以或應該使用的標準模式提供現成的文件。因此有更多的文件而你不必自己寫！

假設你決定對應用程式採用青部署。你可以設定工具來處理，你要做的只有：

- 宣告你決定要做青部署的 README 檔案等穩定文件
- 連結該主題的權威文獻，例如 Martin Fowler 的網站上的模式[23]
- 設定工具與生命週期以支援該模式
- 連結工具網站上說明模式如何以該工具處理的網頁

下面是此工具下的模式說明：

> 階段：藍作用時，綠變成下一個部署的階段環境。
>
> 還原：部署藍以啟動它。然後發現問題。由於綠還在跑舊程式，我們可以很容易的還原。
>
> 災難復原：部署到藍之後沒問題，我們可以部署新版本到綠。這給我們災難發生時的待命環境[24]。

23 Martin Fowler, ThoughtWorks, http://martinfowler.com/bliki/BlueGreenDeployment.html

24 Octopus Deploy, http://docs.octopusdeploy.com/display/OD/Blue-green+deployments

要使自動化成為提供文件的宣告式自動化，工具的組態必須是真正的宣告式的，無論是文字或是在螢幕上和資料庫中。它還必須在一個抽象級別上接近於對所涉及的每個人都重要的東西。它不能使用大量基於底層細節，如缺失文件或作業系統行程的狀態等條件來模糊命令步驟。

建立逐步指南鷹架

加入新團隊或新專案時，你必須設定你的工作環境，你需要一些文件（很多公司目前還是如此）。或許在 wiki 上有新人須知與一長串開始在應用程式上進行工作的步驟說明。這種清單通常沒有更新，連結可能無效，基本資訊可能不見，因為作者覺得是常識。這種問題甚至發生在經常有新人加入時。

有些團隊更進一步提供安裝程序給新人。你執行安裝程序，它提示一些問題，然後就完成了！這些自己寫的安裝程序不一定很好用，但想法是：能用工具自動化又何必寫文件呢？

這種方法稱為鷹架，不只是為了新人，也為了讓使用者快速開始。Ruby on Rails 或許是這種方法中最受歡迎的工具。

許多工具可用於搭鷹架。你可以用 Maven archetypes、Spring Roo、JHipster 等設計腳本來搭鷹架。組態管理工具有時也能建構新團隊成員的工作設定，或設定之後可修改的應用程式模板。

若自動化很扎實，它的文件比較不會有問題，但我通常偏好標準工具而非自定腳本，並且我一定會選文件寫得很好且有維護，且本身可視為文件的宣告式組態工具。

鷹架必須很容易使用且無需使用者指南。它應該問簡單的問題、逐步指導使用者、提供合理的預設值、有很好的答案範例。

有個開源鷹架工具稱為 JHipster[25]。它使用命令列精靈，下面是從頭建立新應用程式時的一些問題：

- 應用程式的名稱是什麼？
- 需要使用 Java 8 嗎？
- 你想要使用什麼認證？
- 你想要使用什麼資料庫？
- 你想要使用哪一個資料庫？
- 你想要使用 Hibernate 第二級快取嗎？
- 你想要使用 HTTP 階段叢集嗎？
- 你想要使用 WebSocket 嗎？
- 你想要使用 Maven 或 Gradle 嗎？
- 你想要使用 Grunt 或 Gulp.js 來建構前端嗎？
- 你想要使用 Compass CSS Authoring Framework 嗎？
- 你想要使用 Angular Translate 嗎？

每一個問題有個可能的答案與做出決定的後果的說明。這也是內含的輔助說明。它產生的程式碼是所有決定的結果。若你選擇 MySQL 作為資料庫，則 MySQL 資料庫就設定好了。

記錄這些精靈的問答到檔案中（它們只寫日誌或輸出到控制台）可提供應用程式的高階概觀。舉例來說，它可以放在 README 檔案中。

精靈的設計應該有幫助，能精確的告訴你什麼、如何、哪裡去修改問題。

25 JHipster, http://drissamri.be/blog/technology/starting-modern-java-project-with-jhipster/

機器文件製作

雲出現之前，我們必須逐個認識我們的機器，這通常依靠某個 Excel 試算表列出每個機器與其主要屬性。這個清單經常過時。

現在機器都移到雲端了，我們不再有試算表，因為資訊變化得太快，有時候一天好幾次。但由於雲端本身是自動化的，精確文件透過雲 API 來的毫不費力。

雲 API 類似宣告式自動化。你宣告你要什麼，例如“我想要 Linux 伺服器與 Apache”，然後你可以查詢目前可用的機器與所有屬性。許多屬性有高階資訊標籤與元資料：舉例來說，或許不是“2.6GHz Intel Xeon E5”而是“高級 CPU 機器”。

一般自動化評論

> 不要做相同的事情兩次。若似曾相識則應該自動化。
>
> —*Woody Zuill* 的談話

人們擅長新東西，機器很適合重複的東西。自動化帶來了好處，但也付出了代價。它本身不是目的，而是節省時間和提高重複任務可靠性的一種手段。但總有一個點，成本會超過收益。你應該投資自動化，只要成本低於經常性的好處。

另一方面，若任務每次都不同，你應該等到任務有足夠的重複再考慮自動化。決定什麼要維持手動。

強制實行指南

最好的文件甚至不必讀，若它能在正確時間以正確知識提出警告。

讓資訊可用還不夠。沒有人會事先讀並記住所有知識。有很多你需要的知識並沒有方法指出你需要它。

> **註**
>
> 你甚至不知道你不知道有什麼東西你應該知道。

以程式指南為例。許多公司與團隊花時間寫指南，但寫出來的文件很少有人讀。

要如何記錄所有每個人在工作時都應該依循的決策？這些決策包括主要架構決策、程式設計指南、以及其他關於風格與團隊偏好的決策。

一種常見的方式是花時間寫決策指南或風格書。問題是這些決策累積的很快，12頁的文件充滿著“你應該這麼做”與“你不應該這麼做”，讀起來跟本書一樣無聊。因此，這些文件像法律文件一樣：很無聊，沒有人要看（一次也沒有）。他們假裝已經在到職時讀過，但事實上連第二頁或第三頁都沒讀。

就算是讀了，規則清單格式是記不住的，除非你喜歡所有規則，否則不會記得。實務上，這些指南在有疑問時作為參考很好，但僅此而已。

但若沒有指南，程式碼就會受個人風格、偏好、技能是否不足而影響。一致的指南是共享責任方式的基礎。

所以人們要如何學習所有決策與必須遵循的風格？他們透過讀別人的程式碼、程式碼審核、捕捉違反規則的靜態分析工具的報告學習。

讀程式碼在程式碼是好例子時很有效，但程式碼不一定寫得好。當然，程式碼審核與靜態分析可以幫忙改善。程式碼審核在審核者記得所有決策與風格偏好並認同時很有效。靜態分析在每個規則或決策沒有細微差異與解譯時很有效。由於靜態分析工具必須設定好才有效，一旦設定好，它們自然成為所有指南的參考文件。

所以：使用機制強制實行做成指南的決策。使用工具檢測違規並立即提供可見警告的回饋。不要浪費時間寫沒有人會讀的指南文件。相反的，製作自我說明的強制實行機制使它作為指南參考文件。

程式碼分析工具可幫助維護程式碼的高階品質，這又反過來幫助程式碼成為範例。它也在程式設計師在程式碼審核或結對程式設計時幫助說明規則。

強制實行指南的目的是接受文件不必讀也有幫助。最好的文件在正確的時間帶給你正確的知識——在你需要的時候。透過工具（或程式碼審核）強制實行規則、屬性、決策是在他們忽略時教導團隊成員知識的一種方法。

> **註**
>
> 強制實行指南提供再度互動的固定知識。

一些規則範例

美化規則可幫助程式碼一致性與程式碼合併。下面是一些例子：

- 大刮弧不得省略
- 欄名必須使用匈牙利記號法

指標規則幫助避免過度複雜的程式碼。下面是一些例子：

- 避免深度繼承樹（最大 5）
- 避免複雜方法（最大 13）

- 避免過長行（最大 120 字元）

規則透過鼓勵或強制實行更好程式碼的方法。下面是一些例子：

- 不要摧毀堆疊紀錄
- 例外應該公開

有些規則可直接避免錯誤：

- *`ImplementEqualsAndGetHashCodeInPairRule`
- 正確檢查 NaN

甚至有些架構決策可作為規則。例如：

- `DomainModelElementsMustNotDependOnInfrastructure`
- `ValueObjectMustNotDependOnServices`

然後你可以讓規則遊戲化，如圖 10.9 所示。

圖 10.9 強制實行指南

改進指南

指南有目的，例如幫助團隊合作、減少合併時的錯誤、保存效能與可維護性等品質屬性。沒有完美的指南。相反的，你必須從一些指南開始，使用它們，改進它們使它們盡可能有用。

最好的指南不是來自上面。最好的指南從團隊或團隊執行工作且互相討論並認可共享指南。有必要時不要不好意思修改指南。當然，你可能不想要每天改變程式行長度。

下面是一些綠野專案的指南範例：

- 單元測試涵蓋率 > 80%
- 方法複雜度 < 5
- 方法 LOC < 25
- 繼承深度 < 5
- 參數數量 < 5
- 成員資料欄數 < 5
- 全基於 Checkstyle 規則

強制實行或鼓勵

在綠野專案中，你通常從很多嚴格的強制實行指南開始，違規的每一行新程式碼會在提交時被退回。另一方面，在舊專案中，你通常不能這麼做，因為現有程式碼可能有數千個違規，就算是小模組也一樣。相反的，你可以選擇只強制實行幾個最重要的指南並讓其他指南作為警告。另一種方式是只對新程式碼設嚴格的規則。

有些團隊從一些指南開始，適應後加入更多規則並讓現有指南更嚴格以產生進步。

你的公司要求每個應用程式遵循最小指南時，每個團隊或應用程式可決定更嚴格但不能更弱。Sonar 等工具提供這種指南間的繼承，稱為*品質側寫*。你可以定義側寫以擴展公司側寫並加上更多規則，或讓現有規則更嚴格以符合你的狀態。

宣告式指南

由於指南或品質側寫可命名，它們的名稱也是指南文件的一部分。你可以讓新人讀建置組態，他們可以在工具上檢視並發現它擴展公司指南。他們可以依分類或嚴重性瀏覽規則並以互動方式檢查參數。它甚至還有個搜尋引擎。

每個規則有個鍵，以及它是什麼與為什麼的簡短說明。你可以用鍵或標題從工具或直接從網路查詢更完整的文件。

舉例來說，若你從網路查詢 `ImplementEqualsAndGetHashCodeInPairRule`，你立即會發現它的參考文件，在 Gendarme 的 .Net 外掛：

> 此規則檢查型別是否覆寫 `Equals(object)` 方法而沒有覆寫 `GetHashCode()`，或覆寫 `GetHashCode` 而沒有覆寫 `Equals`。為了能正確運作，型別應該一起覆寫這些部分[26]。

這種參考文件通常包含多個程式碼範例、不良範例、好範例以說明規則的要點。這很好，因為文件已經存在。其他人已經寫好為什麼要再寫一次？

26 https://www.mono-project.com/docs/tools+libraries/tools/gendarme/rules/design/#implementequalsandgethashcodeinpairrule

關於工具

編譯器、程式碼涵蓋、靜態程式碼分析工具、錯誤檢查器、重複檢查器、相依性檢查器都是實務上設定強制實行指南的工具的例子。

Sonar 是常見的工具，它本身依靠許多外掛來執行工作。工具的複雜 XML 與規則識別符號組態並不打算作為文件時，Soanr 等工具可以讓程式設計規則的組態在 UI 中更可讀而變成指南的參考。

就算外掛實際上是透過 XML 檔案組態，Sonar 可在螢幕上顯示程式設計規則清單，且你可以當場修改它們以及以文字加上參考說明。這個資訊也可以匯出到試算表格式。若你真的想要花時間手動寫程式設計指南，只需提出整體意圖、優先順序、偏好並讓工具提供細節！

其他指南可由存取控制強制實行。假設你決定從此凍結舊元件且沒有人有權提交它，你可以拿掉每個人的寫的權力。但它本身並沒有說明為什麼要這麼做。你應該會遇到質疑，而知識轉移會以交談進行。

大部分自動化方法並非隨時都 100% 有用，因此一些強制實行會被違反。這不一定是災難，只要強制實行維護足夠的指南持續感知。

若指南的元素不可強制實行，則或許它不是指南的元素。你可能想要將它加入手動程式碼審核或結對程式設計審核的檢查清單中。但它不再是強制實行指南。

但若你有新的規則，你可以考慮用新規則或新外掛擴展現有工具。編譯器通常有擴展點可讓你掛上自己的額外規則。Sonar 等工具可透過自定外掛擴展，而檢查器可擴展新規則，有時需要 XML 有時只需要程式碼。

指南或設計文件？

假設你設定領域模型指南如下：

- 功能優先（預設不可變且沒有副作用）
- 沒有空值
- 沒有框架污染
- 沒有 SQL
- 沒有直接使用日誌框架
- 沒有匯入任何基礎設施技術

寫這本書時，現有的靜態分析工具與外掛不全部支援這些功能，因此你無法強制實行指南，除非你自己建構工具。但這些指南是可記錄在程式碼中的設計決策，或許如第 4 章所述使用注釋。

事實上，這種以注釋表示的設計宣告可以強制實行你的程式設計標準，並透過分析工具實行其他指南。你宣告某個套件的程式碼應該不可變時，可能可以使用解析器檢查主要違規。

不可變性與沒有空值可透過程式強制實行。這不算完美，但對新人在幾個提交後學習風格夠用了。

標籤破損保固無效

Hamcrest [27] 是個受歡迎的開源專案，它提供寫漂亮單元測試的匹配器。它提供很多現成的匹配器，你可以用自定的匹配器擴充。這麼做的時候應該要讀開發者指南，但不是每個人都這麼做。因此，Hamcrest 使用創意的命名方式讓設計決策非常不可能被破壞：

27 Hamcrest, http://hamcrest.org

```
1  /**
2  * 這個方法只是個提醒，不要實作 \
3  * 匹配器直接擴展 BaseMatcher。很容易
4  * 忽略 Javadoc，但很難忽略編譯器錯誤
5  *
6  *
7  *
8  * @原因見 Matcher
9  * @見 BaseMatcher
10 * @deprecated to make
11 */
12   @Deprecated
13 _ void _dont_implement_Matcher___instead_extend BaseMatcher_();
```

Hamcrest 的 `Matcher` 方法並不實作匹配器而是擴展 `BaseMatcher`，這是不可能錯的文件製作方法，錯了就不可用。你還是能故意違反，但重點是你知道。它是一種“標籤損毀保固無效”標籤。這是不可避免的文件製作的原創方式。

好玩的是在這個強制實行指南的例子中，強制實行是透過可能的違規達成。

下面是一些更相似的例子：

- **例外文件製作**：假設你決定將舊元件從讀寫改為唯讀。你可以用文字或注釋記錄，但你要如何確保沒有人會加入寫的行為？一種方式是在所有資料存取物件上保留寫的方法，但讓它們以 `IllegalAccessException("The component is now READ-ONLY")` 拋出例外。

- **授權機制**：你可以建立除了特定專案沒有人會匯入的模組，你在套件管理員中沒有辦法這麼做。你可以實作非常簡單的授權機制：匯入該模組時，它會拋出例外表示沒有授權文字檔案或授權 `ENV` 變數。授權可以是“我不應該匯入此模組”等文字聲明。你可以修改它，但若你這麼做，你就接受了聲明！

信任優先文化

強制實行指南作為自動化規則或透過存取限制可能表示對團隊缺乏信任，但它視公司文化而定。若你的文化是信任文化、自治、所有人負責，則引入強制實行指南應該在討論後取得共識決定。在最糟糕的狀況下，引入強制實行指南可能送出錯誤信號與破壞信任，這會得不償失。

受限行為

相較於文件，你可以改為影響或限制行為。強制實行指南不是將知識在正確時間帶給開發者的唯一方式；另一種方法是影響或限制他們做正確的事情而不一定要讓他們知道。

讓做正確的事情容易

舉例來說，你可以決定“從今而後，開發者必須建立更模組化的程式碼，新的服務必須個別部署”。你可以將這個口號印在指南文件上並希望大家讀它且遵從這個決定。

或者你可以投資改變環境：

- **提供自助 CI/CD 工具**：讓設定新建置與部署管更道容易，則更有可能讓開發者建立新的分散模組，而非將所有新程式放在一起建置與部署。
- **提供好的微服務架構**（見 Chris Richardson 的網站，https://microservices.io）：你可以鼓勵模組化，以輔助程序建立新的微服務而不用花時間兜所有函式庫與框架。

Sam Newman 在 *Building Microservices* 寫到讓正確的事情容易做，他稱之為*訂製服務模板*：

> 如果能讓開發者方便遵循你的指南不是很好嗎？若開發者有現成的程式碼實作每個服務所需的核心屬性呢？
>
> ...
>
> 舉例來說，你可能想要強制使用斷路器。在這種情況下，你可能整合 Hystrix 等斷路器函式庫。或者，你可能需要將所有指標發送到像 Dropwizard 的 Metrics 等開源函式庫並對其進行設定，以便在開箱即用的情況下將反應時間和錯誤率自動發送到一個已知位置[28]。

最著名的科技公司擁抱這種你也可以使用的開源函式庫。Sam Newman 表示：

> 以 Netflix 為例，它特別在乎容錯以確保部分系統故障不會讓全部停機。為處理這方面，有大量工作確保 JVM 上的用戶端函式庫提供團隊所需的工具來保持服務運行。

環境也在傳遞資訊。它是間接被動的，我們通常不會注意到。你可以深思熟慮，透過設計環境中阻力最小的路徑來決定傳遞什麼訊息。

一般來說，你不僅想讓行為*更簡單*，而且想讓行為*更有價值*。透過將提交歷史顯示為一個漂亮的像素藝術圖，GitHub 使它成為一個值得經常提交的東西。開發者的自豪感是強大的！

正如本書所呼籲的，活文件的一個要點是提供簡單的方法來製作文件以鼓勵更多的這樣做。

28 Newman, Sam. *Building Microservices*. Sebastopol, CA: O' Reilly Media, Inc., 2015.

讓犯錯不可能：防錯 API

以不可能誤用的方式設計你的 API。這可以減少文件的需求，因為沒有東西要警告使用者。

Michael L. Perry 在部落格文章中列出許多常見的 API 陷阱：

- 你必須在呼叫此方法前設定屬性
- 你必須在呼叫此方法前檢查條件
- 你必須在設定屬性後呼叫此方法
- 你不能在呼叫此方法後改變此屬性
- 這個步驟必須發生在那個步驟之前 [29]

這些陷阱不應該被記錄；相反的，它們應該重構或刪除！不然，文件會是可恥的評論。

有無窮多的方法讓 API 不可能誤用，包括：

- 以任何順序使用你可以呼叫的型別顯露方法
- 使用列舉來列舉每個有效的選擇
- 在它們確實使用前及早檢查屬性（舉例來說，直接在建構元捕捉無效的輸入），然後盡可能修補，像是在建構元或 setter 中以空物件取代空
- 不只是錯誤，它還與有害的使用方式有關。舉例來說，若類別可能用於雜湊對應的鍵，它應該不能讓雜湊對應緩慢或受限。你可以使用內部快取來記住緩慢計算的 `hashcode()` 與 `toString()` 的結果。

29 Michael L. Perry, QED Code blog, http://qedcode.com/practice/provable-apis.html

一個常見的異議是有經驗的開發者不會犯下這些簡單的錯誤，因此無需提防。但，就算是好的開發者也有比專注於避免你的 API 陷阱更重要的事情。

Don Norman 呼籲對功能可用性提出使用建議[30]。

避免文件製作的設計原則

Dan North 在 QCon 2015 談到程式碼很舊且寫得很好，使得每個人都知道怎麼處理，或者是很新且寫的人都還在，使得他們都知道怎麼處理。問題發生在兩個極端中間的灰色地帶。

Dan 強調知識共享與知識保存是成功團隊的核心。他還進一步建議處理這種問題的替代方案。

可替代性優先

可替代性設計減少知道東西如何運作的需求。你不需要容易替換的元件的文件。沒錯，你必須知道元件*做什麼*，但你無需知道它們*怎麼做*。

你可以用這種想法放棄維護。若你必須改變什麼東西，你可以全部重建。要讓這種方式可行，每個部分都必須很小且盡可能讓元件獨立。這將注意力轉移至元件間的合約。

所以：採用容易替換部分的設計。確保每個人都知道每個部分做什麼，否則你需要行為的文件——舉例來說，你可以使用的可用軟體、自我文件的輸出入合約、或自動化與可讀測試。

30 Norman, Donald A. *The Design of Everyday Things*. New York: Basic Books, Inc., 2002.

團隊對設計不夠關心時，組件就會增長並變得複雜。它們很快就會連接到所有東西。因此，你永遠不可能真正完全取代它們。使程式碼易於替換仍然是一種設計行為；它不是純粹的運氣或沒有技能與關注。這需要紀律。一種明顯的方法是限制組件的大小——舉例來說，最多限制為螢幕上的一頁。另一種方法是嚴格限制組件之間可以相互呼叫的內容，並防止它們共享資料儲存體。

即使採用了有利於可替代性的方法，設計技能仍然是必要的。舉例來說，開 / 關原則確實是使實現易於替換的一個例子；另一個是 Liskov 替代原則。其他可靠的原則也有幫助。它們通常在類別和介面層級進行討論。但它們也適用於組件或服務層級。但要想真正以低成本替代它們，它們必須很小——這就是微服務的概念。

一致性優先

> 程式碼的一致性是你看到從未見過的程式碼也覺得很熟悉且很容易處理。
>
> ——*Dan North* 在 *QCon London 2015* 發表的談話[31]

一致性可減少文件製作的需求。實務上，一致性很難維持超過有限範圍；一致性在一個元件中、在一個程式設計語言中、甚至在一層中更自然。你通常不會讓 GUI 邏輯依循與伺服器端領域邏輯相同的程式設計風格。

對一段有一致風格的程式碼，你知道了風格，該段落的所有元件就沒什麼好說的。一致性讓每個東西標準化。你知道了標準就沒有什麼好說的。

一致性的程度視周圍文化而定。舉例來說，在大量採用 JEE 的公司中不需要說明你為什麼決定採用 EJB，但你決定不使用它時必須說明。在另一個品位較好的公司中剛好相反。

若團隊決定不允許領域模型中的方法回傳空值，則決策只需記錄在一處，例如領域模型原始碼控制系統的根目錄。接下來不需要再於每個方法討論。

31 https://qconlondon.com/london-2015/speakers/dan-north.html

所以：團隊同意將具體的指南套用在所選的有限範圍。在一處簡短的記錄。

規則會有例外。並非所有類別都得一致。但只要例外數量不多，明確記錄例外的成本還是較記錄每個類別低。

下面是團隊對領域模型建立的指南範例：

- 公開格式的命名不能縮寫
- 所有公開介面與方法使用業務可讀名稱
- 沒有空值：不允許回傳空值或作為方法參數
- 所有類別預設不可變
- 所有方法預設沒有副作用
- 不使用 SQL
- 完全不匯入框架，包括 javax
- 不匯入基礎設施（例如中介軟體）

強制實行指南提供甚至沒有人讀它時也有效的指南文件製作方式。

範例：零文件遊戲

我聽說過團隊決定禁止文件。他們很驕傲的進行零文件。這不像乍聽之下的瘋狂：零文件是強制實行更好的命名與更好的實踐，以分享知識而不需額外文字的一種方法。

你瞭解在大多數情況下以文字或圖表的形式撰寫的文件，並不能更好的在工作產品本身中表達知識時將其最小化是有意義的。因為爭取零文件聽起來有點激進和瘋狂，它是一種刺激並成為一個遊戲。這使得它更有可能留在團隊成員的腦中，推動他們的行為朝着更好的方向發展。

我自己還沒有嘗試過，但我的同事告訴我零文件在實務上會推動好的行為。

由於我們對製作文件沒有相同的定義，零文件遊戲的規則必須澄清。前面提到的團隊拒絕在程式碼與方法寫註解、所有形式的文字、外部文件、傳統的 Office 文件。它擁抱測試與 Gherkin 情境（Cucumber/SpecFlow）、偏好簡單程式碼、享受合作作為分享知識的主要方法。團隊對此很滿意。

我覺得以注釋增強程式碼、保持簡單的 README 檔案、產生活文件還是適合遊戲規則，但由你決定要寫在哪裡！

持續訓練

隨著常識的普及，你越來越不需要文件。因此投資在訓練是一種減少文件需求的方法。

學習標準技能也更容易以現成的知識取代原創解決方案。這對解決方案的品質是好事，它也能減少特定文件的需求。

更一致的技能與共享文化也幫助加速決策。這不是說要消滅團隊的多樣性，因為多樣性是基本成分。但我們不需要在細節上多樣性，有很多東西可以更一致而不會損失多樣性。

投資在持續訓練涉及：

- CodeKata 程式設計道場（舉例來說，每個星期五的午餐時間）
- 一天當中的短時間訓練
- 互動小訓練（舉例來說，每兩週一次在午餐後的半小時）
- 分配時間（舉例來說，20% 的時間可用於其他專案的政策）[32]

32 https://www.inc.com/adam-robinson/google-employees-dedicate-20-percent-of-their-time-to-side-projects-heres-how-it-works.html

總結

最好的文件看起來不像是文件。互動交談與合作對分享知識來說排名很高。此外，咖啡機旁邊的意外與自發性會議是基本的補充。

透過紀律或更好的工具讓程序自動化更宣告式，也能讓它成為更合適的程序權威知識。讓工具在你做錯事時發出警告是另一種形式的文件製作，這是最有效的方式之一，因為它在正確時間將人們甚至不知道的正確知識帶給人們。

這一章討論的案例中，重點在於我們必須提高開發團隊已經執行的所有活動的文件價值，以減少專門針對文件任務所做的工作。僅僅因為某些東西看起來不像典型的文件，並不意味着它不是共享和保存知識的有效形式。開發者和他們的經理越了解這一點，他們的整體效率就越高。

Chapter 11

超越文件：活設計

這本書前面都在討論記錄與轉移軟體專案已經做的知識。但你開始注意到這種知識時有個額外的好處：你開始看到設計中的改善。隨著你建立活文件，你也會經常看到設計改善，這是比文件方面更重要的事情。你最初的活文件的目標是跟隨設計的變化，而現在的活文件開始建議對設計進行更多的改變！這一章探索一些可以幫助你最大限度的利用這種額外效果的模式。

另一個好處是讓軟體系統內部對利益關係人更可見，可能使得它的設計更好。

傾聽文件

你已經學到一點活文件，你想要嘗試進行。若你建立一個活圖表但發現它很難從目前的原始碼產生，則這是一個信號。若你嘗試產生活詞彙表但發現幾乎不可能達成，則又是一個信號。如圖 11.1 所示，你應該傾聽信號。

圖 11.1 傾聽你的文件！

Nat Pryce 與 Steve Freeman 寫到："程式碼難以測試時，最有可能的原因是我們的設計需要改善"[1]。同樣的，若你發現難以從程式碼產生活文件，這是你的程式碼的設計有問題的信號。

領域語言發生什麼事？

若你採用 DDD 且你發現難以產生業務領域語言的活詞彙表，則或許是因為此語言在程式碼中沒有足夠清楚的表示。下列任何一項都可能發生：

- 語言以其他詞彙表示，像是技術性詞彙、同義詞、或（最糟糕的）舊資料庫名稱。
- 語言可能混合不可能復原的技術性考慮；舉例來說，業務邏輯可能混合資料儲存邏輯或展示考量。
- 語言可能完全消失，程式碼可能進行業務工作而沒有參考到相對應的業務語言。

不論是什麼問題，若你的發現難以製作活文件，你應該將它當做你的 DDD（以及領域模型）做錯了的信號。設計應該盡可能與業務領域以及其語言逐字逐句一致。

因此相較於嘗試做出複雜的工具來產生活詞彙表，你應該利用此機會重新設計程式碼使它更好的表示領域語言。當然，由你決定這麼做是否合理與什麼時候和怎麼做。

碰巧程式設計

> 我們不知道我們在做什麼，我們不知道我們做了什麼。
>
> ——*Fred Brooks*[2]

1 Freeman, Steve, 與 Nat Pryce. *Growing Object-Oriented Software, Guided by Tests*. Boston: Pearson Education, Inc. 2010.

2 引述 Fred Brooks（1999 圖靈獎）對設計中的科學工作組的總結，摘自 "Software Language Engineering: 6th International Conference," SLE 2013, Indianapolis, IN, USA, October 26-28, 2013.

沒有做決定就是沒有做設計。

——*Carol Pescio*[3]

要產生設計圖表，首先你必須指定圖表要説明什麼設計決策。但你能分辨你的設計嗎？嘗試產生活圖表時最常見的困難是你通常清楚你的設計或為什麼如此設計。這表示你可能是以碰巧方式進行程式設計[4]。你可能知道如何讓設計可行，但你不知道為什麼可行，你也沒考慮過替代方案。這種設計是隨意而非深思熟慮的。

註

我愛 Carlo Pescio 的論文。我不是很喜歡他的寫作風格，但我喜歡他對於軟體開發的深刻見解。他有些瘋狂的想法與扭曲的隱喻，但有很多見解啟發我的靈感。要知道為什麼，見 http://www.carlopescio.com。

建構軟體涉及持續做決定。大決定通常得到很多關注，包括決策會議與寫文件，不重要的決定通常被忽略。問題是許多被忽略的決定是隨意而非深思熟慮的，而其累積的效應（甚至是複合效應）可能讓原始碼很難使用。

“為什麼這個函式回傳空值而不是空清單？”、“為什麼有些函式回傳空值而其他函式回傳空清單？”、“為什麼五個不同的類別有相同的方法格式但沒有介面統一它們？”。這種粗心的設計有時候接近好設計但差別在於沒有深思熟慮。這些例子代表錯過更好的設計的機會。

提示

在程式碼或程式碼設計中發現預料外的東西時，要思考：“回到教科書標準做法要付出什麼代價”？

3 Carlo Pescio, “Design, Structure, and Decisions,” http://www.carlopescio.com/2010/11/design-structure-and-decisions.html

4 Hunt, Andrew 與 David Thomas. *The Pragmatic Programmer: From Journeyman to Master.* Boston: Addison-Wesley, 2000.

我鼓勵深思熟慮。做出文件製作決策是鼓勵深思熟慮的一種方式，因為嘗試說明決策通常會顯露出缺點。

> **註**
>
> 若你不能簡單說明一件事，則你的認識還不夠。

有時候在客戶處與團隊一起工作時，在沒有任何人清楚理由的情況下觀察所做的決策是令人沮喪的。“現在就讓它動起來”似乎是它的座右銘。有一次，我記下了這樣一種情況：

> 我們已經就舊應用程式和基於事件來源的新應用程式之間訊息的語意討論了一小時。它是事件還是命令？和往常一樣，討論並沒有得出一個明確的結論，但這個不明確的選擇卻發揮了作用。如果我們決定清楚的記錄所有整合互動的語意，我們將不得不做出決定，並將它轉換為一個標籤或一些書面的、可見的東西。然後我們必須遵循它，或者當它不再有用時，我們必須明確的質疑它。
>
> 相反的，我們將生活在持續的混亂中。每個參與者將按照自己的想法解釋。它會向我們反撲。

一年後，我看到團隊變得成熟，現在這種討論會收斂合理。

深思熟慮的決策

更好的設計與更好的文件製作從更深思熟慮的決策開始。很難記錄隨意決策。這如同嘗試描述噪音：同時間有很多細節，很難從高階分辨。相反的，深思熟慮的決策清楚與有意識的做出，文件製作只不過是寫幾個字而已。

若決策相當標準，則它是已經在書籍用標準名稱討論過的現成知識，例如模式。

這種情況下的文件製作只是在程式碼中標記標準名稱，加上一些簡短的產生決策的理由、動機、背景、焦點的說明。

> **提示**
>
> 若決策深思熟慮過，則它已經製作了一半文件。

深思熟慮的工作是敏捷循環重複發生的主題。軟體開發鼓勵深思熟慮的實踐以改善工藝。我們花時間練習寫程式以達成更好的工藝目標。在 BDD 社群中，Dan North 解釋了專案應該視為學習活動，這種心態稱為*深思熟慮發現*[5]。他宣稱我們應該全力以赴盡快盡早學習。深思熟慮是有意識的更努力做得更好。

深思熟慮設計需要清楚思考每個設計決策。目標是什麼？有什麼選項？我們知道什麼、期待什麼？教科書對這種狀況有什麼說法？

此外，設計越好，要記錄的就越少。好設計比較簡單，而“簡單”實際意味著較少但較有力的決策解決更多的問題：

- **對稱**：相同的程式碼或介面處理所有對稱的案例。
- **高階概念**：相同的程式碼同時處理許多特殊案例。
- **一致性**：有些決策沒有例外的到處重複。
- **可替代性與封裝**：範圍內局部決策不重要，它們可重新考慮或重新決定，就算是知識已經遺失也一樣。

軟體特定知識必須記錄的量是設計成熟度的指標。可用 10 句話說明的軟體設計比必須以 100 句話說明的軟體好。

5 https://dannorth.net/2010/08/30/introducing-deliberate-discovery/

工程是深思熟慮的實踐

法國工程學校與其他大專院校，從機械工程到電子工程或工業設計，對學生來說，展示出他們的決策都經過證明很重要。任意的決策不會被接受。

在期末考時，最重要的考核是精確的展示作品，然後在設計解決方案的每個步驟中，每個決策都必須根據足夠的替代方案來證明其合理性，並根據明確的標準進行選擇：預算、權重、可行性或其他限制條件。

在軟體開發中，我們很少深思熟慮每個細節，但我們應該這麼做。無論決策是否有記錄，更深思熟慮的決策通常能改善決策。

若你知道你在做什麼、教科書怎麼說、為什麼做了一個決策，寫文件只需在程式碼中加上一行：教科書的連結與一些說明理由的文字。想法正確文件就自然會完成。

當然，你必須知道想法需要時間。它似乎很慢且會被視為懶散，許多公司的人會想：“我們沒時間了！”。但不思考只是產生速度的幻像，損失的是正確性。如 Wyatt Earp 所述，“快是不錯，但正確性才是全部”。正確性需要嚴格的思考。多個腦袋思考，例如結對程式設計或眾人程式設計，也能改善正確性並幫助你建立更深思熟慮的設計。更多的腦袋，更有可能有人知道教科書中的標準方案。

你或許聽過：“你不懂某個事情，除非你能解釋給其他人聽”。為文件製作澄清你的思路很好，因為你必須澄清你的思路，廢話。必須以一種持久的形式來證明決策的合理性，這是促使人們更深思熟慮的另一個誘因。

註

深思熟慮的設計工作在進行 TDD 時特別好。TDD 是有規則的深思熟慮做法。從可行的簡單程式碼開始，設計在後續重構中浮現，但這是由開發者推動重構，而他們必須在進行重構前思考。“有必要讓它更複雜嗎？”、“有必要現在加入新介面嗎？”、“有必要用模式取代兩個 IF 陳述嗎？”。這都是取捨，都需要清楚的思考。

活文件鼓勵注意好實踐——特別是設計。活文件突顯不好的設計。好處之一是你可以改善設計，你的設計文件也因此幾乎是免費的。

> **作者的自白**
>
> 深思熟慮的設計是我寫這本書的秘密動機。人們不夠注意設計，而我非常擔心這件事。活文件是個特洛伊木馬或讓更多人投入更好的設計的大門。

"深思熟慮設計"不表示"事先設計"

使用浮現設計，自然決策會在傾聽可用程式與其缺陷時浮現。舉例來說，注意重複可能會觸發重構出更好的東西。到達這一點時，你必須做出清楚、深思熟慮的決策：你想要重構的"更好"是什麼？*深思熟慮*的意思是你了解麻煩、可以想像你追尋的好處、發現一種以上的改善方式。*決定*的意思是從所有的可能中選擇其中一種。這是一個深思熟慮的決策。

文件製作是一種程式碼審核的形式

文件讓產品與開發程序更透明。因此，文件製作也是幫助你調整與改正應用程式的完整生命週期的有用回饋工具。不合理的決策隱藏不住。活圖表與其他活文件想法突顯粗心的設計，讓它們更難被忽略。這增加注意各種程式碼品質的壓力。

原始碼產生的活文件，特別是圖表，也能作為檢測意外相依性循環或大量耦合而在圖表中顯示許多箭頭的除錯工具。你可能會預期某種設計結構，但嘗試繪製成圖表時你必須承認程式碼沒有展現出這種結構。你可能會預期程式碼表現業務領域，但嘗試讓它做成詞彙表時，它可能顯示業務程序一團亂且沒有簡單的解決辦法。

比較建構程式前製作的從上至下文件、與原始碼產生的從下至上文件可能會很有趣。其中差別可幫助你找出不一致，甚至是再次發現實際開發前很難想像程式碼會是什麼樣子。

確實，就算是在製作活圖表之前，只靠手寫文件也能顯露設計問題。我的客戶之一的開發者領導人 Maxime Sanglan 在讀這本書的初稿時表示：“這完全是我開始讓團隊圍繞 Simon Brown 的 C4 模型對舊系統做草圖時發生的事情”。

可恥的文件

> 有文件也不會讓它比較不蠢。
>
> ——*@dalijap* 的推文

文件有更新且正確通常被視為是一件好事。但有時候正好相反：文件的存在表示有問題。惡名昭彰的除錯指南就是最好的例子。有些人決定花時間記錄已知問題、使用陷阱、其他異常行為，這種工作表示問題很重要而值得製作文件。但這也表示問題沒有解決，可能沒有人打算解決。

這種文件是我說的*可恥文件*，它是你應該覺得很丟臉的文件。這種文件存在就應該視為有什麼東西應該要改正。寫這種文件花的時間應該用來改正問題。

所以：識別製作文件不如改正問題的狀況。盡可能改正問題而不是增加更多的文件。

當然，有許多理由導致團隊寫文件而不是改正問題：

- **預算**：分配給文件製作而沒有錢改正程式碼。
- **懶惰**：寫除錯文件似乎比處理根源問題容易。
- **沒時間**：寫文件比改正問題快。
- **成本**：處理問題真的很困難。舉例來說，有些問題需要釋出新版本給幾十個客戶，這不划算。
- **缺少知識**：有些團隊知道有問題但缺少改正問題所需的知識與技能。

若現在沒時間改正問題，則記錄問題的正確地方是缺陷追蹤程序。但在可恥文件的心態中，缺陷追蹤程序本身也展現出更深層的問題：缺陷不應該累積而應該提早預防或盡可能立即改正。缺陷能一直留著而不改正嗎？

若功能實作得很差而需要許多頁的警告與繞過指令或技術支援的幫助，你可能要考慮刪除它直到正確實作；有可能根本沒有人用它或因為很麻煩而不用。

範例：可恥文件

我曾經在客戶那邊發現 16 頁的應用程式執行與測試文件。這個文件寫給所有使用者，包括最終使用者。我將這個應用程式稱為 Icare 以保護無辜者。它不是新專案；公司中的很多人每天要使用很多次。文件有很多紅色圈圈標示如何處理，因為操作步驟違反直覺。但 16 頁的文件大部分是“注意”、“注意…這個可能不正確”、“注意…有錯”、“注意，Icare 從另一個目錄執行！”、“注意，不要啟動，因為它會毀掉系統”，這好像是說：“注意；我們不專業”。

有一半的內容記載著等著讓使用者犯錯的陷阱。“注意觸發器的名稱；有時是名稱不正確，所以要檢查觸發器”。要記得這是寫給使用者的文件。它甚至還有：“匯出 XML 後，你應該再匯出一次以確保它正確”。你可以看出來開發者花時間寫文件而不是改正程式碼。

此文件還說：“注意：Icare_env1 與 Icare_env2 在 UAT 與 PROD 中是相反的！！！”。啊，每個人都知道這件事，它存在了很多年，但沒有人打算改？還是說必須先找人出錢才能改？

除錯指南

文件的最後是惡名昭彰的“已知問題”：

```
1  1 已知問題
2
3  1.1 Icare 任務無法啟動
```

```
4
5 有時候會發生。首先，嘗試直接從 Icare
6 啟動（從正確目錄 [UAT c:/icare/uat1/bin，
7 PROD c:/icare/prod/bin] 啟動應用程式）。
8
9
10 若無法手動啟動，這是因為任務組態錯誤
11 （缺少或錯誤的日期或計算日期參數等）。
12 若可執行，但從命令列啟動 Icare 會有個問題，因此你必須檢查日誌（要找出
13 日誌，檢查 icarius_mngt.exe.log4net）。
14
15
16 過去還有個首次執行的問題。
17 它需要手動連線到正確環境與登入（IcariusId）。
18
19 首次連線建立後，批次模式可正確運行。
20
```

注意應用程式不一致的命名為 Icarius 與 Icare。

可恥的文件不一定表示有錯誤；它可能表示可以更容易操作，例如：

```
1 “你必須檢查快取，否則 DB 效能
2 可能會很差”
3
4 [...]
5
6 “非常重要：
7 我們不保證工作過程中兩個
8 環境的同步，我們不能啟動
9 不同種類的任務”。
```

仔細傾聽文件，你會看到它是建議來源。何不讓快取自動化或有個機制確保操作前一定會載入？何不加入安全機制讓你在犯錯時會發出警告來避免問題？

可恥程式碼文件

你無需容忍文件問題。說不。寫這種文件是在浪費時間，讀它也是浪費時間，它也不會完全防止浪費你更多時間的錯誤一反覆犯錯。

Icare 除錯指南只是可恥文件的一個例子。任何太大的文件都是可恥文件。開發者的 100 頁文件表示程式碼品質有問題，厚重的使用者文件表示非使用者友善。需要大量使用者指南的應用程式不好用，但如果你真的在乎使用者，處理真正的問題比較好。

軟體設計也類似，若需要很多頁與圖表來說明應用程式的架構，則它應該很糟糕（更多文件製作架構見第 12 章）。

最後，可恥文件也適用於程式碼。開發者覺得需要加上如下的註解時，應該要刪除註解並立即改正有問題的程式碼：

```
1  // 小心這個怪招
2  ...
3  // 應該不會發生
4  ...
5  // 改我：刪除這個怪招！
```

記錄錯誤或避免錯誤？

程式碼的註解不只是程式碼需要改善的信號。處理特定錯誤的程式碼與需要文件的傳統，在你學習到如何以更好的設計與程式設計實踐來避免錯誤時顯得多餘。

以計算倒數的函式為例。若除數為零則沒有結果。這是錯誤管理常見的案例，但替代方案是讓函式成為處理各種參數的*全面函式*。此例中，要讓函式變成全面函式，你必須以 `NotANumber` 特殊值擴展型別。然後函式在除以零時回傳 `NotANumber` 而不是採取錯誤管理方式。

文件驅動開發

> 有一個文件製作的秘密。文件不只可讀，它還是如測試一般推動品質的寫作。
>
> ——*@giorgiosironi* 的推文

在任何專案中，從專注於你的目標開始是個好主意。採用專注於最終，你首先專注於值在哪裡，確保確實有值。然後你可以導出達成目標需要什麼一不多也不少一並避免不必要的工作。從說明你的目標或最終結果開始，例如系統會如何使用，來推動建設並幫助注意潛在的不一致。

Chris Matts 於 2011 年在倫敦的 BDD eXchange 的"Driving Requirements from Business Value"談話中，以最典型的英式目標"來一杯茶"為例。你可以從這個目標推導出對熱水、茶杯、茶葉等的需求。

有些開發者發現從文件開始可幫助從目標開始。Dave Balmer 在他的部落格文章說：

> 我可以從記錄什麼重要開始。這滿足文件製作的"忘記前寫下來"的部分，並讓我能在後續的初稿中改善它[6]。

測試驅動開發與它的表親 BDD 透過先寫測試或情境或範例，以先專注於想要的行為來利用它。若你正在採用 TDD 或 BDD，你也已經做了某種文件驅動開發。

不確定性很高時，在有想法的一開始寫下當做專案已經完成的 README 檔案可幫助澄清目的與預期。白紙黑字寫下來，想法就變成更務實的目標；它們可以及早被批評、審核、分享給其他人。

6 Dave Balmer, Webkit Developments blog, https://davebalmer.wordpress.com/2011/03/29/source-code-documentation-javadoc-vs-markdown/

若你孤軍奮戰，回頭檢查前先等幾天：回頭更客觀的重新審視，因為過去的你寫文件給未來的你。

文件讓你誠實

持續改善從誠實回顧你的表現開始。在專案最後很容易會忘記過去的假設，並在失敗時怪罪環境或慶祝自己成功。改善的機會發生在回顧我們的假設並從中汲取教訓。你可能會想："下一次不會這麼假設"或"我花時間前會先檢查假設"。

所以：及早記錄你的假設並做實驗，使回顧時有可靠與誠實的資料。

這是更資料驅動的方法。它有工具！舉例來說，growth.founders.as 有 Founders Growth Toolbox 與範本可宣告你的假設與說明你的實驗。

文件驅動與"避免文件"間明顯的矛盾

在這個階段，你可能會混淆*文件驅動*與第 10 章所謂避免文件間明顯的矛盾。矛盾來自於文字的模糊性。討論文件驅動開發時，雖然我們使用*文件*一詞，但不是說在人群中分享知識。相反的，它只是專案開始時探索需求的一種廉價方式，在我們進行測試與原始碼等更昂貴的活動之前。

基本想法是在不同程度的不確定性下使用不同材料：專案剛開始時，交談通常是最佳材料。在早期階段，交談、筆記、紙上草稿、低科技模擬、README 檔案中的意圖與情境、以 REPL 進行的程式碼探索、寫沒有測試的程式、使用腳本或動態語言可能是學習與探索的好材料。稍後在事情開始穩定時，另一種程式設計語言與測試與 TDD 可能是比較適合的材料。在這種情況下，初期文件基本上是啟動材料。

但除了這種情況外，文件不能驅動開發，而是捕捉與幫助呈現系統與程式碼本身無法說明的想法（見圖 11.2）。目標是盡可能讓程式碼自我說明。無法讓程式碼自我說明時，我們必須寫出某些文件，但盡可能少寫。

圖 11.2 探索、捕捉、展示

*文件驅動*與*避免文件*沒有矛盾。它們只是在*文件*一詞上有不同的意義。

濫用活文件（反模式）

你現在是活文件的粉絲，你在每個建置中產生圖表。你太喜歡這個想法以致於花時間找出還有什麼圖表可以產生。你想要產生所有東西！

你以為你正在應用 DDD，但你實際上是花時間讓工具產生圖表而不是寫程式。我們都知道 DDD 主要是關於工具，對吧？噢耶，你記得有些人曾經認真的這麼做過，他們叫它 MDA。噢！

你喜歡用圖表產生器而不是改正程式碼。當然，這比改程式碼有趣！但這麼做好嗎？

濫用活文件很容易，這麼做會有報應。若你花太多時間使用工具產生詞彙表、報告、圖表而不是做該做的工作，這是不專業，且管理層可能會決定禁止任何改善文件的活動。你不希望這樣。

所以：讓自動化活文件工作與真正的工作相對合理。要記得活文件只是方法而非目標。活文件的目標是幫助交付更多更好的品質而不只是產生文件或找樂子。最好是改善活文件的所有工作都能產生短期可見的效益、品質、或使用者滿意度。

身為這本書的作者，我不希望這個主題因為有人濫用就臭掉。不要說這本書要求你在專案中實行所有範例，因為這不是事實。所有範例都是範例而不是需求。

這本書確實會激發你想要嘗試活文件。但我不建議你沒事嘗試這本書的每個想法。

活文件不是重複 1990 年代舊想法的通行證。特別是要注意下面不是活文件的失敗案例：

- **對最終使用者的文件進行活文件**：要記得這本書完全無關最終使用者文件。有些模式可以套用，但你還是需要專業寫作才能產生給最終使用者的高品質文件。
- **MDA 與程式產生的東西**：不，程式碼不是要取代或產生的骯髒細節；它是有可能時的參考與偏好媒體。你應該擴展你的語言或選擇更好的程式設計語言，而不是從圖表產生程式碼。
- **記錄所有事情，甚至是自動化**：文件有成本，必須衡量效益。最好的狀況是程式碼能自我說明而不需其他東西，但這也不一定。追求完美只會誤事，應該避免。
- **UML 上癮**：一些基本的 UML 還好，但它不是目標。盡可能選擇受眾能理解的最簡單的記號法。不要沉迷於通用記號法；專用的問題或領域記號法通常更具表達性。
- **滿臉設計模式**：懂設計模式有幫助，你可以用它們的詞彙表幫助記錄設計。但不要濫用模式。簡單化應該是你的最優先。兩個 `IF` 陳述可能比策略模式好。
- **分析麻痺**：讓整個團隊花 15 分鐘在白板前討論重要設計決策是值得的。花好幾個小時甚至一天是浪費時間。我鼓勵你讓整個團隊在白板前快速的討論新功能然後盡快回到 IDE。下次遇到大問題時你可以找來整個團隊，除非你採用整個團隊固定在一起的眾人程式設計。

- **活文件經典**：完美只是一種拖延形式。要記得活文件是幫助交付程式碼的方法而不是其他東西。
- **建置前寫文件**：文件應該反映建置了什麼而不是要建置什麼。若專案有趣，沒有東西能阻礙開始寫程式。詳細的規格設計只是浪費時間。除了本章前面描述的簡短陳述或文件驅動的 README 之外，你的團隊還應該以一種剛好、及時的方式寫程式。

以活文件拖延

開發者很容易讓事情複雜化。實際程式碼與活文件工具皆如此。

日常工作看起來很無聊時，讓它在技術上變得更複雜是一種享受樂趣的好方法。然而，這並不專業。如果你認為自己是一個軟體技師，你知道你不應該這樣做。然而，我們都會時不時的愛上它，通常是在沒有意識到的情況下。

所以：若你需要享受樂趣的空間並讓事情莫名其妙的複雜化，則在活文件工具的程式碼而不是實際程式碼中使勁。你與同事的日子會好過一點。

我不是說你應該隨便做活文件工具。我的意思是若你有空想找事情做，搞文件別搞程式碼！

可生物分解文件

你現在應該知道活文件不是目標而是達成目標的方法。嘗試設置活文件可顯露程式碼在設計或其他方面的問題。它提供改善根源的機會，對專案與產品皆有利；它也幫助改善你的活文件。重複做出這種改善導致持續的簡化與標準化。最終所有東西變得簡單且標準，而使你不再需要文件——這就完美了。

所以：思考怎麼做才能不需要文件。這是你應該有的目標。

你是否真的達到這個目標不重要，但必須朝向這個目標：活文件的目標是達成不需要文件的品質。此程序從設置文件工作開始（見圖 11.3），它會顯露一些問題，你會改正問題，減少文件的需求（有需要時就重複）。活文件的目標不是有很多漂亮的圖表與文件。相反的，這些文件與圖表應該視為不需要文件的更好的解決方案的臨時方案。

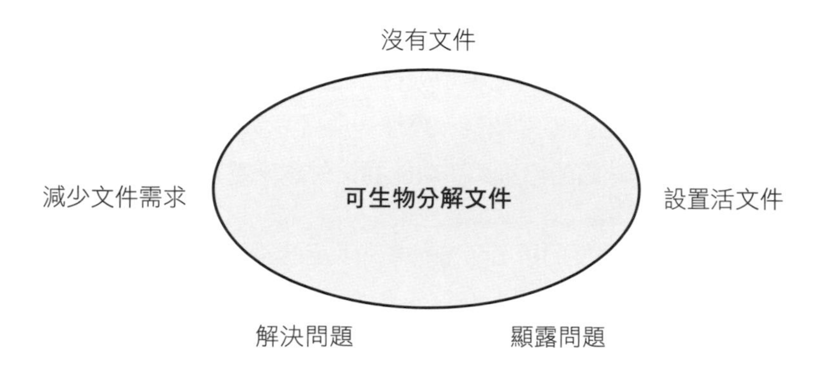

圖 11.3 活文件的長期目標是讓文件變得多餘

一個 Arolla 的同事曾經說過他在銀行的經驗：

> 我加入該銀行以遵守所有標準而自豪的團隊。我說的是市場標準而不是公司自己的標準。結果是我能很快的進入狀況！由於我懂技術與標準，專案可立即上手。不需要文件、沒有意外、不需要任何特別訂製。
>
> 不要搞錯，這需要持續不斷的投入。找出標準、找出解決特定問題的方法並持續符合標準。這是深思熟慮的方法，對所有人的好處很明顯，特別是新人！

Dave Hoover 與 Adewale Oshineye 在 *Apprenticeship Patterns: Guidance for the Aspiring Software Craftsman* 一書中呼籲建立回饋迴圈[7]。產生圖表、詞彙表、文字雲、其他任何媒體的活文件，是個可幫助你評估你做的工作與檢查你的心態的回饋迴圈。此回饋迴圈在你的心態與產生的文件內容不相符時特別有用。

---

7 Hoover, Dave, and Adewale Oshineye. *Apprenticeship Patterns: Guidance for the Aspiring Software Craftsman.* Sebastopol, CA: O' Reilly Media, Inc. 2009.

衛生透明度

內部品質指程式碼、設計、整個軟體開發程序的品質。內部品質不是用來滿足自我或驕傲的來源；它的意思是在經濟性上超越短期。它最好是省錢並週復一週、年復一年的持續。

內部品質的問題是它是內部的，這表示你從外面看不到。這是為什麼從開發者的觀點來看許多軟體系統的內部很糟糕。經理人與客戶等非開發者很難知道程式碼有多爛，唯一的線索是缺陷的頻率與新功能的交付越來越慢。

提升軟體如何製作的透明度的所有事情都能幫助改善內部品質。人們能看到醜陋的內部就會有改正它的壓力。

所以：盡可能讓開發者與非開發者看到軟體的內部品質。使用活文件、活圖表、程式碼指標、以及其他每個沒有特別技能的人都能感受的方法來顯露內部品質。

使用這種材料觸發討論並幫助說明事情為何是如此與提出改善。要確保程式碼變得更好時活文件與其他技術也變得更好。

要記得，幫助製作軟體更透明的技術不能證明內部品質是好的，但它們可以突顯它的不好，這很有用。

Le Corbusier 與 Ripolin 法則

Le Corbusier 在 *The Decorative Art of Today* 一書中描述 1925 年他對以白漆著名的 Ripolin 品牌的著迷。在“A Coat of Whitewash: The Law of Ripolin” 一章中，他想像每個市民被要求所有東西都刷上 Ripolin 白漆（見圖 11.4）：“他家打掃的很乾淨。不再有污垢與骯髒的角落。所有的東西都是原樣。然後是內心清潔…牆壁刷了 Ripolin 後你會是自己的房子的主人”[8]。

好文件應該有程式碼的內心清潔類似的效果——設計與其他任何角度變得可見，使人們可以看到它骯髒的一面。

8 Le Corbusier. *The Decorative Art of Today.* MIT Press, 1987.

圖 11.4 在全白的房子中，髒污很明顯

診斷工具

圖表和詞彙表等典型的文件媒體、與指標和文字雲等診斷工具之間的分界非常狹窄。

程式碼中的語言的文字雲

文字雲是非常簡單的圖表，常見文字的字形較少見文字的字形大。快速評估一個應用程式的作用的一種方法是從原始碼產生文字雲。

程式雲能告訴你什麼？若技術詞彙佔多，則你知道程式碼比較無關業務領域（見圖 11.5）。另一方面，若領域語言佔多（見圖 11.6），則你一定做得比較好。

圖 11.5 這個文字雲表示你的業務領域不是放在字串操作就是從原始碼中看不到

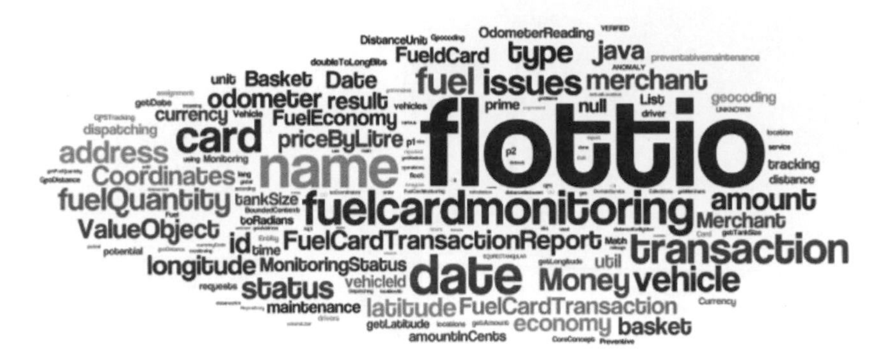

圖 11.6 這個文字雲讓你清楚的看到加油卡與車隊管理語言

從原始碼建立文字雲不難；無需解析原始碼，只要把它當做純文字並過濾掉程式設計語言關鍵字與標點符號：

```
1 // 從原始碼的根目錄開始逐個
2 處理所有 *.java 檔案（C# 的 *.cs）
3
4 // 讀取每個檔案的字串，以語言分隔
5 字元拆開（也可以拆開駱駝大小寫）:
6
7
8 SEPARATORS = ";:.,?!<><=+-^&|*/\" \r\n {}[]()"
9
10 // 忽略數字與 '@' 開頭的詞，或程式
11 設計語言的關鍵字與停用詞：
12 KEYWORDS = { "abstract", "continue", "for", "new",
13 "switch", "assert", "default", "if", "package", "boolean",
14 "do", "goto", "private", "this", " break", "double",
15 "implements", "protected", "throw", "byte", "else",
16 "import", "public", "throws", "case", "enum",
17 "instanceof", "return", "transient", "catch", "extends",
18 "int", "",  "short", "try", "char", "final", "interface",
19 "static", "void", "class", "finally", "long", "strictfp",
20 "volatile", "const", "float", "native", "super", "while" }
21
22
23 STOPWORDS = { "the", "it","is", "to", "with", "what's",
24 "by", "or", "and", "both", "be", "of", "in", "obj",
```

```
25 "string", "hashcode", "equals", "other", "tostring",
26 "false", "true", "object", "annotations" }
24
```

此時，你可以輸出沒有被過濾掉的每個詞，並複製貼上到 Wordle.com 等線上文字雲產生器。

你也可以使用 bag（Guava 的 multiset）自行計算詞的出現次數：

```
1  bag.add(token)
```

你可以將詞資料傳給 HTML 網頁中的 d3.laoyout.cloud.js 來繪製文字雲。

程式碼的格式調查

另一種程式碼設計低科技視覺化方法是 Ward Cunningham 提出的格式調查[9]。它的做法是過濾掉程式碼檔案中語言標點符號（逗號、問號、括號）之外的所有東西。

舉例來說，下面這個格式調查有三個大類別：

```
BillMain.java ;;;;;;;;;;;;;{;;{"";;"";;{"";"";}
{;;{;;}};;;;{{;;;{;;}{;;};;;}}{;}"";}{;}{;;"";"
";;;"";"";;;"";"";";;";;;"";"";;;"";"";;;};;{;{
""{;}""{;}""{;}""{;;;;;;}""{;}""{;};"
"{;;;;;}""{;;;;;}};}{;;;;;""{"";"";;}""{"";"";;
""{;}}""{"";"";;""{;}};{;}""{;}{;};;;;;}{;;;;;;
}{;;;;;;}{;""{;{;}{;};;}{;{;}{;};;};}{{"";}{"""
";}{"";};;{;}{"";};}{{;};";";;;{""{{"";};}}{{;;
;}}{;};}{;{;}";";;;{""{{"";};}}{;;{""{{"";}""{;
}{;}}}};{;;;}{"";;;;;;;;;}}{;{;}{;};}{;""{;}{;};
}{;{{"";};}{{"";};};}{;;;;;;;;;{{"";};;}{{"";};
;;};}{;;;;;;;;;{;;;{"";}{{"";};}{{"";};;};}\;}{
;;""{;}{;};}{;;{""{"";}{"";};}{;}{{{;}{;}}};}}
```

9 Ward Cunningham, "Signature Survey: A Method for Browsing Unfamiliar Code," http://c2.com/doc/SignatureSurvey/

```
CallsImporter.java ;;;;;;;{;;{{"";};{;;"";;;{;}
{;;{;};};{;"";{;;};;{;;{;};}{;}{;};}}{;}{{{;}{;
}}}}{""{;}""{;}""{;}""{;}""{;}""{;}""{;}""{;}""
{;}""{;}""{;}""{;}""{;}""{;}""{;}""{;}""{;}""{;
}""{;}""{;}""{;}""{;}""{;}""{;}""{;}""{;}""{;}"
"{;}""{;}""{;}""{;}""{;};}}
UserContract.java ;;{;;;;;{;}{;}{;}{;}{;}{;}{;}
{;}{;}{;}}}{{""
```

接下來與這個相同但較小的格式調查比較：

```
AllContracts.java ;;;;;{;{;}{{;}}{"""";}}
BillingService.java ;;;;;;;{;{"";}{;;;;;}{""
;;}{;;"";}{;}{;}{"";;;;;}{"";;}{;;{{;;}};}{;}}
BillPlusMain.java ;;;;;;{{;"";"";"";"";"";"";}}
Config.java ;;;;;;;{;{;{"";;}{;}{{{;}{;}}}}{;}{
;;}{"";}{"";}{"";}{"";}{"";;}{;";";{;};}}
Contract.java ;;;;{;;;;{;;;;}{;}{;}{;}{;}{;}{"""""""""";}}
ContractCode.java ;{"""""""""""""""""""""""";;{;}{;}}
ImportUserConsumption.java ;;;;;{;;{;;}{{;}{;}}{;{;;}}
{;"";;;;{;};}{{;}{;}}{"";;;{;{;}};}}
OptionCode.java ;{"""""""";;{;}{;}}
Payment.java ;;;{;;;{;;;{"";}}{;}{;}{;}{{;}"";}{;}{;;;;;}{;}
{"""""";}}
PaymentScheduling.java ;;;;{{{;;;}}{{;;;}}{{;;;}};{;;;;}
{;;{;};;}{;;;;;;;;;}{;}}
PaymentSequence.java ;;;;;;{;;{;}{;;}{;}{;}{;;;}{"";}}
UserConsumption.java ;{;;{;;}{;}{;}}
UserConsumptionTracking.java ;{{;}{;}}
```

你喜歡哪一個？

可以想像類似的低科技但有用的純文字視覺化方法。如果你有想到什麼請讓我知道。

清潔內部的正面壓力

軟體開發領域的一個大問題是管理預算與做決策的人、負責發包給其他公司或海外的人看不到內部品質。看不到造成這些人不能做出好、有根據的決策。相反的，這增強了比較有說服力的人的決定。

開發者能以非技術人員也能懂的方式展示程式碼內部品質時比較有說服力。文字雲或相依圖比較容易給非開發者看，他們看懂問題後就比較容易討論補救措施。

經理人通常會懷疑開發者的意見。相較之下，經理人願意相信工具的輸出，因為工具是客觀中立的（或他們認為是這樣）。工具絕對不客觀，但它們呈現事實，就算是展示方式有偏見也一樣。

活文件背後的想法是不只為團隊記錄，還要作為說服其他人的工具。每個人都能看到程式碼的血淋淋的真相時（混亂、相依循環、不可承受的耦合、含糊的程式碼），就很難容忍。

LOL

非循環相依性原則：只有一個套件！

活文件讓每個人看到程式碼內部問題，建立鼓勵清理內部品質的正面壓力。

到處都是設計技能

就算你抱著解決文件製作問題的目標開始進行活文件，你很快會發現真正的問題是設計不良，原因或許是“碰巧設計”。要解決文件製作問題，你必須解決設計問題。這是好消息！

專注於活文件，你最終得到了具體的可見標準讓每個人都能看到設計的目前狀態。然後有改進設計的正面壓力，它的好處遠遠超過文件的明顯好處。但如前述，還有更多的好消息：*好的設計技能也可以產生好的生活文件技能*。專注於動態文件和軟體設計技能。一起練習，一切都會變好！

軟體設計涉及小心決定寫出相同行為的各種可能方式。或如 Jeremie Chassaing 所述："從各種可能中根據好理由做選擇" [10]。設計討論過程中常見的反對意見是："最後還不是一樣！"。沒錯，是一樣。若只在乎程式碼能不能用，設計就不重要。設計要考慮的不只是能不能用。

設計技能包括思考耦合與黏結、隱藏實作細節、思考合約與管理資料、保持開放選項、相依最小化、處理穩定性等。

記者與活文件博士的專訪

下面是記者（圖 11.7 右）與活文件博士（圖 11.7 左）的專訪。

圖 11.7 活文件博士與記者

10 @thinkbcoding 的推文，https://twitter.com/thinkb4coding/status/837250039688933376

什麼是好文件？

最好的文件是所有東西都很明顯的程式碼，你可以馬上懂，且命名很好可以立即清楚。好文件整合工作流程與日常工具，你甚至不會想到它的文件。一個例子是工具提醒你忘記了什麼或你需要時的東西。我們通常不會稱它為文件，但最終將正確知識在正確時間帶給你確實是一種文件。

為什麼活文件不受歡迎？

我覺得很多做法很常見，只是沒有人注意到。還記得 2000 年代大家都在關注 UML 嗎？現在專案越搞越大，我們不再使用 UML。相反的，IDE 提供立即、整合、與背景相關的型別階層樹、大綱、類別間的超媒體滑順導覽⋯，這些都比靜態的 UML 圖表有用。但我們還是理所當然的認為"缺少適當文件"。而且還有其他新技術。

新技術如何產生改變？

大部分人還不知道新工具與做法對轉移知識的所有潛力。

Consul 與 Zipkin 提供實際內容的活摘要，甚至是活圖表。它們提供標籤機制來訂製與傳達意圖。

監控關鍵 SLA 指標與限制讓我們接近記錄 SLA。

Puppet、Ansible、Docker 檔案等宣告式風格可描述你期待什麼。想像它們取代 Word 檔案會有多好！

所以現在不必特別做什麼？

差不多。但不全部是。所有新技術與做法都適合記錄內容和方式，但是大多數的問題仍然是人們常常忘了基本原理、原因。這是為什麼你還是要想辦法記錄每個決策的理由。不可變只能新增的日誌、以標籤增強程式碼、一些傳統格式的長青內容對大局的補足還是很重要。

程式碼呢？

程式碼應該盡可能自我說明。測試與業務可讀情境是這種有記錄知識的重要一部分。但有時候你必須在程式碼中加入額外程式碼來記錄設計決策與意圖；此時可選擇的工具有自定文件注釋與命名慣例。

好，但現在的系統都是由數十個服務組成。要如何處理這種碎片化的系統？

套用相同技術但在不同層級。舉例來說，注釋變成服務登記簿與分散式追蹤系統中的標籤。套件與模組的命名慣例變成服務與端點的命名慣例。它有類似的想法與設計技能但實作不同。

我們真的需要文件嗎？我們多年來只有一點點或沒有文件還不是活的好好的！

當然，我們可以沒有任何文件。任何人可以讓未知系統執行（至少是某種定義下的執行）。但“讓它執行”是低標，“讓它執行”可能需要花很多時間。文件加速交付，因為它減少認識系統的時間。但文件的另一個效果是，嘗試記錄系統知識是一種學習什麼東西不正確的好方式。注意文件明顯是對未來的投資，但不明顯的是它現在也有回報！

謝謝你！

不，謝謝你！

總結

這本書主要的論點是若你開始製作文件，你最終會得到比較好的設計。

大部分開始採用 BDD 作為非迴歸測試的團隊，最後會發現最大的好處在其他地方——在早期使用具體範例交談與產生的活文件中。同樣的，重新思考文件；採用加速、深思熟慮、衛生透明度、人們互動的做法；傾聽過程中的信號，好事就會發生。

Chapter 12

活架構文件

架構有很多種定義方式："架構是專案中每個人都應該知道的東西" 或 "架構很重要，不管是什麼" 或 "架構是後來很難改的決策"。這些定義隱含的是架構涉及隨著時間在多個人之間交換決策知識。這些決策不是獨立的事件而是當時的決策。

因此文件是架構的重要部分。有幾個文件製作方法已經提出，還有許多書討論這個主題。這一章討論活文件如何幫助設計架構，特別是團隊實踐演進架構使架構經常改變時。

在此觀點下，架構設計不是階段而是持續的活動。此外，它不一定只由架構師來完成；相反的，它是任何有技能的軟體開發者的領域。這就需要更多的人來共享架構決策。

軟體架構通常在多個地方被實現為程式碼。這段程式碼是過去架構決策的結果。你可以檢視程式碼來識別許多過去的決策。有了正確的技能，你可以透過檢視程式碼中令人愉快的巧合來識別甚至*反向工程*許多過去的決策：你可能會意識到，"它不可能是偶然的良好結構，所以它一定是為此而設計的"。決定就在那裡，即使它們是隱含的。

你可以使用通常從經驗中獲得的技能讀出設計現狀與預期擴展。這類似於圖 12.1 所示的電源擴充插座隨時插上電源線就可用。

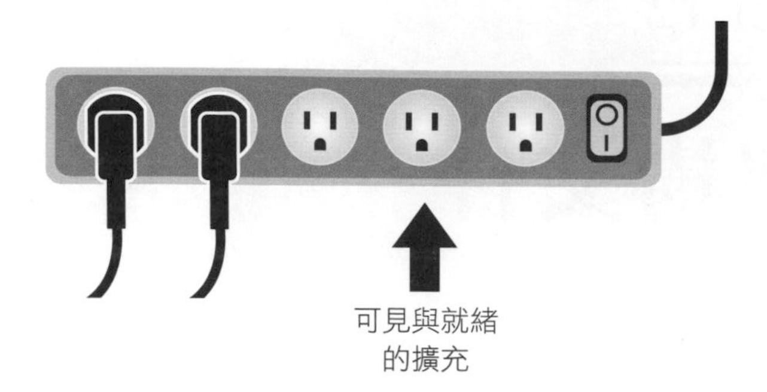

圖 12.1 可見與就緒的擴充

但由於程式碼中的決策是隱含的，只是看程式碼可能會漏掉很多架構意圖，視你對所用風格有多熟悉而定。幫助你與其他人發現更多架構意圖是架構文件的主要目標之一：你想要讓隱含明確！

架構的活文件是關於尋找幫助準確和明確的解釋更多決策，而不會減慢預期和鼓勵的改變的連續流的實踐。

本書前面提到了幾個架構方面的例子，像是活圖表與六角架構、背景圖表、導覽、程式碼即文件、一些強制實行指南範例。這一章擴充它們並專注於套用活文件到軟體架構上。

記錄問題

架構一定是從真正認識所有模板與必須解決的問題的限制開始。寫給路邊攤與寫給 1500 家連鎖店用的系統不會相同，就算是高階基本功能相同也一樣。

高階目標與主要限制是“每個人都應該知道的事情”（見圖 12.2），因此它們都是架構的一部分。

所以：無論你對架構的定義是什麼，要確保它被視為與技術挑戰相同的文件製作挑戰。專注於問題的討論與記錄而不只是解決方案。確保問題的基本知識有良好的記錄形式並確保每個人都知道。

圖 12.2 架構是每個人都應該知道的事情

你可能會隨時抽問以檢查是否每個人都知道基本業務知識。我經常這麼做以確保我們不會浪費時間在每個討論上。

要記得書面文件絕對不夠；不是每個人都會讀。你必須在工作時間用隨機討論與展示給每個團隊以補足書面文件。

問題簡報的例子

下面是我的一個客戶的舊系統上的真實案例。簡報不是在 wiki 而是在一個新元件的原始碼根目錄下的一個 Markdown 文字檔案。它也可以在 README 檔案中。

願景陳述

日期：2015/01/06

用好的 UI 與經常交付新功能讓客戶開心

說明

INSURANCE 2020 計劃的目標是重寫舊的保險理賠管理系統，主要目標是：

1. 使用者體驗（UX）與使用者友善 UI
2. 持續交付：縮短上市時間並減少修改成本

利益關係人

主要的利益關係人是保險理算人。其他利益關係人有：

- 精算師
- 管理人

IT 相關利益關係人有：

- 開發團隊
- 中央架構群
- 支援與運維團隊

業務領域

業務領域專注於理賠管理，特別是理算階段。這始於前面提到的理賠要求，即啟動每一項必要的調查，以計劃、核實損害、聯繫警察、律師，以便向保單持有人提出金額。

主要的業務範圍包括：

- 記錄理賠要求
- 新增理賠資訊：相關方面、檢查、證據、照片…
- 準備理賠文件（各種金額）
- 管理理賠團隊與相關工作流程
- 報告進行中理賠項目狀態
- 幫助使用者準備工作

明確品質屬性

在軟體中，品質屬性規範解決方案。與百萬用戶有關的業務問題的技術性解決方案，與 100 個用戶有關的業務問題的技術性解決方案不同，即時解決方案與每日一次解決方案不同，每分鐘停機成本不同則解決方案也不同。

由於有挑戰，團隊的每個人都應該知道最具挑戰的品質屬性。他們也應該知道目前不具挑戰性的其他品質屬性代表讓架構簡單的機會。只有幾個使用者時設計給數百萬個使用者是危險的濫用贊助者的錢與時間。

所以：專案開始與背景改變時要以書面澄清主要品質屬性。這可以簡單的列出要點即可。讓品質屬性能清楚的解譯，像是使用格言作為指南。

下面是說明主要品質屬性的例子：“98% 的交易的回應時間應該在一秒以內。系統應該同時支援 3000 個使用者”。

Site Reliability Engineering 一書，特別是“Serivce-Level Objectives” 章，有品質屬性的深入討論，介紹服務層級指示器、服務層級目標、服務層級協議等概念[1]。

品質屬性有一些內部的解譯指南，例如：

> 過高品質不是品質
>
> 為 ~10X 成長設計，但計劃在 ~100X2 前重寫[2]

這些品質屬性可轉換成系統可執行情境，你可以用一般英文表達品質屬性（見“測試驅動架構”一節）。

利益驅動架構文件

架構有許多角度。有些開發者視架構與大規模系統有關，包括基礎設施、中介軟體、分散式元件、資料庫複製。不同人在不同系統上對所謂的架構有不同看法。他們可能用架構一詞稱呼軟體中利益關係最高的部分。

在進行架構設計時，這種觀點的多樣性是顯而易見的。在 Ted Neward[3] 提出的研討會形式中，小組的任務是為指定的業務問題建立架構。每個小組有 30 分鐘的時

---

1 Beyer, Betsy, Chris Jones, Jennifer Petoff, 與 Niall Murphy. *Site Reliability Engineering*. Boston: O'Reilly, 2016.

2 Jeff Dean, “Challenges in Building Large-Scale Information Retrieval Systems,” Google, http://static.googleusercontent.com/media/research.google.com/en/people/jeff/WSDM09-keynote.pdf

3 https://archkatas.herokuapp.com

間和一張帶標記的紙來準備和提出一個建議。規則明確強調，小組成員應該能夠證明所做的任何決定是合理的。研討會結束時，每個小組向其他人展示其架構，就好像在客戶面前為提案辯護。其他與會者被邀請提問以挑戰這個提議，就像持懷疑態度的客戶會做的那樣。

這種研討會提供非常有趣的架構思考方式。它本身就是個溝通活動。它不只是做決策，還以有說服力的方式表達決策。毫無例外，編程練習（kata）顯示了人們對同一問題的不同看法。

注意

你可能會想對真正的業務案例採用這種做法，讓不同團隊提出不同競爭觀點以供比較。但實際案例上的風險是最後會有“贏家”與“輸家”。你應該先模擬練習幾次。你會從中得到很多有價值的想法，你也會學到如何避免“贏家與輸家”的效應。

我從這種做法學到的是不同的業務問題需要關注不同的領域。對於街頭的熱狗小販來說，銷售點系統的主要特點是重量輕、成本低（以防被盜），而且在一小群人中間匆忙製作熱狗時容易使用。相比之下，在 app store 上銷售自己的行動 app 必須首先具有視覺吸引力。再舉一個例子，一個打算每秒處理數百萬個交易的企業系統首先應該把性能作為它的主要關注點。此外，對於某些系統，主要的利益關係是對業務領域的更深層次的理解。

系統的重要利害關係是每個人都要知道的主要記錄資訊。舉例來說，專案的主要關注點在 UX 上時，你不希望花費太多時間記錄伺服器技術堆疊。

所以：及早識別專案的主要利益關係，像是業務領域挑戰、技術考量、使用者體驗品質、與其他系統整合。你可能要回答這個問題：“什麼最可能讓專案失敗？”。確保你的文件工作涵蓋主要利益關係。

明確假設

知識不完整時，就像任何有趣的專案開始時一樣，我們會做出假設。假設使我們有可能繼續前進，但代價是以後可能被證明是錯誤的。重新考慮一個假設時，文件使倒帶更便宜。建立這種文件的一種簡單方法是明確的標示決策所依賴的假設。如此重新考慮一個假設時就有可能找到它的所有結果，你就可以依次重新考慮它們。為了有效的進行，這些全部都應該作為決策內部文件（通常在原始碼中）來完成。

簡潔顯示品質

好的架構簡單且明顯。它也很容易用幾句話説明。好的架構是幾個關鍵決策、有理有據、可指導其他決策。

若架構是“每個人都應該知道的”，這樣就給複雜度設定一個上限。大部分人不能理解複雜的解釋。

> **提示**
>
> 一個好架構的例子是 Fred George 在 Øredev 2013 對微服務架構的討論。Fred 在一分鐘內説明了此架構的關鍵概念。聽起來像是簡化，或許是一深思熟慮後的。簡化的架構有很多價值可以快速的被所有人理解。不能讓人快速説明的細節是有害的。

所以：嘗試在兩分鐘內解釋架構以作為品質測試。若能做到，立即寫下來。若要花太多時間與太多句子説明一個架構，則它有很大的改善空間。當然，架構可能太複雜以致於無法在兩分鐘內説明細節。但這個測試挑戰高階結構，架構應該不只是列出細節。

持續演進：變化友善的文件

最好的架構是會演進的生物，因為很難一開始就對，所以必須能夠適應背景的變化。

好的架構能夠簡潔的説明並減少難以改變的決策。很難改變或每個人都應該知道的東西必須記錄。它的定義表示它必須長久保存且讓每個人能存取。

這意味著必須避免讓架構或文件難以改變的所有東西。你的團隊應該學習如何做出可以反悔的決策或拖延不可逆的決策。若你因為必須重寫很多靜態文件而害怕改變，則你的文件正在傷害你，而你應該重新考慮該如何做。

注意要用多少詞彙與圖表説明架構；越少越好。讓它演進，刪除防礙持續改變的任何程序或製作物。

決策日誌

專案為什麼要採用某個重量級的技術？希望是因為經過評估後的需求。有誰記得？工作有變，你能換成更簡單的技術嗎？

你跟利益關係人開會時説了什麼？啟動會議、衝刺段規劃會議、其他即興會議討論過很多概念、想法、決策。這些知識呢？有時候只保存在與會者的腦中。有時候以電子郵件寄出會議記錄。有時候拍下白板照片並分享。有時候放在追蹤工具或 wiki 中。一個常見的問題是知識通常缺乏組織結構。

所以：維護重要架構決策的決策日誌。它可以是程式碼根目錄中的結構化文字檔案。與程式碼一起儲存決策日誌版本。對每個重要決策，記錄決策、理由（為什麼）、考慮過的主要替代方案、主要後果。不要修改決策日誌；以新記錄取代舊記錄並提供它的參考。

4 Michael Nygard, Think Relevance blog, http://thinkrelevance.com/blog/2011/11/15/documenting-architecture-decisions

5 Nat Pryce, https://github.com/npryce/adr-tools

Michael Nygard 稱這種決策日誌為**架構決策紀錄**，簡稱 ADR [4]。Nat Pryce 建立支援 ADR 的命令列工具 [5]。

決定解決方案的結構假設是決策日誌的一部分，是重要決策的理由的一部分。舉例來說，若你假設過去 24 小時發佈的文章代表 80% 以上的網站流量，則它會顯示決定分割**最新消息**與**歸檔消息**成兩個不同局部架構的子系統的理由。

實務上不一定能簡單記錄主要架構決策的理由，特別是決策因為錯誤的原因而做出時（見圖 12.3）。舉例來說，管理層可能會堅持採用或開發者可能會因履歷驅動開發而堅持嘗試新函式庫。很難明確的寫下這種理由給所有人看！

圖 12.3 決策日誌記錄不太具體的理由

你可以在 Arachne-framework repository of ADRs 找到 ADR 的好例子 [6]。

6 Arachne-Framework/architecture, https://github.com/arachne-framework/architecture

結構化決策日誌的例子

這個例子的決策日誌以理賠管理程式庫的根目錄下的單一 Markdown 檔案維護，放在願景陳述與業務領域說明以及主要利益關係人的後面。

主要決策

為改進使用者體驗而做出以下決定：

一種 UX 方法，漂亮與使用者友善的畫面、無論背後應用程式是什麼的跨移動設備一致反應、具有快速感知的反應時間。重點還在於確保只需幾次點擊和幾次頁面導覽就有效的完成常見任務。

舊軟體策略很難達成上述目標。這是為什麼很多舊程式要重寫，盡可能改掉。為緩和替換的風險而做出以下決定：

- 漸進方法與經常交付：沒有大爆炸。新舊模組共存，漸進轉移到新程式碼。
- 以領域驅動設計方法幫助合理的切開舊系統、更好的認識領域機制、更容易在業務規則改變是演進。

另一個挑戰是許多只在理賠人腦中的業務規則必須正規化。此外，由於理賠需要一個月完成，過程中規則可能會改變。因此做出以下決定：

- 設計業務程序模型將領域業務規則在容易稽核與改變的地方正規化。

後果

風險

一個風險是缺乏所選方法的技能。為緩和此風險，需要外部專家：

- UX 專家（從內部 UX 中心）
- DDD 專家（從 Arolla）

另一個風險來自舊系統，特別是：

- **測試成本**：缺少自動化測試是釋出昂貴（手動測試）且危險（沒有足夠測試）
- **使用者感受表現**：舊系統很慢，不符終端使用者預期的反應時間

為減少測試成本且轉換過程中不影響使用者，測試自動化是關鍵（單元測試、整合測試、非迴歸測試）以防止系統倒退或缺陷。

對使用者感受表現來說，設計必須在舊系統還是很慢下改善表現。

技術決策

新理賠管理是單一事實來源直到客戶接受理賠

2015/01/12 通過

背景

我們想要避免由於數據授權不明確而造成的混亂，因為這會浪費開發人員時間來修復失敗的對帳。這需要領域資料在任何時間都只有事實來源（又稱為黃金來源）。

決策

我們決定理賠管理是理賠唯一的事實來源（又稱為黃金來源）直到客戶接受理賠，此時它會**傳送**到舊理賠主機。傳送後，唯一的事實來源是舊理賠主機（LCM）。

後果

舊系統在理賠過程中的某些時刻不幸的需要不同的黃金來源。但理賠過程中權威資料很清楚的只有一個來源。這應該盡可能轉移到一個固定的單一來源。

由於傳送前的不一致：理賠的建立或更新會傳送到理賠管理，事件傳送到 LCM 以同步 LCM 資料（舊理賠主機為唯讀模型）。傳送後：遠端呼叫 LCM 來更新 LCM 中的理賠，事件回傳理賠管理以進行同步（理賠管理為唯讀模型）。

見 InfoQ（https://www.infoq.com/news/2015/10/cqrs-read-models-persistence）上的“CQRS, Read Models and Persistence”。

CQRS 與事件來源

2015/01/06 通過

背景

在理賠領域中，稽核最了不起：我們必須能夠精確分辨。

我們想要利用理賠管理模型的讀寫不對稱，特別是加速讀取。

我們還想要更工作導向以記錄使用者意圖。

決策

遵循 CQRS 方法與事件來源。

後果

我們選擇 AxonFramework 的現成介面、注釋、模板作為開發結構。

價值優先

2015/01/06 通過

背景

我們想要避免可變性的錯誤。

我們還想要減少 Java 模板數量以建立價值物件。

決策

我們盡可能採用價值物件。它們不可變，有價值建構元。有需要時可使用建構程序。

後果

我們選擇 Lombok 框架來幫助產生價值物件模板與 Java 建構程序。

記憶傾印日誌或部落格

另一種使用正規決策日誌的方法是說出完整故事、你學到的東西、團隊如何做出決策、取捨、特定實作細節以傾印你的大腦。

Dave Hoover 與 Adewale Oshineye 在 *Apprenticeship Patterns: Guidance for the Aspiring Software Craftsman* 一書中呼籲記錄與分享你學到的東西[7]。團隊成員寫的部落格是其他類型文件很好的補充。它更私人，比大多數文件更能說出令人信服的故事。它說出冒險的重點與參與者的感受。

7 Hoover, David H., 與 Adewale Oshineye. *Apprenticeship Patterns: Guidance for the Aspiring Software Craftsman.* Sebastopol, CA: O' Reilly Media, Inc. 2009.

Dan North（@tastapod）似乎同意。他在 Twitter 與 Liz Kheogh（@lunivore）和 Jeff Sussna（@jeffsussna）討論時說到：

> 我希望有個產品與團隊部落格。記錄歷史時記錄決策與交談。它也顯示決策如何進行，讓你看到口味或學習隨著時間的變化。

分形架構文件製作

處理大型系統時，你應該放棄單一形式架構的想法。系統由多個子系統組成，每個都應該有自己的架構，加上相互關聯的整體架構。

所以：將你的系統視為多個較小的子系統，或"模組"。它們可能是實體單元，例如元件或服務，或編譯期的邏輯模組。分別為每個模組記錄架構，並以一個系統層級架構說明模組間的架構。

你通常以使用套件命名慣例、原始碼中的注釋、一些純文字等內部文件記錄每個模組的架構。你會用更長青的純文字與一些適合的專屬 DSL 記錄整體架構。但整體架構的文件也可用於產生整合每個模組的知識的文件。

架構景觀

你的架構不只需要隨機的圖表與其他文件機制；這些活動可歸類為所謂的架構景觀，此名稱受 Andreas Rüping 在 *Agile Documentation: A Pattern Guide to Producing Lightweight Documents for Software Projects* 一書中所謂的文件景觀啟發。Andreas 在該書中建議將文件組織成"團隊成員在讀取或新增資訊時的心態圖"[8]。這個想法是文件的結構幫助使用者導覽並也能增加知識。在活文件的做法中，問題是想象過度設計的鏈接文件與圖表，無論是否為自動產生。

8 Rüping, Andreas. *Agile Documentation: A Pattern Guide to Producing Lightweight Documents for Software Projects*. Chichester, England: John Wiley & Sons, Ltd. 2003.

所以：隨著文件成長成多個文件機制，將它組織成人們可學習有效導覽的一致整體。記錄你的文件或符合它的標準。

現成的架構文件模板可提供啟發，如果你剛好喜歡它們：

- Arc42
- IBM/Rational RUP
- 公司專用的模板

有些模板嘗試規劃各種架構文件需求的可能。我討厭辛苦的填寫大模板。

LOL

我花了一個星期製作 Software Architecture Document，簡稱為 SAD。沒有比這個更合適的縮寫。

——@weppos 的推文

模板是最有用的檢查清單。舉例來說，ARC 42 的“Concepts”一節[9]是很好的檢查清單，可幫助你找出你漏掉的部分。下面是原始模板的清單摘要：

- 人體工程學
- 交易處理
- 階段處理
- 安全性
- 安全
- 溝通與整合
- 可信與有效檢查

9 arc42, http://www.arc42.org

- 例外 / 錯誤處理
- 系統管理與管理
- 日誌、追蹤
- 可組態性
- 平行與執行緒
- 國際化
- 遷移
- 放大、叢集
- 高可用性

你目前的專案忽略多少上面列出的項目？你忽略多少上面列出的文件記錄？

你可以從這些現成的形式主義中得到啟發來導出你自己的逐個模組的文件景觀。如前述，專注於每個文件景觀中該子系統最重要的利益。

在充滿業務領域的模組中，你會專注於領域模型與關鍵情節的行為。在更 CRUD 的模組中可能沒什麼可說的，因為每件事都標準與明顯。在舊系統中，可測試性與遷移可能是最具挑戰性並值得記錄的部分。

你的文件景觀可能是有預先設定條列與表格的純文字檔案，或者是某種注釋函式庫，直接在原始碼元素上標注架構貢獻與理由。它可以是專用 DSL。實務上，你會看情況混合這些想法。你甚至會使用 wiki 或可立即解決你的所有問題的專用工具。

典型的系統文件景觀至少有下列幾點：

- 系統的整體目的、背景、使用者、利益關係人

- 整體品質屬性需求
- 關鍵業務行為與業務規則與業務詞彙表
- 整體原則、架構、技術風格、任何武斷決策

這並不表示你必須建立所有文件。活文件在於減少手寫文件的需求並使用更廉價且會更新的替代方案。

舉例來說，第一點可以使用純文字長青文件、第二點使用系統層級驗收測試、第三點使用 BDD 方法與自動化、最後一點混合 README、法典、原始碼中的自定注釋。

架構圖表與記號法

許多作者很長時間以來都提出了描述軟體架構的形式主義。有一些標準是可用的， 如 IEEE 1471，"Recommended Practice for Architecture Description of Software-Intensive Systems" 和 ISO/IEC/IEEE 42010，"Systems and Software Engineering Architecture Description"。Kruchten 的 "4+1 模型" 在企業界獲得認可。然而，所有這些方法都不是輕量級的，它們需要一些學習曲線來理解。它們各提供一組概觀來描述軟體系統的不同方面，包括邏輯概觀、實體概觀等。總的來說，這些方法在開發者中不是特別流行。

Simon Brown 發現輕量化替代方案的需求並提出 C4 模型 [10]，它是在開發者間越來越受歡迎的輕量化架構圖方法。這種方法借鑒了 Nick Rozanski 與 Eoin Woods 在 *Software Systems Architecture* [11] 一書中的工作，並且具有無需事先訓練即可使用的優點。它提出了四種簡單的圖來描述軟體架構：

---

10 Simon Brown, Coding the Architecture blog, http://www.codingthearchitecture.com/2014/08/24/c4_model_poster.html

11 Nick Rozanski 與 Eoin Woods，*Software Systems Architecture*. Boston: Pearson Education, Inc., 2012.

- **系統背景圖**：軟體系統製作圖表與文件的起點，能讓你退一步看大局。
- **容器圖**：描繪高階技術選擇，顯示網頁應用程式、桌面應用程式、行動應用程式、資料庫、檔案系統。
- **元件圖**：放大容器的方法，以對你合理的方式分解（服務、子系統、層、工作流程等）。
- **類別圖**：（選擇性）以一或多個 UML 類別圖描繪特定實作細節。

我最喜歡系統背景圖，它既簡單又明顯但經常被忽略。

我覺得這些一般記號法一定不夠。強架構風格應該要以它們自己專屬的視覺記號法表達。因此雖然學習標準記號法明顯是個好事，但你不應該自限並任意探索你自己的記號法或更具有表達性的更專屬的替代方案。

架構法典

設計解決方案給人時，最關鍵的部分是分享產生解決方案的想法與理由。

Rebecca Wirfs-Brock 於 2012 年在 Bucharest 的 ITAKE un-conference、演講、我們後來的談話中舉出 EcmaScript 的例子，其中的思考過程被清晰的記錄下來。她提到 ECMAScript 決策中的一些理由：

- 引用與其他現有習俗的類似性
- 我們通常希望盡可能少學習與認識就能執行工作
- 改變的祕訣：找出之前做過的類似改變

之後我在銀行進行跨部門架構設計，我引進原則法典指導架構決策的想法（見圖 12.4）。法典來自正式說明決策背後的理由的具體決策案例的累積。原則通常已經在其他資深架構師的腦中，但它是沉默的，沒有人知道。

圖 12.4 至高無上的法典

下面是一些原則：

- 認識你的黃金來源（也就是單一事實來源）
- 不要餵怪獸；改進舊系統只會讓它活更久
- 提高直接程序自動化的比例
- 客戶的方便優先
- API 優先！
- 手動程序只是電子化程序的一個特例

法典證明對涉及架構的所有人很有用。目標是發佈法典給每個人，就算是不完整與不容易懂也一樣。它至少對激發問題與反應是有用的。它從未正式發佈，但法典內容偶爾洩漏並多次用於更一致的決策。

我在最近一次顧問工作中發現將團隊的價值參考表示為下列偏好清單很有幫助：

- 程式碼重於 XML
- 模板引擎沒問題，但要排除邏輯

當然，採用已經記錄在文件的標準原則也是個好主意，因為它們提供現成的文件。舉例來說：

- “讓你的中介軟體笨並讓你的端點聰明” [12]

法典處理散播架構理由給架構團隊以外的人的需求，這是你應該有的考量。

所以：開始注意決策怎麼做並在法典明確列出沉默的原則、規則、啟發式。它可以是條列清單或一個句子。保持簡短與大部分人容易掌握，像是在每個項目下面使用短的具體例子。有機會就分享此法典給人們，它不必正式批准就有用，持續修改以保持簡短有用。

將法典作為一份永遠不會完成的工作文件是非常重要的。無論何時，當你發現它的原則中有矛盾的地方，就是時候去解決它或改進它。這不應該被視為失敗，而是一個讓集體決策變得更有意義的機會。架構涉及共識，不是嗎？

架構法典可以是原始碼控制中的文字檔案、一組投影片，甚至可以用程式碼表示。以下是一個使用簡單列舉實現法典原則的例子：

```
1  /**
2  * 團隊認可的原則清單
3  */
4  public enum Codex {
5
6      /** 我們不知道如何解釋這個決策 */
7      NO_CLUE("Nobody"),
8
9      /** 每個資料只能有一個
       * 權威位置 */
10     SINGLE_GOLDEN_SOURCE("Team"),
11
12     /** 讓你的中介軟體笨並讓你的
       * 端點聰明 */
```

12 Newman, Sam. 2015. *Building Microservices*. Sebastopol, CA: O'Reilly Media, Inc., 2015.

```
13    DUMP_MIDDLEWARE("Sam  Newman");
14
15    private  final  String author;
16
17    private Codex(String author) {
18        this.author  = author;
19    }
20 }
```

Sam Newman 在 *Building Microservices* 一書中說他的同事 Evan Bottcher 在牆上，建立一個版面從左到右以三欄顯示關鍵原則：

- 策略目標（舉例來說，擴大業務、支援新市場）
- 架構原則（舉例來說，一致性介面與資料流，沒有銀製子彈）
- 設計與交付實踐（舉例來說，標準 REST/HTTP、封裝舊系統、COTS/SAAS 自定最小化）

這是在一處概括系統願景、原則、實踐的好方法！

透明架構

架構文件嵌入原始碼程式庫中的軟體製作物，且活圖表與活文件從它們自動產生時，每個人都能存取所有架構知識。相對的，有些公司的架構知識放在只有架構師知道的工具與投影片中且沒有更新。

架構文件嵌入軟體製作物的後果是能將架構與決策依據的架構知識集中。我稱此為**透明架構**：若每個人自己能看到架構品質，則每個人可據此自己做決策而不用詢問負責架構的人（見圖 12.5）。

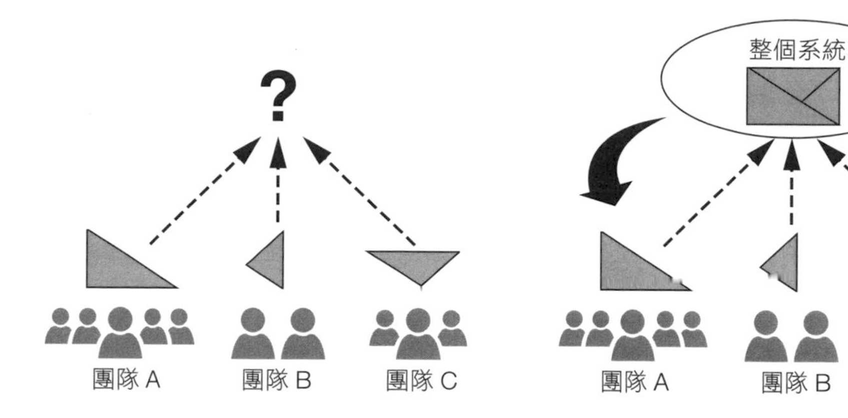

圖 12.5 能存取整體概觀，團隊可以直接做與整個系統一致的決策

以微服務架構為例，透明架構可利用系統執行期產生的活系統圖表。

此知識已經存在於分散式追蹤基礎設施（舉例來說，Zipkin）。你必須在基礎設施中加入自定注釋與二進位注釋來增強它。

你也可能依靠服務登記簿（舉例來說，Consul、Eureka）與其標籤來產生活文件。若你採用這種做法，服務間的相依性也可以從消費者驅動合約導出。若你在乎實體基礎設施，可以透過 Graphviz 從雲端的程式設計 API 取得的資料產生的自定活文件來顯示[13]。注意實踐越"好"則活文件越容易！

你可以如接下來所述，透過增強程式碼、架構文件中的注釋、決策日誌、強制實行架構指南等可合作釋放架構現實檢查的好處，來達成透明架構。

13 James Lewis 在他的一些演講中展示了一個由 cron、Python、Boto、pydot、Graphviz 產生的雲端基礎設施的實例。

架構注釋

任何可使程式碼更明確的設計資訊都值得加入。若你依循分層模式，你可以用 `com.example.infrastructure/package-info.java` 的 `@Layer` 自定注釋，在每一層的根來製作程式碼文件：

```
1  @Layer(LayerType.INFRASTRUCTURE)
2  package com.example.infrastructure;
```

類似模板的模式代表方法等語言元素的品質內在角色或屬性。舉例來說：

```
1  @Idempotent
2  void  store(Customer customer);
```

還有一個例子：

```
1  @SideEffect(SideEffect.WRITE,  "Database” )
2  void  save(Event  e){...}
```

特定風險或考量也可以直接記在相對應的類別、方法、欄中，例如：

```
1  @Sensitive("Risk of Fraud")
2  public final class CreditCard {...
```

一般的設計模式是設計注釋的好選擇。在參與模式的元素上加入註釋。你可以考慮如果刪除了模式，是否應該保留元素來檢查它。如果沒有，你可以安全的宣告它的模式；類別或方法只是用來實現模式。角色中的元素通常具有模式本身的名稱，例如 adapter 或 command。

有時候注釋需要值。舉例來說，若你想要宣告有操作特定集合的 DDD 程式庫模式，你可以這麼做：

```
1  @Repository(aggregateRoot  =  Customer.class)
2  public interface AllCustomers {...
```

你可以使用最常用的模式建立自己的模式目錄。它可能包括來自四人幫、DDD、Martin Fowler（分析模式與 PoEAA）、EIP、一些 PLoP 和 POSA 模式、以及一些眾所周知的瑣碎的基本模式和慣用字以及所有自定義的內部模式。

此外，你可能建立自定注釋來分類某些重要的知識來源，例如業務規則、政策等，例如：

```
1  @BusinessRule
2  Public Date shiftDate(Date date, BusinessCalendar calendar){...}
```

下面是更多的例子：

- `@Policy` 突顯軟體中表示的主要公司政策
- `@BusinessConvention` 標示業務領域中的低階政策慣例
- `@KeyConcept` 或 `@Core` 強調什麼東西很重要
- `@Adapter` 或 `@Composite` 標示模式的使用
- `@Command` 或 `@Query` 澄清模組的讀寫語意
- 欄位的 `@CorrelationID` 或 `AggregateID`

強制實行設計決策

由於設計知識增強程式碼（使用注釋、命名慣例、服務登記簿中的標籤、其他機制），你可以將合規檢查交給工具。你可以根據宣告模式與模板知識檢查相依性。如果註釋為值物件的類別與註釋為實體或服務的類別具有欄層級相依，我喜歡引發異常。這就是我的做法，我經常讓工具幫我檢查這些東西：

```
1 if (type.isInvolvedIn(VALUE_OBJECT)) {
2   if (dependency.isInvolvedIn(ENTITY) ||
3     dependency.isInvolvedIn(SERVICE)) {
4       … 引發異常
5 }
```

你也可以在你的靜態分析工具中建立自定規則。舉例來說，使用 SonarQube 內建的架構限制模板、或 ArchUnit 等特殊架構評估函式庫[14] 建構這些規則：

- **"保存層不能依靠網頁程式碼"**：禁止從 `**.dao.` 的類別存取 `.web.`
- **"六角架構"**：禁止從 `.domain.` 存取 `.infra.`
- **"值物件不應該插入服務成員欄"**：有 `ValueObjects` 注釋的類別不應該有 `DomainService` 注釋型別的欄。

以下面如第 8 章所述的強制實行的命名指南為例：

```
1 @Test
2 public void domain_classes_must_not_be_named_with_prefix() {
3   noClasses().that().resideInAPackage("..domain..")
4     .should().haveSimpleNameEndingWith("Service")
5     .check(importedClasses);
6   noClasses().that().resideInAPackage("..domain..")
7     .should(new DomainClassNamingCondition())
8     .check(importedClasses);}
```

此例中的 `DomainClassNamingCondition` 是檢查名稱沒有前綴下列清單項目的自定程式碼：`Service`、`Repository`、`ValueObject`、`VO`、`Entity`、`Interface`、`Manager`、`Helper`、`DAO`、`DTO`、`Intf`、`Controler`、`Controller`。

下面的規則強制實行六角架構限制"禁止從領域程式存取基礎設施程式"：

```
1 @Test
2 public void domain_must_not_depend_on_anything() {
3   noClasses().that().resideInAPackage("..domain..")
4     .should().accessClassesThat()
5             .resideOutsideOfPackage("..domain..")
6     .check(importedClasses);
7 }
```

命名規則與其宣告說明，清楚的記錄與保護設計決策——如同原始碼。

14 ArchUnit, https://github.com/TNG/ArchUnit

架構現實檢查

> 架構不應該被定義，而是被發現、被改善、被演進、被解釋。
>
> #theFirstMisconceptionAboutArchitecture
>
> ——*@mittie* 的推文

實作前先設計架構的舊想法不適合新式專案。改變隨時隨地在程式碼與架構中發生一不管你怎麼定義架構。

你想要確保整體系統達成主要品質屬性（舉例來說，概念整合、效能、可維護性、安全性、容錯）且與所有人溝通最重要的決策。但你不想要舊式架構設計方法拖累專案。你想要可快速幫助與所有人溝通知識，並能幫助合理化與確保滿足品質屬性的快速文件。

但有另一個問題：架構的具體實作可能不符合它的意圖。程式設計決策可能每天不一樣、有些小錯誤、直到該系統與它要實現的架構沒有任何相似之處。這種問題稱為*架構腐蝕*[15]。

注意品質屬性需求通常不會經常改變，但程式碼中的決策會。

所以：在軟體改變時定期將架構視覺化。比較實作架構與架構的意圖。若不同則調整其中之一。透過活圖表或其他活文件的自動化支援，這種比較可在每個建置過程中經常做。

所有這些都假設你對你預期的架構應該是什麼有一定的認識。但是如果沒有，你可以逐漸的從你的架構中逆向工程它。

15 Ricardo Terra, Marco Tulio Valente, Krzysztof Czarnecki, 與 Roberto S. Bigonha, "Recommending Refactorings to Reverse Software Architecture Erosion," 2012 年第十六屆歐洲軟體維護與再造工程研討會：gsd.uwaterloo.ca/sites/default/files/Full%20Text.pdf

有一些可用的工具可以幫助進行架構視覺化和檢查，你還可以建立自己專用於你自己的特定背景的活動關係圖產生器。

測試驅動架構

測試驅動的開發有一種思維模式，這種思維模式不僅適用於編寫“小型”程式碼。這是一門學科，實作之前先要描述你想要什麼，然後你把它弄清楚以便從長遠角度提升你的工作。

你可以嘗試在架構規模上遵循相同的過程。你面臨的挑戰是更大的範圍和更長的回饋循環，這意味着當你最終得到回饋時你可能會忘記你想要什麼。

理想中，你可以從定義想要的品質屬性為測試開始。它們不會在幾週或幾個月內通過；它們最終通過時，它們變成目前品質屬性唯一真實的文件。以下列表現品質屬性為例：

> 5 分鐘內 10k 請求少於 0.1% 錯誤、且百分之 99.5 的回應時間在 100ms 內

先列出品質屬性清單，例如寫在 Markdown 檔案中。然後在真實環境（甚至是實際環境）盡可能依字面條件實作 Gatlin 或 JMeter 測試。它不太可能會立即通過。接下來團隊可以視情況進行這個工作以及其他工作。可能需要幾個衝刺段才能讓它通過。

如果你為概念的可行性證明建立了測試腳本，你可能已經做了類似的事情。與其在之後扔掉這些腳本，還不如將你已經在一次性基礎上進行的實驗轉換為可維護的資產，這些資產可以斷言你仍然滿足需求且可以同時記錄它們。

將情境當做品質屬性

測試應該盡可能宣告式的說明品質屬性。一種方式是將條件表示為特殊的 Cucumber 情境：

```
@QualityAttribute @SlowTest @ProductionLikeEnv @Pending
```

情境：尖峰時刻請求數量

前提是系統已經部署在類似實際環境中

5 分鐘內 10k 請求少於 0.1% 錯誤、且百分之 99.5 的回應時間在 100ms 內

注意此處的自定標籤：

- **@QualityAttribute**：將某個東西歸類為品質屬性需求
- **@SlowTest**：啟動某個東西只是為了慢慢跑測試
- **@ProductionLikeEnv**：標示此測試只與指標有意義的類似實際環境有關
- **@Pending**：標示此情境還未通過

採用這種方法時，寫下的情境就是品質屬性的單一事實來源。不止如此，情境測試報告也會變成"非功能性需求"的清單。

注意品質屬性情境在它們從未實際實作成真正的測試時也有用。

你可以這麼說明品質屬性：

- **保存**："假設已經寫入了購買，那麼當我們關閉並重新啟動服務，然後再啟動購買時，就可以讀取所有購買數據"。記錄這麼明顯的事情會不會太過分？
- **安全**："執行標準穿透測試套件時，找到零個缺陷"。注意關鍵字是標準，它表示情境之外更完整的說明。此外部連結也是文件的一部分，甚至不是你寫的也一樣。

當品質屬性可於編譯期檢查時，它會成為品質儀表板的一部分（舉例來說，在Sonar 中）。在這種情況下，你可以將此工具變成品質屬性的清單。你可以使用Build Breaker 外掛等東西讓建置在太多違規時失敗。這是另一種強制實行指南的方式。

將實際執行期當做品質屬性

有些品質屬性太難從執行環境以外測試，這種狀況需要更監控導向的方法。Netflix以 Chaos Monkey 斷言服務層級的容錯。之後它在資料中心層級採用 Chaos Gorilla：

> Chaos Gorilla 類似 Chaos Monkey 但模擬整個 Amazon 掛掉。我們想要驗證我們的服務會自動恢復到可用區域，而不會產生使用者可見的影響或需要人工介入[16]。

這兩個 Chaos 引擎的説明與它們的當機頻率組態參數，是容錯需求本身的文件。

有些雲端或容器業者提供部署後指標下降的自動化復原工具。此組態是所謂的“正常”指標的標準文件（舉例來說，CPU/ 記憶體使用率、轉換率）。

其他品質屬性

> 對產品進行實驗前記錄你對成敗的預期：http://growth.founders.as #startup #hypotheses
>
> ——*@fchabanois* 的推文

16 The Netflix tech blog, http://techblog.netflix.com/2011/07/netflix-simian-army.html

有些品質屬性不能自動測試（舉例來說，財務預期、使用者滿意度）。這些屬性通常放在共用資料夾的試算表中。網路上還有其他方法鼓勵人們在將目標與實際成果進行比較之前誠實的宣佈目標。這些工具鼓勵以類似 TDD 的方式進行以實現啟動目標。

從片段知識到可用文件

這一節描述的方法最終可能產生關於所有品質屬性的許多零散的、異構的事實來源。它們需要被整理合併到一個或兩個活表格中。

所以：以 Cucumber 情境處理你的品質屬性測試，並放在另一個“品質屬性”資料夾（所以相對應的活文件有另一章）。使用標籤將它們更精確的分類。選擇一個現有的工具，將主內容表作為所有品質屬性文件的單一入口點，並引用任何其他工具。

舉例來說，你可以決定 Cucumber 是主要的清單。然後你可以加入模擬情境來連結到 Sonar 組態與固定連結到每個靜態分析工具的組態。你也可以提到 Chaos Monkey 情境並連結到它在一些 Git 程式庫上的組態。

此外，你可以決定你的建置工具是主要清單。在建置管道中加入自定步驟（舉例來說，Jenkins、Visual Studio）指出 Cucumber 報告、Sonar 報告、Chaos Monkey 組態。

這些工具可同時作為清單，並在品質屬性不再達到標準時讓建置失敗。這能幫助文件誠實。若你使用 wiki 作為清單，則不再能強制實行。

將活架構當做小規模模擬

大型和複雜的軟體應用程序或應用程序系統在文件方面具有挑戰性。從原始碼的大小與組態來判斷描述它們所需要的知識，是如此之多以致於沒有任何用處。與此同時，關鍵的更高層次的設計決策和建構系統的所有思考通常都是隱含的。

若系統較小，則比較容易認識。閱讀幾個類別、執行幾個測試、以 REPL 探索程式、觀察執行期動態行為，你可以快速的認識它的作用以及它如何運行。就算是產生設計的想法已經不見，你還是能夠從觀察小規模系統活動發現。這是沉默的知識，但還是比什麼都沒有好。

所以：建立系統的小規模複製，例如抽取重要的實作程式碼與一些測試事件文件製作用。透過積極的整理展示，選擇一小部分功能和程式碼，這些功能和程式碼只專注於一兩個重要的方面並適合你的大腦作為一個整體。簡化每一個其他分散注意力的方面，即使這樣做會使它變慢，並給它一個有限的功能集。確保這個小規模的複製工作真實，產生準確的結果，儘管不一定需要在所有情況下這樣做。

小規模模擬的好處是讓它變成人類規模；如果能讓你理解。注意我所謂的小規模是說減少複雜性而不只是大小。

我曾經多次測試小規模模擬：

- 開發金融交換系統時，核心引擎因為各種最佳化、時間、排程、許可管理等其他考量原因變得非常大與複雜。我們建構只有基本功能的較小版本。在這種情況下，較小的系統並非複製而是由實際系統的相同元素組成，因為設計的彈性足以應付這種情況。
- 在一個非常大的舊系統中有一些應用程序和許多批次程序在後台一天運行幾次，系統的總體行為相當模糊。我們建立了最重要的批次處理的小型、簡化的 Java 模擬，以更好的理解它並探索它與新程式碼的互動。

- 在兩個新創公司採用結對程式設計，來建構可以處理非常簡單案例的小規模模型。這使得我們有機會快速的探索領域、發現主要的問題與風險、產生詞彙表、產生整體系統的共識。小規模系統讓後續的討論有具體的參考。我們發現這是討論過程中可以利用的溝通工具。

在每個東西都有歷史的大公司中，以“概念驗證”的名義建立小規模模型是永不休止的研究，除了投影片之外不用交付任何東西的做法是很好的替代方案。專注於可用程式碼能幫助整合，並避免困難的問題變得更加棘手。你或許一開始就做了概念驗證，但保留它們是為了日後的解釋力嗎？

小規模模擬的理想屬性

小規模模擬必須具有下列特質：

- **必須小到普通人或開發者的大腦裝得下**：這是非常重要的屬性，它暗示模擬不是原始系統的全部。
- **你必須能夠修改，它必須能夠進行互動探索**：程式碼應該很容易部分執行，能夠執行一個類別或函式而無需重建整個模擬。
- **它必須可執行以展示執行期的動態行為**：模擬必須從執行中預測結果，你必須能夠容易的觀察計算與獨立執行階段的除錯模式記錄。

可執行且真實的小規模軟體專案對推論系統很有價值。你可以觀察它的程式碼來推論它的靜態結構。你也可以透過建立更多的測試案例或以 REPL 互動來修改它。

這種方式也可以作為舊系統或外部系統的廉價代理；相較於執行相依資料庫狀態且到處有很多副作用的批次，你可以用模擬來掌握它的關係效應。

簡化系統的技術

要達成小規模模擬，你想要簡化完整系統，專注於一兩個重要的部分。如同其他文件，系統文件應該說好 1 件事而不是說不好 10 件事（已經有真實系統）。注意你還是可以決定建置一個以上的小規模模擬，像是每個重點一個。

簡化的小規模系統會失去很多細節且不會顯示其他有價值的知識。這種簡化很難做似乎是因為你熟悉你建置的系統，你想要區分不同的面向，但你必須學會克制與專注。

有趣的是製作小規模模擬的技術是你已經用於建立方便測試的技術。

具體的說，你可以用很多方式簡化系統，全都是決定忽略一或多個部分：

- **整理展示**：放棄功能必須完整的想法。拋棄與目前焦點無關的成員資料。忽略分支故事以及與目前焦點無關的次要特殊案例。
- **模擬、殘根、間諜**：放棄執行所有計算。相對的，使用一般測試來排除不相關的部分。使用記憶體集合代替中介軟體並模擬第三方。
- **近似**：放棄高精確度並採用夠好的務實精確度，像是沒有小數點的正確值或 1% 正確。
- **給方便的單元**：放棄以實際資料模擬。舉例來說，若日期用於判斷事情發生的先後順序，你可以用手寫的整數取代不好處理的日期。
- **暴力計算**：放棄與目前焦點無關的最佳化。相對的，使用最簡單或最具解釋力的演算法。
- **批次與事件驅動**：如果與目前焦點無關，將原來的事件驅動方法轉換成批次模式，或用容易寫與理解的其他方法。

建立小規模模擬是樂趣的一部分

你已經學到很多小規模模擬的事情。你必須整理思緒，沒有什麼東西比簡單、可用的程式碼更能強制做到。

從設計的角度看，排除細節以專注於基本會給你很多能幫助你改善原始系統設計的洞察。舉例來說，若你能在模擬中以整數取代日期，則原始函式不需要計算日期而只是計算可比較的任何東西。

若模擬可排除不必要的部分，這也表示原始設計應該遵循單一責任原則，也就是分離所有考量。你知道你能組合原始系統的程式碼元素來建立小規模模擬時就達到這種狀態。

這種啟動專案的做法在文獻中有各種名稱：Alistair Cockburn 稱它為行走骨架[17]。

這個想法也類似 Dave Hoover 與 Adewale Oshineye 的 *Apprenticeship Patterns: Guidance for the Aspiring Software Craftsman* 描述的可分解玩具模式[18]。小規模模擬能較實際系統更快的嘗試新東西，這在嘗試根據實際表現而非意見來比較兩個方法以決定採用哪一個時很方便。

這種可修改的系統非常有價值，因為新人可以建構自己的相關心智模型。如 Peter Naur[19] 所述，很難使用文字規則說明理論時，能夠自己動手把玩而不會有風險對形成你自己的理論有幫助。小孩子就是這麼學習物理法則。

17 Cockburn, Alistair. *Crystal Clear: A Human-Powered Methodology for Small Teams.* Boston: Pearson Education, Inc., 2004.

18 Hoover, David H., 與 Adewale Oshineye. *Apprenticeship Patterns: Guidance for the Aspiring Software Craftsman.* Sebastopol, CA: O'Reilly Media, Inc. 2009.

19 Naur, Peter. "Programming as theory building." *Microprocessing and Microprogramming* 15, no. 5 (1985): 253-261.

系統隱喻

若你進行過教學就知道向你不認識的人解釋東西有多困難。你必須判斷他們已經知道什麼才能有所依據。

隱喻利用大部分人已經知道的事情，因此解釋新東西更有效率。

討論某個系統來說明另一個系統

> 隱喻是系統如何運作的簡單故事。
>
> ——*C2 Wiki, http://c2.com/cgi/wiki?SystemMetaphor*

我解釋獨異點時通常使用有形世界的隱喻，像是可疊在一起的啤酒或椅子或任何可以疊在一起的東西。如此能說明獨異點的概念並且很有趣也很適合學習。

我們都熟悉的隱喻包括生產線、管道、樂高積木、軌道上的火車、材料清單。

Extreme Programming（XP）使用系統隱喻來統一架構並提供命名慣例。

最著名的 Extreme Programming 專案 C3 "建立成生產線"，還有另一個著名的 XP 專案 VCAPS "結構設計如同材料清單"。以隱喻作為系統名稱、關聯、角色都有相同的目的。使用隱喻時，你用受眾已經有的知識說明系統背景。你知道生產線通常是線性的，多個機器沿著傳遞組件的輸送帶排成一列。你也知道上游的缺陷會導致下游的缺陷。

沒有常識也沒關係

上一次我所在的團隊建構了一個現金流計算引擎，能夠從任何複雜的金融工具中重新創造現金，該團隊使用了合成器的比喻。現在我不得不承認，並不是每個人都熟悉合成器，但是在那個團隊中，有幾個人知道它們。有趣的是這個隱喻甚至幫助了那些不瞭解它們的人。

有趣的是，即使對於不知道該隱喻的人來說，它仍然是有用的，就像一種冗餘機制。想像一下，你試圖在腦海中把現金流引擎想像成一個解譯器模式，但你並不完全確定自己做對了。接下來，如果我解釋一下什麼是合成器（“一組充滿按鈕和旋鈕的電子裝置，透過接線以任意方式連接在一起”），它應該會有所幫助。每個連接器之間的組合幾乎是無限的，可以產生各式各樣的聲音，就像金融引擎一樣。

隱喻中的另一個隱喻

一個好的隱喻是具有某些產生力的模型：若我知道停止生產線代價很高，我會想若是軟體系統發生這種事情會如何。它會發生，且如同生產線一樣，我們應該對輸入材料進行嚴格的檢查。但該隱喻在這方面不成立，就是如此。

存在的文化越普遍就有越多的想法可作為隱喻。你知道銷售漏斗（見圖 12.6）是什麼時，你可以用它來說明電子商務系統中從訪客到詢問、提案、新客戶的連續業務階段。它被稱為漏斗是因為每個階段的量大幅減少。

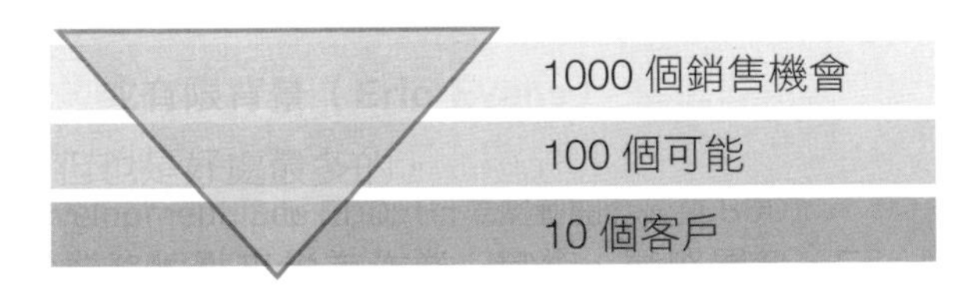

圖 12.6 銷售漏斗

這個知識在設計架構時很有用，因為它顯示擴展性的理由：目錄等上游階段較付款等下游階段需要更多擴展性。

總結

軟體架構的文件製作不一定要投影片軟體或專屬模型設計工具。它最好是活文件，位於系統本身，安排成人們熟悉的架構景觀。

這種方式的終極形式是測試驅動的透明活架構。在這種情況下，重要的架構知識可存取、讓任何人可快速的隨時做可見的修改、機器可持續進行事實檢查與回饋，因為有自動化斷言。

Chapter 13

新環境導入活文件

活文件從某人想要改善文件的製作物或製作軟體的方法的目前狀態開始。由於你正在讀這本書，你就是這個人。你想要開始活文件是因為你害怕失去知識或因為你想要更快的讓知識可用。你可能是想要以此顯示團隊製作軟體的缺陷，像是缺少深思熟慮的設計，而你預期製作文件會讓它更明顯。

困難在於找出有説服力的失去知識案例。你有了案例並證明可依靠活文件方法來解決時，你就在正確的方向上。

秘密實驗

若你覺得只有你對活文件有興趣，你可能想要和緩的開始，不動聲色，更重要的是不必尋求授權。這個想法是無論文件如何完成，它都是專業開發者的工作的一部分。

所以：自然的導入活文件作為日常工作的一部分。製作時從設計決策的注釋、意圖、理由開始。有空或真的需要文件時，分配專用時間建立活圖表或基本詞彙表等簡單的文件自動化。保持簡單使它能在幾個小時以內完成。不要說的跟革命一樣，就以自然的方式有效率的工作。強調優點而不是這本書的理論。

當然，人們對這種方式更有興趣時，你可以討論活文件並推薦這本書。

官方野心

另一種導入活文件的方式是透過官方野心，但我不建議以它作為起點。

官方途徑通常從管理層開始，或至少需要管理層贊助。文件製作通常是經理人的惡夢，因此這個主題更常由經理人而非開發團隊推薦。

有贊助者是好事：你有專屬時間或許有團隊來實施。相對的是官方野心有很大的可見度與緊密監視，因此有壓力要快快的交付可以看見的東西。這種壓力可能會因強制成功而危害此倡議。但活文件是個探索過程，具有實驗性，沒有明確的成功道路。你必須嘗試、判斷什麼不可行、看情況調整。最好是沒有上面盯著。

因此我建議從秘密實驗開始，只在你發現你的環境中的活文件的甜蜜點後再提升至官方野心。

新東西必須可行且必須被認可

我通常建議從開胃菜開始，然後嘗試顯示好處，然後再看著辦：

1. 從建立大量受眾的認知開始。一個好方法是非正式且有娛樂性的全受眾討論。重點不在於說明如何做而是顯示比目前的狀態更好。Nancy Duarte 的 *Resonate* [1] 給你滿滿的建議。會後傾聽回饋並於數日後決定是否再進一步。不行就再等數週或數月，或你自己先秘密進行。

2. 與團隊或具有影響力的團隊成員花時間識別什麼知識值得記錄。然後嘗試快速的在待辦項目或專用時間中成功完成。回顧也是考慮活文件問題與提出行動的好時機。專注於許多人覺得重要的真正的需求很重要。

3. 在短時間內建立有用的東西並像展示其他任務一樣進行展示。蒐集回饋、改善、一起決定現在或稍後擴張。

1 Duarte, Nancy. *Resonate*. Hoboken: John Wiley and Sons, Inc. 2010.

平緩開始

身為一個顧問，我經常與各種大小的團隊合作。他們要求建立更多文件時，我通常建議幾個步驟。

首先，我提醒他們互動與面對面知識轉移必須是文件製作的主要優先方法。

接下來，我告訴他們，我們可以考慮眾所周知、每個新人必須學習、對長期很重要的知識記錄技術。

此時可能有人會說："讓我們寫 wiki"。可以，只要他們清楚 wiki 適合長青內容、不常改的知識。其他東西還可以更好。

從哪裡開始？我喜歡快速的提及各種想法以觀察團隊成員的反應。舉例來說，我會稍微提到下列項目：

- 我們可以用 README 說明專案是做什麼的。
- 我們可以在專案根目錄加上 Markdown 檔案決策日誌來說明三到五個初步主要架構與設計決策。
- 我們可以用自定注釋或屬性標記程式碼以突顯重要部分或核心概念。結合 IDE 的搜尋功能，這是簡單又有效的提供程式碼導覽地圖的做法。
- 同樣的，我們可以用導覽注釋或屬性標示程式碼以提供簡單的方法來追蹤請求或跨各種程式碼片段、跨各種層或模組的處理過程。同樣的，這依靠 IDE 的搜尋功能。
- * 我們可以將最重要的餐巾紙草圖轉換成決策日誌檔案中的 ASCII 圖表。

這個清單刻意的只包含短時間內可完成的東西。舉例來說，我合作的一個團隊提交了有五個重要決策的決策日誌，標示三個重要指標與兩小時內五個步驟的導覽。這包括建立兩個自定屬性以確保 IDE 的搜尋功能可行，並確保 Markdown 在 TFS 中可行。

這個階段的目標是快速吸引以建立感知與興趣。目標是聽到：“哇，我真是喜歡這種方法。我現在就要！”

另一個目標是讓團隊成員在經過這些步驟後體驗“超越文件效應”：“哇，我現在才知道我們的結構有多爛”。這兩個鐘頭真是好料！

團隊產生興趣且有一些時間時，你可以進一步嘗試文字雲、活詞彙表、活圖表。

變大與可見

平緩啟動後，你可能有更大的野心。我不是說這樣不好，但這樣可能有危險，因為：

- 可見的野心通常需要展示可量化的結果甚至是 KPI。但“40% 活文件”是什麼？為活文件而活文件最終會壞了它的名譽。
- 好處可能要等好幾個月，超過三個月以上也許很難顯示出投資效益。
- 如前述，在你的環境中套用這本書的技術可能需要各種調整；這些調整可能會被視為失敗。
- 對團隊有用的可能不是管理層所期望的。如果是這種情況，要站在管理層的角度想想：在文件方面什麼會讓你感到滿意？如果你能夠讓非開發者能夠存取以前隱藏的知識，這對每個人來說都是一件好事。經理人將能夠根據從程式碼中擷取的客觀事實自行判斷某些事情。你安排了活圖表或其他機制時，你就有機會以推銷你的想法的方式進行整理與展示（舉例來說，鼓勵好事情或警告壞事情）。

無論如何，要記得活文件或非活文件不是目標而是加速交付的方法。因為知識在活文件中隨時可用而能很快的做決策所以直接加速交付。它也可以是間接的，建立文件讓每個人感知系統中利益關係人的想法或溝通中糟糕的部分。改正問題根源可改善整體系統，這會加速交付。

案例研究：導入活文件

有個團隊成員有興趣學習更多的活文件。他只是好奇，並不相信，但好奇心是個好起點。

先交談

我傾向從交談風格的活文件問答開始。相較於說明活文件是什麼，我從為想要學習的團隊成員設身處地開始。我要求團隊成員告訴我目前專案，我告訴他我會在掛圖上做筆記。然後我開始問下列問題：

專案名稱是什麼？目的是什麼？為誰？

生態系統是什麼，包括外部系統與外部角色？有什麼輸出入？

執行風格是什麼？互動、批次、GitHub 掛鉤？主要語言：Ruby、Java、Tomcat、或其他東西？

目前都是標準問題，答案自然出現。然後我問：

你覺得核心領域是什麼？

這一題很突然。團隊成員需要時間思考。他很驚訝答案在專案進行幾個月後還不明顯。

他說："哦，既然你提到，我覺得我們的核心領域可能是在我們提供給外部合作伙伴的提要中，插入指向我們的系統的深度連結的方式，讓他們為我們帶來合格的網頁流量。我以前沒有這樣想過，我不確定團隊中的每個人都意識到了這一點"。

我問："這個深度連結是專案存在的理由嗎？"

他說："對，絕對是"。

我追問：“你覺得每個人都應該知道嗎？”

他說：“很明顯是”。

我問：“所以應該記錄在某個地方？”

他回答：“當然！”

第一次任務報告

透過交談知道我對什麼感興趣後，我可以召開任務報告來導入活文件基本概念。

活文件主要在於*進行交談以分享知識*。我在交談中的目標是知道什麼對我很重要，快速且不浪費時間在其他東西上。互動交談與大量討論很難有對手，特別是掛圖可幫助我確保我理解他人的訊息。

我現在可以導入的第二點是我們討論的某些知識必須固定記錄保存。記錄的好處是這些知識大部分是*長時間穩定的*。運氣不錯，所以我們可以使用任何形式的*長青文件*：wiki、文字等。但我們必須確保不會混合任何易揮發或短命知識，不然我們會立即失去長青文件永遠（或長時間）不需要任何維護的好處。

第三點：我們發現的“深度連結”概念是線上文獻已經記錄過的標準概念。它就是*現成知識*。我們可以連結它到網路上，因此無需再次說明。我們很懶。

此例中出現的最後一點是，注意文件使得具有知識的人也會增長對程序的額外感知。它就是“超越文件”所說的好處，而這或許是活文件最大的價值。

是時候討論程式碼

問完背景與問題後，我想要知道更多關於解決方案的部分——換句話說，程式碼。因此我問程式碼是如何組織的。

然後我們在掛圖上畫出資料夾階層，此結構非常接近六角架構。此時我稍微挑撥團隊成員："想像你們在專案交付後全部離職，沒有預算留下你們。一年後專案必須恢復並加入新功能，因此組成了新團隊。你覺得新團隊有什麼讓目前系統降級的風險？"

對此虛構的狀況，團隊成員很容易回答："我覺得新專案的新手會把業務邏輯放在 REST 端點，這不好"。

我說："沒錯。這不好。但我覺得今天不必討論這個，現在的專業開發者應該知道"。

團隊成員說他們做的每件事都相當標準，沒有意外。我覺得這表示不需要記錄所有標準的東西。還有，程式碼相當乾淨，它顯示出它是如何完成的。但它沒有說出為什麼這麼做。

我問是否還有什麼讓目前系統降級的意外風險。

團隊成員說："事實上，我們設計了納入與排除機制來根據外部夥伴過濾匯出內容。但我們這麼做完全是不信任外部夥伴。只有他們的組態是專用的"。

我問："你的意思是程式碼並沒有提示有這個想法？"

他回答："是的，新人可能會在夥伴專用行為前後加上 `IF` 陳述而破壞此設計"。

決策日誌與導覽

我告訴團隊成員我們必須記錄他所說的設計決策。我們可以在原始碼控制系統中專案根目錄以 Markdown 檔案寫決策日誌。它相當簡潔：日期、決策、理由、後果。三句就夠了。

還有呢？專案的程式碼不壞，但沒有在系統中的所有階段明顯的依循使用者請求。

我說：“我們可以做導覽”。我解釋並展示如何建立自定的 `@uidedTour` 注釋來標示導覽的每一個步驟。團隊成員很快的設計出七個導覽步驟並為每個加上注釋。導入第一個導覽花了 20 分鐘。

此外，我發現導覽過程中有個重要的行為部分以快取通讀方式快取住網頁服務的計算：這也是現成的知識，網路上有說明！

然後我們建立另一個自定注釋 `@ReadThroughCache` 來標示該知識，有簡短的定義與連結到網路上的標準說明。

2.5 小時討論與建立注釋來支援我們的第一個活文件後，是時候從團隊成員取得回饋，我聽到正面回應：“我喜歡用注釋做文件的想法：這很輕量且容易做又不用請求同意。我可以自己做。相較之下，我覺得活圖表等其他技術需要團隊決策。連結到現成知識能節省時間且比我自己解釋更精確”。

我同意，提到這是嵌入學習方法的一部分：“在核心寫注釋也向團隊成員提示他們不知道的文獻中有趣的想法”。

但他不覺得這種嵌入學習適用於所有人：“是的，有些同事發現他們不知道且會想學更多。有些會讀連結並自學，但有些或許不會而來問我”。

我說：“我把這視為功能。它邀請討論，這或許對雙方是另一個學習機會”。

活文件的常見反對意見

你想要開始做活文件並不表示其他人也同意。或許他們不需要或看不到它的好處。

注釋並非用來製作文件

最常見的反對活文件意見是注釋並非用來製作文件。下面是關於反對意見的討論：

團隊成員：“我不想要用注釋製作文件，因為我不喜歡加入不會執行的程式碼”

我：“你知道，你已經在標示 `[Obsolete]` 或 `@Deprecated` 時這麼做”

團隊成員：“對吼，你說的好有道理”

我建議將“註解與注釋”的選擇弄成“好與壞”：“註解不好，應該避免；但若要記錄的資訊很重要，則值得用自定注釋”。

“我們已經這麼做了”

> 如果你有很多技術會議，這可能表示你的內部文件可以更好。
>
> ——*@ploeh* 的推文

“我們已經這麼做了”是所有東西最常見的反對意見。某種程度上，所有東西看起來像所有東西。

是的，你或許已經應用本書的一些實踐，但你真的採取活文件做法？關鍵字是深思熟慮。若你只是碰巧做了本書討論的一些事情，沒問題，但深思熟慮的做會更好。由你的團隊決定要寫什麼與文件策略。這種策略必須是自然發生且深思熟慮的。它必須符合你的特定背景且每個人都接受。

你的文件策略會混合你已經採用的實踐，讓一些做法更進一步，導入聽起來不錯的新實踐。你會隨著時間調整以達成事半功倍。

有人會說：“我們已經有了所需的知識”。

或許團隊有的知識是因為他之前就有了。但其他人覺得沒問題嗎？

或許你只是討厭文件，我完全可以理解。但知道你不知道什麼很重要。

轉移舊文件成活文件

若有舊文件，你可能想要利用它。這麼做可以避免空白頁症候群並提供以新觀點檢視過去知識的機會。有舊的 PowerPoint 文件嗎？將它轉換成活文件！將知識從 PPT 放回它最合適的原始碼：

- 願景與目標可以放在 Markdown 格式的 README 檔案
- 模擬碼或序列圖表可以做成純文字圖表或 ASCII 圖表，或者你可以用相同情境的測試取代
- 主模組與方法的說明可以透過一些類別與模組層級的註解、注釋、命名慣例放在原始碼中
- 註解可以放在組態項目中

注意這種知識可從共用磁碟與 wiki 擷取並放在原始碼控制中。

同樣引人注目的是轉移成活文件時，所有集中在幾個投影片或 Word 檔案中的舊內容會遍佈整個程式庫。這聽起來可能是件壞事。有時你可能更喜歡將一些概要投影片以一個檔案保存在一起。但是對於大多數實用知識來說，保存它的最佳位置是離你需要它的地方越近越好。

你可以對所有已經存在的文件執行文件探勘：電子郵件、Word 檔案、報告、會議紀錄、論壇發文、應用程式目錄等各種公司工具的紀錄。每次有知識 “過了這麼久依然有效”，或許就值得保存。

實務上，你會廢棄或刪除舊內容，或許會導向類似知識的新位置或說明如何找到它。前同事 Gilles Philippart 稱這種遷移為 “絞殺你的文件”，這類似於 Martin Fowler 的為舊應用程式寫新部分的絞殺應用程式模式。

邊際文件製作

你的文件工作不必在第一次嘗試時就完成。它應該隨着時間而演進。你想要改善某件事的時候，有一個好辦法就是專注於邊際工作。例如，你可以説，“從現在開始，每一件新的作品都將遵循更高的標準”。

邊際性的改善你的文件。從現在開始專注於你的工作，就算是很重要的舊程式也需要關注。別太擔心其餘部分。

有時你可以將新增的內容隔離到它們自己的乾淨背景中；這顯然更易於滿足更高標準的活文件，是更高標準的一切：命名、程式碼組織、上級的註解、程式碼中清晰和大膽的設計決策、更多的“典型”活文件之類的活詞彙表與圖、強制實行指南等。

案例研究：批次系統導入活文件

這個真實案例是從應用程式中批次匯出授信給外部系統。團隊成員經驗平均少於三年，因此需要一些文件是不爭的事實。團隊與經理人聽説過活文件並感到興趣，因此我們最終花了一個小時討論可以做什麼。

思考要做什麼時，我們嘗試專注於應該記錄以改善開發團隊生活品質的所有東西。然後檢視目前可用的文件的狀態讓我們可以提出更好管理知識的活動。

團隊成員説：“有一些文件，但它們過期且不可靠。我們通常會問最有知識的團隊成員以取得執行工作所需的知識”。

這有很大的改善空間，包括一些立竿見影的做法。我們可以導入下面一節所述的項目以開始活文件之旅。

README 與現成文件

原始碼控制程式庫的根目錄沒有 README 檔案。因此，團隊可以先在模組的根加上 README 檔案。

在這個 README 檔案中，團隊應該清楚提到此模組依循資料幫浦模式，加上模式的簡短說明與參考網頁的連結。從活文件的觀點來看，團隊應該參考現成的文件。

為了更有用，團隊可以在 README 檔案中更詳細的說明資料幫浦的主要參數：

- **目標系統與格式**：使用公司標準的 XML。
- **管理**：此資料幫浦屬於 *Spartacus Credit Approval* 元件且一併管理。
- **理由**：選擇資料幫浦而非更標準的服務端點整合，是因為目標系統是大量整合風格，兩個系統間每天有很多資料傳輸。

這些都有一點抽象，所以最好在 README 檔案中連結到有範例檔案說明元件輸出入的資料夾：

```
1 輸出入檔案範例見
2 '/samples/'（連結到 'taget/doc/samples'）
```

業務行為

該模組的核心複雜性是資格域概念的確定。它由已經在 Cucumber JVM 中部分自動化的一個名為 eligibility.feature 的特徵檔案中的業務情境描述。團隊可以重複使用這些情境來產生前述的範例檔案。如此能讓範例檔案保持更新。

有業務可讀的情境不錯，但團隊必須讓非開發者可存取這些情境。基本的 Cucumber 報告可將情境線上顯示成網頁。團隊可以考慮使用另一種工具 Pickles，以更好的形式和搜索引擎將活文件提供給任何人。

可見的工作與單一事實來源

用於產生 XML 報告的轉換定義在程式碼與一個 Excel 檔案中：

```
1  | input field name | output field name | formatter            |
2  | trade date       | TrdDate           | ukToUsDateFormatter |
```

團隊發現有不必要的重複知識。不一致時以哪一邊為準？通常是試算表檔案，但之後會是程式碼。

團隊可以讓試算表檔案作為單一事實來源（又稱為黃金來源）來改善這個轉換狀況。程式碼解析這個檔案並解譯它以驅動它的行為。在這種方法中，檔案本身就是文件。舉例來說，解析程式碼的模擬碼看起來像這樣：

```
1 對資料字典中的每個輸入欄宣告（即 XLS 檔案）
2 從輸入欄取值
3 套用格式以取值
4 查詢相對應輸出欄
5 指派格式值給輸出欄
```

團隊可能採用其他方式且決定程式碼是單一事實來源，並直接從程式碼產生檔案。這在程式碼大部分由 `IF` 陳述組成時不可行。能夠從程式碼產生可讀的檔案需要程式碼設計的通用結構。基本上，程式碼會嵌入與試算表檔案相同的東西，但寫死成字典（舉例來說，Java 中的圖）。

此資料結構可匯出成各種格式的檔案（.xls、.csv、.xml、.json 等）給非開發者受眾。

整合開發者文件與其他利益關係人的活詞彙表

團隊真的需要產生 Javadoc 報告嗎？在 IDE 中瀏覽程式碼很容易，團隊或許不需要使用 Javadoc 報告。Javadoc 報告可直接從 IDE 產生。UML 類別圖與型別階層也一樣。這些都已經是團隊的編輯器中內建的整合文件。

若團隊真的需要給非開發者存取參考，這或許需要導入掃描 `/domain` 中的程式碼，產生程式碼中所有業務領域概念的標記和 HTML 的詞彙表，這些概念是從類別、介面、列舉常數、可能還有一些方法名稱和 Javadoc 註釋中擷取的。當然，為了使詞彙表更好，團隊可能需要檢查並修復許多 Javadoc 註解。

顯示設計意圖的活圖表

若內部設計依循六角架構等已知結構，團隊可以用對應模組的命名慣例讓它可見。這種命名慣例與名稱結構必須記錄在 README 檔案中：

```
1 此模組的設計依循六角結構模式（連結網路參考）
2
3
4 慣例上，領域模型程式碼放在
6 src/*/domain*/ 套件，其餘都是基礎設施
7 程式碼
```

這是更現成的文件。

團隊可能會納入領域模型套件連結，但它必須撐過移動領域資料夾到另一個資料夾等重構改變。要讓連結更穩定，團隊可直接根據命名慣例的正規表示式做書籤搜尋：`src/*/domain*/`。

聯絡資訊與導覽

有問題應該聯絡誰？此例中的 Consul 服務登記簿應該有此資訊，如公司架構的要求。

批次的導覽用自定注釋不難建立，但它可能對開發者不太有用。該批次以非常標準且文件完整的 Spring Batch 框架建置。此框架完全控制行程處理的方式。可以安全的假設所有開發者都知道此框架以及它的運作方式，或者他們可以從標準文件與教學來學習它。不需要為它建立額外的自定導覽。

微服務大局觀

資料幫浦模組如何適應由許多微服務組成的更大的系統？回答這個問題需要一些努力。一種方法是在啟用了分佈式跟蹤的環境上定期執行*旅程測試*（一個端到端情境，透過系統的大量組件）。你可能會想到用於執行測試的 Selenium 和用於分佈式跟蹤的 Zipkin 等工具。然後團隊可以將分佈的跟蹤視覺化以產生一個導覽，顯示每個旅程測試期間服務之間發生的事情，從而提供系統的大局觀。與活文件一樣，從大量細節（服務間的呼叫與訊息通道上的事件）中篩選重要內容（舉例來說，哪個服務呼叫哪個服務）的關鍵是整理展示。

推銷活文件給管理層

新做法的常見問題是“如何說服管理層嘗試？”。這個問題看情況有不同的答案。

首先，也是我偏好的答案是由團隊決定符合其他利益關係人期待的方法。要求共享知識是每個人的職責，但是團隊真的需要批准來決定如何有效的執行其工作嗎？要記得團隊中的每個人（開發者、測試者、業務分析師），也是專案的利益關係人。為了更好的交付給其他利益關係人，他們必須首先照顧好自己。他們還需要足夠的自主權來嘗試實踐，然後如 Woody Zuill 所述，“放大好處”[2]，或許還需要停止不能放大好處的事情。

若你的公司與經理人對“真的敏捷”與“讓團隊有能力”很驕傲，則他們應該信任團隊，你應該不需要任何正式的批准就可以嘗試活文件或任何相關的實踐，甚至是結對程式設計與眾人程式設計等更激進的實踐。當然，這種自主權伴隨著實際結果的全責。

也就是說，第一次實施活詞彙表或活圖表需要半天至兩天的工作。這在沒有正式加入待辦項目清單中的工作來說太久，此時需要說服某人。

2 https://www.infoq.com/news/2016/06/mob-programming-zuill

若有文件製作預算或已經規劃了文件製作任務，你或許會想要將此時間投資在活文件上。同樣的，這可能需要批准。

從實際問題開始

導入新做法時不應該說教，應該展示好處，最好的方式是解決實際問題。

要找出實際的知識問題，你可能要問附近的人：“你覺得哪裡不舒服？”或“有什麼不清楚的？”。或者你不應該提問而是注意最近有提出過什麼問題。有些問題會是文件製作的提示。

發現什麼重要的一個方法是在向新人說明時仔細做筆記。若你要求新人做出報告，它可能會有應該改正或記錄的東西。

若你發現知識分享問題，要確保每個人知道它是值得解決的真正文件製作問題。然後提出受到本書啟發的解決方案。你不必使用*活文件*一詞，但只需提到你知道其他公司、大企業、小新創採用過的一種方法。

你可能從小東西開始，用你自己的時間完成，秀給你想要說服的經理人看。它可能是一個報告、一個圖表、或經理人特別有興趣的混合文件與指標。強調你如何以這種方法節省時間並改善滿意度。

專案完成後，好處應該足以說服人們繼續使用。若沒什麼好處，請告訴我，以便我改善這本書。還有，若狀況很糟糕，你還是能從過程中學到教訓，你或許會得到傳統文件較典型文件花費更多的例子。

活文件提議

若有很多文件製作問題，你可能需要從更有野心的活文件提議開始。這本書可以幫助你推動並作為標準參考。拿出這本書給你要說服的人看。拿出同主題的影片（舉例來說，https://vimeo.com/131660202）。我已經做出很多嘉評如潮的影片。

展示“領航”案例中的好處通常是最好的開始選擇。一開始沒有人會在乎，但前期的成功會讓更多人為了個人職業生涯的好處、而願意嘗試複製甚至是讓提議正式化。

一旦我們談到一個確定的計劃，我們就必須說服高層管理人員在團隊中投入時間是值得的，並且可能還需要一些額外的指導和顧問。推銷活文件的一種方法是考慮它是實現可持續的持續交付的前提，有點像測試也是前提：就像你需要一個自動化測試策略來快速進行一樣，你也需要一個活文件策略。

許多採用活文件的重要理由已經出現在你眼前，你的時間報表、你的知識管理的目前狀態。

總體來說，我覺得文件製作是經理人在乎的事情。團隊成員間技能與知識的轉移是管理層的焦慮來源；它代表時間成本，更重要的是缺陷與錯誤：

- 建立與更新技能矩陣
- 流動率
- 新人進入狀況所需的時間
- 擔心卡車因素（若團隊吃完午餐回來的路上全部被卡車碾過，導致滅團的損失知識風險）
- 缺陷比例與“我不知道呀”導致的意外

缺少文件是隱藏成本，如同缺少測試。每個修改都需要完整的調查與評估，有時候需要預先研究。

隱藏知識每次都要重新挖掘。另外，修改會以與之前的系統不一致的方式進行，使得應用程式膨脹並讓狀況越來越糟糕。這會以下列情況顯示：

- 交付修改的時間越來越長
- 程式碼品質指標下降，最顯著的是程式碼越來越大（若持續變大，或許表示設計不良。沒有足夠的重構可以開始且每個修改都是加大）

還有一些關於文件本身的爭議：

- 文件製作任務沒做完，或可見文件更新頻率不足
- 文件相關的合規需求
- 花時間寫文件或更新現有文件
- 花時間找正確文件
- 花時間讀錯誤文件

你可能想要檢討現有文件的品質，專注於下列各種指標：

- 文件在不同地方的數量（包括原始碼、wiki、共用資料夾、團隊成員的機器）
- 上一次更新的時間
- 離開團隊的人更新的文件的比例
- 文件中理由的數量（說明為什麼而不只是什麼）
- 可信任頁或段落或圖表的數量
- 來源與另一種文件間重複知識的數量
- “你知道我可以在哪裡找到相關知識？”的簡單隨機調查

你可以想出許多其他方法來幫助實現文件的實際狀態。若一切順利且受到控制，則活文件唯一能改善的是長期成本，因為團隊成員更合作、自動化、減少各種浪費。

若不順利且*沒有*受到控制，活文件可讓文件以合理的成本與可識別的加值再次可用。

在價值這邊，值得強調最大的好處，不只是分享知識，還特別能改善程序中的軟體（見第 11 章）。

比較現狀與願景

Nancy Duarte 在 *Resonate* 一書中建議透過展示刺激熱情。它從知道為什麼想要改變開始。若你決定讓團隊或公司導入活文件，你可以從回答這些問題開始：“我為什麼要分享與促進它？”與“我為什麼會興奮？”

然後你可以比較現狀與你想要鼓吹的新做法。下面是一些常見的令人沮喪的例子，它們可能與活文件方法的好處形成對比：

- 你沒有寫文件，你覺得內疚
- 向團隊成員、新人、團隊以外的利益關係人說明持續花很多時間
- 你寫了文件，但你情願寫程式
- 你找尋文件，找到時不能信任它，因為它過時了
- 建立圖表時，你因為花很多時間而沮喪
- 找尋文件花了很多時間卻沒什麼收穫，你經常放棄並嘗試在沒有文件下工作
- 合作進行敏捷時做了很多交談，你覺得不舒服，因為組織期待你交付更多可記錄歸檔的文件
- 你做了很多人工作業，包括部署、向外人說明、寫文件，而你覺得這是可以避免的

當然，你可以自定與判斷什麼東西對你的影響最大，並判斷什麼活文件最能解決問題。

下面是一般開發者的傾向：

- 他們不喜歡寫文件
- 他們喜歡寫程式
- 他們喜歡寫程式並覺得用程式做更多事情更有吸引力

- 他們討厭人工、重複的任務
- 他們喜歡自動化
- 他們對漂亮的程式碼很自豪
- 他們喜歡純文字與工具
- 他們喜歡邏輯（舉例來説，文字優先，DRY）
- 他們喜歡精通技客文化
- 他們想要技能被認可
- 他們理解真實生活的混亂狀況

另一方面，下面是一般經理人的傾向：

- 他們喜歡團隊的工作更透明
- 他們喜歡看到事情以他們可以感受的方式呈現，以認識到事情更好或更糟
- 他們喜歡拿出可以炫耀的文件
- 他們想要文件更不容易犯錯

看到事情的兩面性很重要。文件策略展示出每個人都想要的願景很重要。

合規精神

活文件方法可在最嚴格的合規條件下，透過精神上而非文字上的達成來進行。

若你的領域受到管制或你的公司因法規而需要很多文件（舉例來説，ITIL），你或許要花很多時間寫文件。活文件的想法可滿足合規目標，減少團隊負擔並節省時間，同時能改善文件品質與產品品質。

立法機關經常以需求追蹤與改變管理作為改善品質的焦點。舉例來說，美國食品藥品監督管理局在“General Principles of Software Validation; Final Guidance for Industry and FDA Staff”中寫到：

> 軟體程式碼中看似無關緊要的修改，可能會在軟體程式的其他地方造成意想不到的、非常重要的問題。軟體開發過程應該得到充分的計劃、控制、文件記錄，以檢測和糾正軟體修改的意外結果。
>
> 考慮到對軟體專業人員的高需求和高流動性的勞動力，對軟體進行維護修改的軟體人員可能沒有參與最初的軟體開發。因此，準確和完整的文件是必不可少的[3]。

同一份 FDA 文件也說明了測試、設計、程式碼審核的重要性。

敏捷做法乍看之下缺少文件導向而因此不適合要求很多的合規條件，但事實剛好相反。採用活文件範圍中的敏捷實踐，實際上是較其他傳統文件密集程序更嚴格的文件程序。

範例即規格（BDD）（自動化、活圖表、活詞彙表），在每個建置提供大量文件。若你一小時提交五次，文件會每小時更新五次且一定精確。文件密集的程序做夢也達不到這種表現！

與同事合作以確保至少三或四個人知道每個修改也符合各種合規條件，就算是知識不需要寫在原始碼以外也一樣。

你從上述可看到：採用敏捷開發實踐與包括活文件與其他持續交付想法的原則的開發團隊，已經非常接近大部分合規條件，甚至是惡名昭彰的 ITIL。

要記得敏捷實踐一般來說不需要符合繁文縟節的公司合規指南的實作細節。但敏捷實踐通常符合甚至是超過法規降低風險與可追蹤性的標準。無論敏捷與否、不

3 U.S. Food and Drug Administration, “General Principles of Software Validation; Final Guidance for Industry and FDA Staff,” http://www.fda.gov/RegulatoryInformation/Guidances/ucm085281.htm

管是開發團隊或合規辦公室，我們都想要降低風險、合理的可追蹤性、品質受控、改善所有事情。你不需遵循 2000 頁的 ITIL 無聊指南。你可以改用更有效率的實踐同時還能夠核實大部分高階目標。

所以：檢討合規文件條件，識別如何以活文件滿足每個項目，通常是使用輕量化宣告、知識增強、自動化。根據公司模板的必要正規文件可輕鬆的從完全不同風格的知識管理產生（舉例來說，從原始碼控制系統、程式碼、測試）。合規的要求太繁雜時，回到它的高階目標並識別如何改以你的做法直接滿足。有差距就是改善開發程序的機會。最後，要確保合規團隊經常審核你的輕量化程序以獲得永久有效的通行證。

你會驚訝於活文件如何符合或超越合規要求。

案例研究：符合 ITIL

Paul Reeves 在“Agile vs. ITIL”這一篇部落格文章中表示：

> 人們通常認為快速部署 / 持續部署 / 每日建置等在高度程序導向的環境中是行不通的，因為在這種環境中必須遵循規則和流程（通常他們只是不喜歡別人的規則）。
>
> 嗯，這個過程是為了確保一致性、責任、問責、溝通、可追蹤性等，當然它也可以被設計成一種阻礙。它也可以被設計成允許快速傳遞版本。人們指責過程或者 ITIL 是不成熟的表現，他們可能也會怪罪天氣[4]。

我的持續交付應用經驗顯示，確實可能以開發團隊內部的輕量化、敏捷、低循環時間程序，對應傳統、通常較慢且文件密集的外部程序。相較於一般認知，你的敏捷程序或許較 ITIL 教條管理的專案更有紀律：它很難比得過一天能建置好幾次，具有自動化產生功能性文件、大量測試結果與涵蓋率、安全性和可存取性檢查、設計圖表、在工具中的版本記錄與版本決策郵件歸檔！

---

4 Paul Reeves, Reeves's Results blog, http://reevesresults.blogspot.fr/2011/03/agile-vs-itil.html

嚴格的程序很重要的時候，使用自動化和強制實行指南是確保它們被遵循的最好方法，同時能減少人工操作的負擔。程序對機器而不是對人很好。正確的工具可以保護開發團隊，同時還可以消除人工作業。然而，這似乎是一個悖論，好的工具仍然能在品質期望沒有得到滿足的時候，變得非常明顯來吸引人們的注意力。有了這個保護裝置，每個團隊成員都能在工作中學習品質期望，同時也能從總是做富有成效的工作中獲得滿足。

ITIL 範例

讓我們從表 13.1 與 13.2 來看一個在 ITIL 概念框架下管理變更請求的例子。

注意敏捷實踐提倡將工作劃分得盡可能細。一個迭代包含幾十個切片，每個切片只有幾個小時長時，從追蹤工具中追蹤每個切片是不方便的。但是這種級別的細度對變更請求的管理影響不大；因此，你只能追蹤工具中切片的內聚聚合。

表 13.1 變更管理的請求

變更活動	敏捷遺漏實踐的例子	文件媒體的例子
變更請求集合	使用者故事或錯誤以及用說明、來源、請求者、日期、業務優先、預期效益增強	牆上標籤與追蹤工具（例如 Jira）
研究與影響	BDD、TDD、測試	所有活文件製作物
決策	決策、決策者姓名、目標版本、日期	CAB 報告（PDF 郵件）
後續	未啟動、進行中、完成、指派給	追蹤工具（例如 Jira）

表 13.2 版本管理

版本活動	敏捷實踐的例子	文件媒體的例子
內容	版本註記的相關變更、日期、停機時間、測試策略、影響（業務、IT、基礎設施、安全）連結	記錄工具（自動化成預寫文件與產生版本註記的混合）
影響	根據變更研究加上迭代備忘錄的回饋	活文件，以 PDF 歸檔
版本檢查	自動化測試、包括 SLA 測試、前實際環境中的部署測試、煙霧測試	CI 工具、部署工具結果、測試報告

核准	決策、決策者姓名、實際交付日期、目標版本、釋出日期、決策日期、進行條件	電子郵件存成 PDF
部署成功	部署與部署後測試	部署工具與部署後測試報告
持續改善	回顧註記，加上姓名、行動計劃、問題	wiki、郵件、白板照片

重點在於了解你的活文件可以符合或超越最嚴格的預期，同時減少額外合規工作。這是你在法規密集環境中導入活文件的誘因。

總結

導入活文件最好是先偷偷摸摸的進行，建立信心以擴張成更大更可見的提議。作為開始，你可以決定以這本書討論過的一些模式，將痛苦的傳統文件製作變成更活的文件。

若你需要預算或時間來增加投入，要記得經理人通常關心保存知識。因狀況特殊或必須遵守一些嚴格的法規而遇到反對時，要記得你可以在精神上而非文字上符合甚至超越規定。

Chapter 14

製作舊應用程式的文件

> 宇宙由資訊組成，但沒有意義—意義是我們創造的。尋找意義是在鏡中尋找。
>
> ——*@KevlinHenney*

這句話說明舊系統：它們充滿知識，但通常加密過，而秘鑰已經遺失。沒有舊系統的測試就不知道預期的行為。沒有一致性的結構，我們必須猜測它的設計與理由與它如何演進。沒有仔細的命名，我們必須猜測變數、方法、類別的意義與什麼程式碼負責什麼。

總而言之，我們稱無法直接存取其知識的系統為“舊”。它們就是所謂的“文件破產”的例子。

文件破產

舊應用程式相當有價值，它們不能直接拔掉。大部分重寫舊系統的嘗試最終失敗了。舊系統是大組織的問題，它們一直活著產生盈利而變成資產。

但舊系統在因應背景改變而改變的成本很高時是個問題。高昂的改變成本與許多問題有關，包括重複與缺乏自動化測試，還有消失的知識。任何改變需要很多時間與從程式碼逆向工程找出知識，在修改最後一行程式碼之前要進行很多實驗。

但知識都還在。接下來你會看到幾個特別適用於處理舊系統的活文件技術。

舊應用程式即知識化石

前面說過可以回答問題的東西就可視為文件。若使用應用程式可回答問題，則該應用程式就是文件的一部分。這特別適用於遺失規格的舊系統，你必須用它來了解它的行為。

重寫部分舊系統時，舊系統可視為知識來源，因為新系統或許要繼承它的大量行為。每個要重寫的新功能的規格可從前一個系統擷取。實務上，設計規格時，你可以檢視舊應用程式的行為來獲得靈感。

“重寫相同規格”悖論

重寫舊系統常見的一種失敗模式是以完全相同的規格重寫。重寫而不做任何改變沒什麼意義；這麼做只是有很多風險與很多浪費。只改變技術規格不是什麼好主意，除非是硬體再也買不到且沒有模擬器。

重寫軟體是成本很高的活動，即使是純粹從技術角度來看，而改善投資報酬率最好的方法是同時重新思考規格。許多功能不再有用。許多功能應該適應新使用方法與背景。UI 與其 UX 必須大幅改變，這些改變會影響底層的服務。你也想要讓新應用程式更便宜更常交付，因此你也想要讓測試自動化，而正如 BDD 建議，以具體例子作為更清楚的規格會比較便宜。

我強烈建議不要重寫相同規格。重寫一部分並將它視為伴隨舊系統的全新專案，將舊系統的原始碼當做是採集靈感的來源。

所以：重寫部分舊系統時，視舊系統為文件來補充規格的討論而不是規格本身。要確保領域專家、業務分析師、產品負責人等業務方面的人與團隊緊密合作。不要把舊系統當做新系統的規格。利用重寫的機會挑戰舊系統的各方面：功能範圍、業務行為、模組結構化方式等。重新獲得知識的控制權，用具體的情境與清楚的設計清楚的表示規格。

理想的團隊由團隊內部的技能與角色以三人行概念組成：業務觀點、開發觀點、品質觀點。

專案能存取可用的舊系統與原始碼比從頭開始好。這就像是團隊中有個老專家，雖然有時候是無關的專家。畢竟舊系統是過去不同人做出不同決策累積的結果。它是化石。

可回答“這個功能有多常用？”是可以利用舊系統的完美例子。

考古學

> 軟體原始碼是我們最密集包裝的溝通形式之一。但它還是一種人類溝通形式。重構是改善我們對其他人寫了什麼的認識的好工具。
>
> ——*Chet Hendrickson, Software Archeology: Understanding Large Systems*

提出舊程式碼的問題時，你的鍵盤旁邊要有紙筆以隨時做筆記。你需要畫出工作相關範圍的地圖。從執行期或除錯工具探索程式碼時，你需要記錄輸出入與你發現的所有效應。你必須記錄輸出入是因為副作用有影響，知道這種資訊也是模擬或評估修改影響的基礎。你應該畫出相依關係，Michael Feathers 在 *Working Effectively with Legacy Code* 中稱此為*效應圖*[1]。

保持這個程序低科技很重要，如此才不會讓你分心。這個文件製作工作必須專注於目前的任務，因此現在不需要清楚或正式。但完成這個任務後，你可以檢查筆記並挑出一兩個對任務有幫助的重要通用資訊。它們可以搬到更清楚的圖表、另外寫一節、或加入現有文件中。你以沉澱機制擴大你的文件（見第 10 章）。

當然，程式碼或許沒有給你答案。或許程式碼過時或有意外。在這種情況下，你需要幫助，最好是附近的同事，人類溝通還是有必要。舊系統不只是程式碼；還有各種歷史、投影片、舊部落格文章、wiki 網頁文件，它們現在當然有某些錯誤。

1 Feathers, Michael. *Working Effectively with Legacy Code.* Boston: Pearson Education, Inc., 2004.

舊環境也包括一開始就在的老人。老開發者可能換單位了，但他們可能可以回答問題，特別是多年前產生決策的背景。

泡泡背景

即使在舊系統，你會想要盡可能乾淨的環境。如果你有一些功能要重建，你可能會想要在乾淨的泡泡背景中建立新功能。實務上，它可以是一個新的模組、命名空間、專案，這意味很容易使用注釋、命名慣例、強制實行指南製作文件。泡泡背景使得“在全新專案但與較大的舊環境整合之下從頭寫軟體”很方便且有效率（見圖 14.1）。

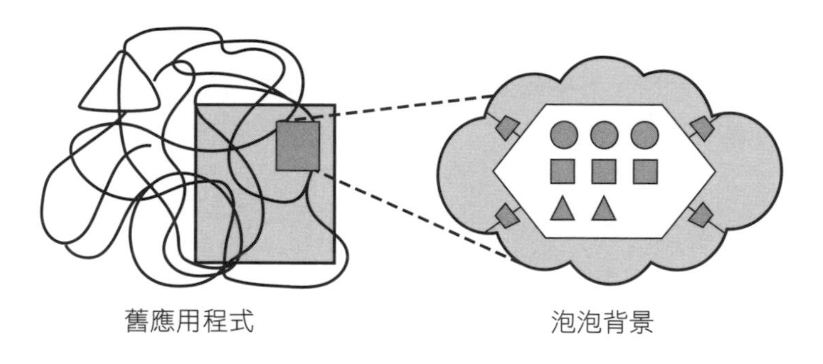

圖 14.1 乾淨的整合舊混亂的泡泡背景

泡泡背景不只是在舊專案中從頭開始，它也是在有限功能領域練習 TDD、BDD、DDD 以交付大量相關業務價值的好地方。

所以：若要對舊系統做很多修改，考慮建立泡泡背景。泡泡背景定義與系統其他部分的邊界。在此邊界內，你可以用不同方式重寫，像是測試驅動。在泡泡背景中，你可以用活文件方法投資知識。相反的，若你真的需要舊系統的完整文件，考慮以泡泡背景重寫該部分，使用最先進的實踐進行測試、寫程式、製作文件。

最好先對泡泡背景中的程式碼有很高的期望。它的架構和指南應該使用一組強制實行指南的自動化的工具來實施。舉例來說，你可能希望禁止任何新的提交直接引用廢棄的元件（Java 的 `import` 或 C# 的 `using`）。你可能需要並強制測試涵蓋率高於 90%、沒有重大衝突、最大程式碼複雜度為 2、方法最多五個參數。

接下來是程式設計風格，若你使用泡泡背景方法，你可以完整宣告泡泡的要求，像是使用套件層級的注釋：

```
1  @BubbleContext(ProjectName = "Invest3.0")
2  @Immutable
3  @Null-Free
4  @Side-Effect-Free
5  package acme.bigsystem.investmentallocation
6
7  package acme.bigsystem.investmentallocation.domain
8  package acme.bigsystem.investmentallocation.infra
```

第一個注釋宣告此模組（Java 的套件或 C# 的命名空間）是相對應 Invest3.0 專案的泡泡背景的根。其他注釋表示此模組的程式設計風格偏好不可變、避免空與副作用。然後這些程式設計風格以結對程式設計或程式碼審核強制實行。

泡泡背景是 Eric Evans 於 2013 發明的[2]。泡泡背景是重寫部分舊系統的完美技術，如同 Martin Fowler 的絞殺應用程式模式[3]。做法是重建最終會取代整個舊系統的一致性功能區域。

疊加結構

特別是在建立整合於大型舊應用程式中的泡泡背景時，很難定義新舊系統之間的邊界。甚至很難非常清楚的討論它，因為很難討論舊系統。你可能希望看到一個簡單而清晰的結構，但是實際上你發現的是一個巨大的無結構的混亂（見圖 14.2）。

2 Eric Evans, *Getting Started with DDD when Surrounded by Legacy Systems*, 2013, http://domainlanguage.com/wp-content/uploads/2016/04/GettingStartedWithDDDWhenSurroundedByLegacySystemsV1.pdf

3 https://www.martinfowler.com/bliki/StranglerApplication.html

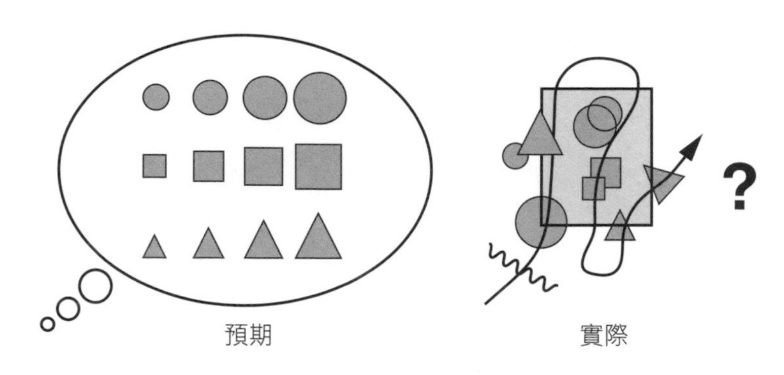

圖 14.2 心裡預期與實際狀況

就算是有結構，它也很模糊並只是幫倒忙而已（見圖 14.3）。

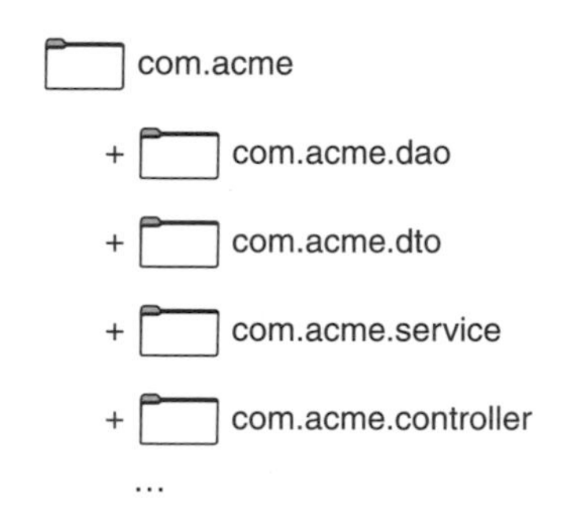

圖 14.3 典型的專案結構

你通常從讓舊程式可測試開始。測試讓你能做修改，但還不夠。要做修改，你還需要在大腦重建舊應用程式的心智模型。這可以是函式局部的，或者大到完整業務行為加上完整技術架構。

你必須讀程式碼、訪問老開發者、修改錯誤以更好的認識其行為。同時間，你必須用你的大腦理解你看到的東西。結果是你的大腦中對現有應用程式的結構的投射。由於現有應用程式沒有顯示此結構，你必須在現有應用程式上疊加新的清楚結構。

所以：在建立泡泡背景與新增功能或修改舊系統的錯誤的背景下，建立你自己的舊系統心智模型。此心智模型在閱讀舊程式碼時不一定看得到。相反的，舊系統

的這個新結構是投射出的景象，一個創造物。使用任何形式的文件記錄此景象，讓它變成供你未來討論或做決策的語言的一部分。

這個新結構是一個幻像，一個景象，不直接從目前的系統中擷取。你或許在回想系統應該做成什麼樣子與它做成什麼樣子的比較中看過它，現在每個人都比較清楚。

你可以將新模型顯示為舊系統之上的疊加結構，並將其作為一個簡單的示意圖展示給所有相關人員。我們希望展示新結構與當前狀態之間的關係，但是由於當前系統可能具有完全不同的結構，所以一旦需要一些細節就很難實現。你可以花時間把它做成一個合適的投影片，在展示期間顯示給每個利益相關者。相反的，你可以決定在程式碼本身中使其可見，以使其更明顯，並為進一步的轉換鋪平道路。

下面是一些心智模型疊加在舊系統之上的例子：

- **業務管道**：這種商業觀點類似於標準的銷售漏斗。它側重於一個典型的用戶的旅程中系統的管道階段發生的順序：訪客瀏覽目錄（目錄階段）、將項目加入購物車（購物車階段）、檢視訂單（訂單準備階段）、支付（支付階段）、收到確認與產品、有問題時得到售後服務。此模型假設每個階段的數量大幅減少，這對設計階段與作業觀點是很好的洞察。
- **主要業務資產，如資產捕捉（Martin Fowler）**：這個觀點側重於業務領域的兩三個主要資產，像是電商系統中的顧客與產品。每個資產可視為分成不同區間的維度，像是顧客區間與產品區間。
- **領域與子領域，或有限背景（Eric Evans）**：這個觀點需要更成熟的 DDD 與整體業務領域，但也是好處最多的。
- **責任層級**：從業務觀點來說有作業、戰術、戰略層級。Eric Evans 在 *Domain-Driven Design* 中有提到。
- **混合觀點**：舉例來說，例如，你可以考慮三個維度：顧客、產品、流程。每個細分為階段、客戶區間、產品區間。你還可以從左到右混合業務管道與由下到上的操作、戰術、戰略層級。

不論是什麼疊加結構，有了它就更方便討論系統。舉例來說，你可以提出“支付階段全部重寫，從可下載產品作為第一階段”。或者你可以決定“只重寫 B2B 顧客的目錄”。有了疊加結構，從此溝通就更有效率。

但要看團隊成員如何解譯這些句子。所以讓疊加結構更可見是有用的。

突顯結構

疊加結構可連結現有程式碼。幸運的話，疊加結構與程式碼現有結構間只是大量的混亂一對一關係。不幸的話，這可能是不可能的任務。

你可以把疊加結構的資訊加到每個元素上。舉例來說，圖 14.4 顯示的一個 DTO 是帳務領域的一部分，另外一個是目錄領域的一部分，以此類推。

要讓新結構可見，你可以在類別、介面、方法、模組、專案層級檔案使用注釋。有些 IDE 也提供標示檔案的分類方法，但它依賴 IDE，且標籤本身通常不儲存於檔案系統中。在下面的例子中，你會用注釋標示每個模組以記錄它們所屬的子領域：

```
1 module DTO
2   OrderDTO @ShoppingCart
3   BAddressDTO @Billing
4   ProductDTO @Catalog
5   ShippingCostDTO @Billing
```

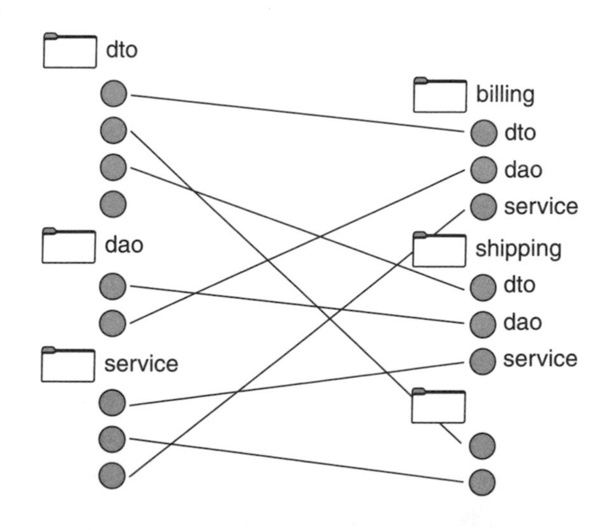

圖 14.4 技術結構與業務驅動結構的對應例子

這可以幫忙準備下一步：將處理帳務的類別移動到帳務模組。但在這麼做之前，你的程式碼必須在搜尋 **@Billing** 注釋時明確的顯示業務領域：

```
1 module Billing
2   BillingAddressDTO // 重新命名以改正縮寫
3   ShippingCostDTO
4   ShippingCostConfiguration
5   ShippingCost @Service
```

疊加結構的最終目的應該是成為系統的主要結構，使其不再疊加。不幸的是，在許多情況下，這永遠不會發生，因為努力不會達到“結束狀態”。然而這種方法仍然很有價值，因為它可以在此期間幫助交付寶貴的業務價值。即使舊程式碼的結構很糟糕，只要使用更好的結構進行推理，就可以從更好的決策中獲益。

外部注釋

有時候我們不想要為了增加一些知識而去碰脆弱的系統。有時候很難為了增加注釋而修改大程式碼。你不想冒險產生隨機迴歸。你不想動到提交歷史。除非有必要否則很難建置你不想建置的東西。或者你的老闆不准你只是為了“製作文件”而修改程式碼。

在這種狀況下還是可以套用活文件技術，但內部文件製作方法（舉例來說，注釋、命名慣例）必須改成外部文件。舉例來說，你需要文字檔案來對應套件名稱與標籤：

```
1 acme.phenix.core = DomainModel FleetManagement
2 acme.phenix.allocation = DomainModel Dispatching
3 acme.phenix.spring = Infrastructure Dispatching
4 ...
```

使用這種文件能建立解析工具來解析原始碼並利用這些外部注釋，就像利用一般的內部注釋一樣（見圖 14.5）。

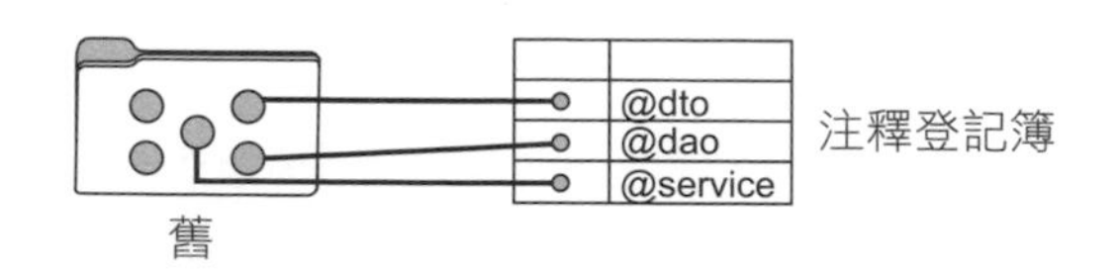

圖 14.5 使用登記簿就不會動到程式碼

這種方法的問題是它是外部文件，因此對舊系統中的改變很脆弱。舉例來說，若你修改舊系統中的套件名稱，你必須修改相關的外部注釋。

可生物降解轉換

臨時程序的文件應該在完成時消失。許多舊工作涉及狀態轉換。這種轉換可能需要數年且永遠做不完。但你必須向所有團隊說明這個轉換，你應該用活文件顯示它。

範例：絞殺應用程式

假設你要建置取代舊應用程式的絞殺應用程式。此絞殺應用程式可能會存在於獨立的泡泡背景中。你可以將此泡泡背景標注為絞殺應用程式。但它扮演絞殺者只是暫時的且不一定作為新應用程式；它成功絞殺舊程式後會變成普通應用程式，而注釋會變得無意義。因此這個絞殺應用程式策略是**可生物降解轉換**。

同時間，每個開發者必須知道以新的絞殺應用程式代替被絞殺的。所以你需要在被絞殺的應用程式中加入 `StrangledBy`(" 新泡泡背景應用程式 ") 注釋來說明等待絞殺（圖 14.6）。等它可以安全的刪除時，注釋也會跟著消失。

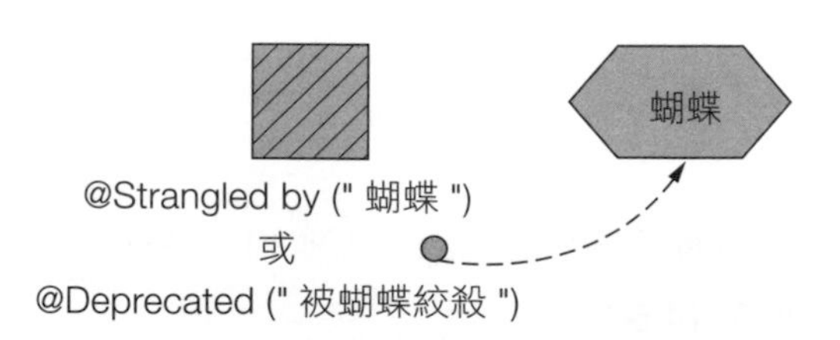

圖 14.6 應用程式標注為被另一個絞殺

當然，你還是可以將新應用程式標示為 `StranglerApplication`，但你在完成後必須清理這個標籤。若絞殺未了，它會表示未完成的工作。

範例：破產

有些舊應用程式很脆弱，碰一下就會出問題，需要好幾週工作才能再度穩定。發現這個狀況時，你或許會決定正式宣告它“破產”，這表示不應該再碰它。

新應用程式絞殺大型舊系統時，你不想要同時維護兩個應用程式，因此你也可以將舊的標示為“凍結”或“破產”。你可以使用幾種方式將應用程式標示為破產：

- 使用套件的注釋或 `AssemblyConfig` 檔案中的屬性
- 使用 BANKRUPTCY.txt 檔案說明要知道與做什麼（或避免做什麼）
- 刪除每個人的提交權限，若有人嘗試提交並問為什麼不可以，利用這個機會解釋它已經破產
- 一個比較弱的替代方案是監控提交並在改變破產應用程式時發出警告

格言

舊系統的大變化由一群目標一致的人完成；你可以如 *Object-Oriented Reengineering Patterns* 一書所述用格言分享願景[4]。

有了舊系統轉換策略後，你必須確保每個人知道。你可能建立了疊加結構。你可能在專案的程式碼標注了你的泡泡背景。但在必須分享給每個人的事情中，你真的希望讓所有人隨時記住幾個重要決策。格言是這個狀況很好的答案，它們已經存在很久了。

4 Demeyer, Serge, Stéphane Ducasse, 與 Oscar Nierstrasz, *Object-Oriented Reengineering Patterns*. San Francisco: Morgan Kaufmann Publishers, 2003.

所以：發明格言，把最重要的知識傳播給每個人。經常重複這些格言來宣傳它們。讓它們押韻來增強效果。

專案只是重寫大型舊系統的一部分，且你不希望重寫的內容超出當前絕對有用的部分（即帳務引擎）而不包括其他內容時，你可以使用這樣的格言："一次一點（帳務引擎）"，這是我在一個大型舊專案中最喜歡的格言之一。這是為了提醒大家在做專案的時候不要分心；他們只需要關注主要的點。

> "入境隨俗"與單點格言相反。換句話說，意外離開主要的點時，不要創新或改變太多；即使你不喜歡，也要按照當地的風格做。處理不會被重寫的舊程式碼時要保守。

另一個舊格言是 Gilles Philippart 說的："不要餵怪物！（不要改善舊的大泥球；這只會讓它活的更久）"。

我發現格言是很有價值的文件形式。重點在於只要合理就遵守它們，一天至少一次。格言格式是要持續遵守的，這是為什麼它值得一試。格言也可以幫助分享團隊一致同意的回顧結論。

強制實行舊規則

舊系統轉換可能比執行它的人們還要久；自動化強制實行此重大決策以保護它們。

假設你決定除了從特定地方外不再呼叫舊系統的一些方法。舉例來說，你決定將讀寫模式的舊系統轉換成唯讀模型，除了負責維護新舊系統同步的程序外不能接受任何來源的更新請求。此設計決策可在決策日誌中說明：

> 此模型是唯讀模型，因此只能讀取。不要呼叫 Save 方法，除非你是負責維護新舊系統同步的程序。

你可以納入下面的理由：

> 舊系統已經無法維護，因此我們不想要再繼續開發。這是為什麼我們建立另一個系統來取代。但由於許多外部系統還會用它，我們不能一下子拔掉它。這是為什麼我們決定保留唯讀的舊系統以供整合。

你也可以直接在程式碼中記錄：

- 以自定 `@LegacyReadModel` 注釋標示此設計決策，並加上訊息與理由
- 將方法標示為 `@Deprecated`

但舊系統也表示或許有部分舊團隊在遠端或其他部門，而你無法保證他們會讀你的文件或郵件，或他們會注意你在例行會議中提到的設計決策。你知道若某些開發者不遵守此設計決策就會發生壞事。你會遇到錯誤並花時間處理不一致的資料。

我的同事 Igor Lovich 想出一個辦法將這種決策記錄成強制實行指南。假設你如下表示一個設計決策：

> 除非你是負責維護新舊系統同步的程序，否則不要呼叫這個廢棄的方法。

這個自定設計規則能以一些程式碼在執行期強制實行：

- 捕捉方法呼叫堆疊以找出誰呼叫它，並確保只有特定程式碼能執行（舉例來說，擷取 Java 中的呼叫堆疊並在 `try-catch` 中拋出例外）
- 檢查呼叫堆疊中的呼叫方必須在可呼叫該方法的白名單中
- 若你想要在某些環境而非全部環境下快速失敗，以 Java 的 `assert` 檢查
- 檢查失敗時觸發特定後續工作（若被觸發則是個缺陷）

此外，你也可以將"不要餵怪物！（不要改善舊系統；這只會讓它活的更久）"格言轉換成強制實行舊規則，禁止提交特定部分的程式碼，或者你可以在提交時發出警告。這種強制實行較說給會忽略的人聽更簡單有效。

實務上，舊系統讓事情比預期的更複雜。需要勇氣與一些創意來做出“還可以”的解決方案！

總結

舊系統對活文件產生大量挑戰。它們帶有對程式碼及其知識的悲觀看法，這些知識主要是存在的，但作為僵化的知識被混淆了，所以你需要特殊的技術使其再次可存取，像是疊加結構和突顯的結構。程式碼太脆弱或不能合理的修改時，你必須求助於外部注釋。

由於對舊系統的關注通常是在舊系統轉換的背景中進行的，因此它意味着重大的修改，新增和刪除整個部分——所有這些更改都是由許多人在很長時間內執行的：這需要可生物降解的文件，這意味着它會跟著刪除程式碼而消失。除了在製作物中記錄的知識之外，你還需要一種方法讓人們以某種一致性來行動，例如透過共享格言。顯然，你也需要很大的勇氣！

Chapter 15

額外收錄：醒目的文件

> 最常見的溝通迷思是它發生。
>
> ——*@ixhd* 的推文

有文件製作機制不一定保證人們會注意到它、記得知識、或做出貢獻。有許多技術能以更少字、更快、更精確、更有趣而不會浪費時間的方式取得訊息。使用這種技術可透過灌輸活文件到你的文化來加強活文件的效率。這多出來的一章列出這些技術。

專注於差異

說明貓狗等某個東西時，我們專注於與一般東西的差異，像是哺乳類。若一般東西是眾所皆知的，我們可用幾點來說明某個東西（每一點說明一項重要差異）。

重點是顯著性，也就是“引人注目的特點”[1]。我們想要從大量資訊中描述特點。

你的檸檬怎麼樣？

我參加 Øredev 2013 訓練課時，Joe Rainsberger 在討論 BDD 時說了一個關於檸檬的故事。我記得不太清楚，但我記得重點，下面是我的版本：

---

1 已獲得 Merriam-Webster.com 授權。Merriam-Webster, Inc. https://www.merriam-webster.com/dictionary/salience.

> 老師要求每個人描述檸檬。人們說檸檬的形狀、顏色、味道、外皮顆粒。然後老師給每個人一個檸檬並要求大家仔細研究檸檬幾分鐘。
>
> 老師也分析了他自己的檸檬。該檸檬的一端有點扭曲、中間有些地方顏色不一樣、個頭較平均小。
>
> 然後他叫大家把檸檬集中放到一個籃子，然後要求每個人從中找出自己的檸檬。這意外的簡單！每個人都發現自己已經認識了特定的檸檬。他們說：“這是我的檸檬！”。他們甚至跟檸檬有了感情。

仔細觀察檸檬並與一般檸檬做比較，你能夠有效的描述它。你的描述與具有大量細節的描述同樣精準，因為你無需描述一般部分。

我曾經見過同事使用這個技術來說明業務領域概念。舉例來說，向新人說明金融資產類別時，講師只提到商品等特定資產的五到七個、相對於股票等眾所周知的資產的特點。

電力市場的特點是一天與一年中有時段價格。石油市場的特點是有區域性，因為石油不能隨便出貨至任意一處。

只說不知道的

說給已經知道的人聽沒有意義。重點是發現聽眾知道什麼。交談過程中可以根據對方的問題、肢體語言、直接詢問來評估交談對象知道或不知道什麼。書面方式比較麻煩但不是不可能，有以下幾種辦法。

以受眾區分

你可以從常見問題分辨受眾，若有支援團隊，你可以跟他們交談以了解他們知道了什麼以及什麼需要更多說明。然後你可以專注於每個受眾不知道的東西。

彈性內容

你應該將書面內容安排成可略過、跳過、部分閱讀。你也應該清楚的標示選擇性章節並讓讀者能從標題判斷內容是否有關。

舉例來說，Martin Fowler 建議寫雙工書[2]。這個想法是將內容分為兩個部分，第一個部分是要全部讀的內容，第二個部分是不一定要全部讀的參考材料。你讀第一個部分來獲得概要，有需要時讀其餘部分。

低傳真內容

> 想要讓人們覺得受邀輸入就使用低傳真表示的輸出。
>
> ——*@kearnsey* 的推文

用於腦力激盪、探索、提出想法的圖表常常被誤解為規格的一部分。這導致了對細節的不成熟的回饋，像是“我更喜歡另一種顏色”，即使在接下來的幾小時或幾天內整個事情會發生很大的變化。這種情況尤其適用於在電腦上完成的所有工作，因為使用適當的軟體可以快速、輕鬆的建立漂亮的文件、圖片、圖表。

所以：塑造知識時，在文件中使用框線與草圖等低傳真內容來保持清晰。

視覺輔助

“我說的是這個”同時指向白板或螢幕上的圖表（見圖 15.1）比“我說的是過濾第二個計算引擎的重複項目”更精確。如 Rinat Abdulin 在討論活圖表時所說的：“討論時可以指著的東西能加速溝通且更精確”。以視覺媒體支援交談是很強的技術。

2 Martin Fowler, ThoughtWorks blog, http://www.martinfowler.com/bliki/DuplexBook.html

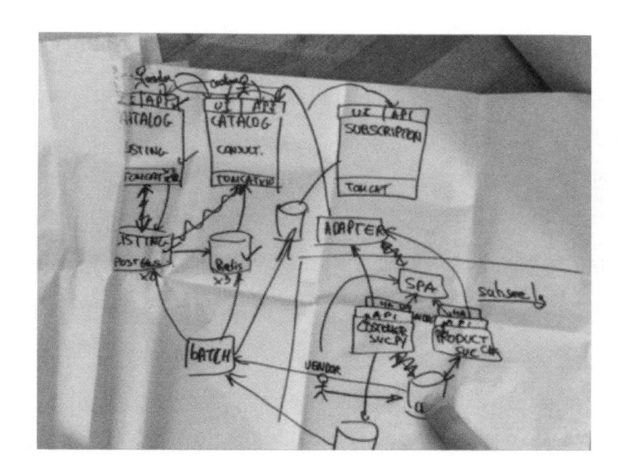

圖 15.1 指著共享視覺支援討論能改善溝通

開會或開放討論時，掛圖上的視覺註記不只報告在討論什麼：它們也在每個人的眼前影響進一步的討論，此影響在拿著白板筆的人很會畫圖時更強。他可以整理資訊的表現方式、排列概念、使用有意義的佈局、標注連結、做出附註、修飾討論內容。

所以：討論時不要低估視覺輔助的重要性。學一些視覺輔助技能可幫助塑造工作。

重複說過的話的視覺重複可幫助你立即掌握關鍵字或想法。它們能讓與會者掌握與專注。視覺輔助做得好也能讓人會心一笑。

搜尋友善的文件

讓資訊可用還不夠。你必須知道有需要時到哪裡找，它必須很容易搜尋。

要方便搜尋最重要的是使用獨特的字詞。

> **獨特的字詞**
>
> “Go”是一個程式設計語言的名稱，對 Google 來說它不是搜尋友善。更搜尋友善的名稱是 golang。

這個知識應該清楚的提到用戶需要它解決的問題，因為這是要搜索的問題。為了幫助解決這個問題，應該添加關鍵字，包括那些實際上並不出現在實際內容中，但是在用戶搜索時可能會用到的字詞。使用實際用戶的字詞是有幫助的，舉例來說，從失敗的搜索分析中找到的字詞。

要記得提到同義字、縮寫字、翻譯錯誤、常見的錯誤以提升搜尋的可發現性。

這通常只適用於寫在傳統文件中的文字，但它也適用於也視為文字的程式碼。你甚至可以使用注釋新增關鍵字。

現在一起做出具體範例

討論規格時要確保所有與會者同意具體範例。

下面的事情或許很常見：

> 我們已經對修改達成共識，會議可以結束了。你會進行測試案例與細節設計與畫面模擬，下個禮拜繼續討論。若有問題可以隨時提出。

一個錯過的機會是與會者在會議後大部分都浪費時間。會議中的共識通常是幻像。俗話說得好："魔鬼藏在細節中"，開始建立模擬時才會出現問題。只有在設計解譯錯誤的抽象需求時才會發生，可能需要數天或數週才會發現。

更好的方式是以非正統的方式回應：

> 要不現在一起做出具體範例？

我經常使用類似的策略：

> 我認為我們都同意要做什麼。但為了 100% 確定，我們現在應該一起花幾分鐘畫出具體範例。

做這種事聽起來像是浪費時間。“我們沒時間在這裡做低階細節”是我有時候會聽到的反對意見。看你的同事在 Microsoft PowerPoint 上面慢慢的拼湊按鈕與面板確實很痛苦。但你同時間也節省了更多決策時間，因為每個人都在現場確認、調整、提出警告——立即的。

所以：討論規格時，要確保與會者在會議中同意具體範例（當場）。不要想要在會後進行以節省時間。要知道決策是主要的瓶頸，而非是畫出具體範例。有些範例會是文件重要的一部分。

範例是用文字、資料表格、掛圖草稿、投射在大螢幕上的模擬畫面、或其他東西表達的情境都不重要，重要的是每個與會者理解範例，使他們可以立即注意到有什麼問題。因此，範例具體很重要。不要做出抽象結論。大家都同意“打五折”，但要是價格為 $1.55 時要如何處理？四捨五入嗎？你需要具體範例才能注意到這種問題。

實務

會議中提出建立具體範例時可能會聽到很多反對意見。具體一詞聽起來很繁瑣與緩慢，而抽象聽起來簡潔與快速。短期內是這樣，但對長期下的規格來說剛好相反：具體比較快。

事實上，你可能會痛苦的意識到這一點並建議會後再做範例：“我不想浪費你的時間，所以告訴我怎麼做，我等一下會自己做”。相反的，要這麼說：“很抱歉你要等我啟動工具，但我們可以確定對解決方案達成共識。如此可以避免來回的郵件與接下來的會議”。

規格的溝通特別容易出錯，要記得：

- **不要**：“停止以節省時間。我會自己做，然後再開會討論結果”。
- **要**：“讓我們一起盡快完成以盡快發現有什麼問題”。

快速媒體與會前準備

選擇下列快速媒體對建立具體範例的共識有幫助：

- 掛圖或白板與馬克筆，仔細寫以讓大家都可讀
- 桌上的大張白紙與筆
- 人們討論而發言人逐字記錄，複述紀錄給其他與會者
- 顯示在大螢幕上的文字編輯器
- 你熟練的畫面模擬工具
- 滿意解決方案後用 Microsoft PowerPoint 拼貼的畫面

做一些會前準備與一些現成材料。曾經有過同事帶來一整個資料夾的重要畫面截圖與工作流程圖表以改善討論溝通。我使用類似的數位方法，準備好全螢幕 PowerPoint 與其他東西，以便在討論規格時回答問題或使用重複使用部分畫面。

同樣的做法可應用在其他方面，例如品質屬性。討論效能、延遲、容錯需求時，除了定義預期外，進一步一致同意驗收條件也是個好主意。然後驗收條件除了作為測試文件外，也可以確保達成品質屬性。

現在一起做

“現在一起做”是在達成共識後，進一步讓與會者以具體範例思考與同意解決方案（舉例來說，具有精確數字的 UI 模擬、互動流程、影響圖、預期業務行為的情境的文字或草圖）。

做出具體範例的產品規格會議很有價值。它們依靠面對面有效溝通，它們做出品質文件。

典型的例子當然是規格研討會，三人行在會中定義了關鍵的情境。敏捷軟體開發的文獻中有很多類似的互動合作製作：

- **眾人程式設計**：大家一起在同一台機器上做同一個任務
- **CRC 卡片**：以桌面上的 CRC 卡片立即、互動、合作進行模型設計（來自 Ward Cunningham 與 Kent Beck）
- **以牆上的便籤進行模型設計**：例如模型激盪（來自 Scott Ambler）[3] 與事件激盪（來自 Alberto Brandolini）[4]
- **程式碼分析**：與領域專家開會時直接以程式設計語言程式碼設計模型（來自 Greg Young）

Stack Overflow 文件

我經常聽到同事或求職者說 Stack Overflow（SO）是寫文件最好的地方，我的經驗證明它是。正式文件通常很無聊且很少任務導向，有趣的是在 SO 上回答的人通常使用正式文件以及嘗試錯誤或閱讀原始碼來建立知識。

人們很快的在 SO 上回答問題。它是另一種活文件：提問，全世界的人們很快的回答，使得文件變得活生生。

所以：主題很常見時，讓 SO 提供以你提供的參考文件為依據的任務導向文件。讓你的團隊在 SO 上提問讓他們回答其他人的問題。

在 SO 發文需要讓你的專案在線上公開，通常會帶著原始碼。特別是專案必須實用，有足夠的需求以吸引參與者。

3 http://www.drdobbs.com/the-best-kept-secret/184415204

4 https://www.eventstorming.com/

或者你可以維持內部專案並使用內部 Stack Overflow 複製品[5]。但自用的 Stack Overflow 複製品或許不像全球網站一樣有效。

Stack Overflow 的缺點是糟糕的產品看起來很糟糕。但你可以讓產品好一點來防止這個狀況。你也可以讓專人回答問題以改善使用者體驗。

可承受與吸引力

> 我們可以讓資訊可用，但我們無法讓人們在乎它。要依靠新聞嗎？
>
> —*Romeu Moura*

我的 Arolla 的同事 Romeu Moura 的意思是，文件的吸引力的理由應該與花朵的吸引力一樣：自衛。

規格摘要

我曾經看過團隊決定讓所有設計規格整理成更短（約 10 頁）的“規格摘要”文件。它大部分是各種文件的重點部分的複製貼上並更新、修改、補充程序中漏掉的部分。這個摘要對團隊是非常有價值的文件。

規格摘要安排成章節，各半頁長，目錄有清楚的標題。這種結構能安全的略過任何段落並直接跳到感興趣的部分。

它的內容大部分專注於不明顯的東西：業務計算（日期、資格、金融與風險計算）、原則、規則。但它也說明多個相關概念間的版本控制等半技術部分。

若你已經根據 Cucumber 等工具中的情境做出活文件，你應該將這些內容移動到功能檔案或相同目錄下的“前言”Markdown 檔案。

5 StackExchange, http://meta.stackexchange.com/questions/2267/stack-exchange-clones

彩蛋與趣聞

有趣是學習的最佳方式。你可以在文件中對專案、贊助者、團隊成員埋梗來讓文件更有吸引力。加上簡單的繪圖。

如 Peter Hilton 在避免文件的談話所述：

> 使用幽默，沒有規定不能搞笑。文件嚴肅性不足或許不是最大的問題，不睡著才是[6]。

宣傳新聞

增加知識不足以讓受眾注意與使用它。提供宣傳文件的方式，特別是修改時：

- 至少要有“最新修改”網頁
- 修改通知（舉例來說，使用 Swagger）可推送到 Slack
- Slackbot 自定回復可提醒你什麼文件對應關鍵字
- 不一定需要釋出紀錄。判斷你是否真的讀過
- 真的在乎知識分享時，內部僱用真正的專業報導者

非正統媒體

企業傾向非原創。在文件方面，傳統媒體仍然是強大的電子郵件、Microsoft Office（帶有乏味的強制模板）、SharePoint、與所有因其用戶體驗而惡名昭彰的各種企業工具。但生活不必如此乏味。使用意想不到的、非正統的溝通和文件媒體來震撼你的團隊或部門。

6 Peter Hilton, “Documentation Avoidance for Developers,” https://www.slideshare.net/pirhilton/documentation-avoidance

接下來的章節提供讓溝通方式與分享知識以及目標增色的各種想法。

格言

你目前的行動是改善程式碼品質時，使用“修改錯誤？加入測試”或“對抗舊程式，寫單元測試”等格言。

不一定要抄別人用過的格言。寫你自己的文化會採用的格言。知道格言是否被採用的唯一做法是，在各種場合大聲說出來看看別人是否稍後會跟著說。

> **註**
>
> 你可能想讀 Chip Heath 與 Dan Heath 的 *Made to Stick: Why Some Ideas Survive and Others Die* 以學習更多相關內容。

好的格言很有用且很有趣。例如 @BeRewt 的推文說：“若不確定，以 Erlang 的方式執行”。

發明格言後，你的任務是盡可能重複（當然不要變成垃圾廣告）。

> **提示**
>
> 格言也可以重複。舉例來說，“可變狀態該死。該死的可變狀態！”是可幫助記憶的重複。

格言應該簡單，因為複製的東西不會傳播。你必須廣播你的格言，因此要用簡單換得記憶。你只能傳達一兩個重要訊息，要確保它們是最重要的訊息。以不同方式處理不重要的訊息。

> **註**
>
> 朗朗上口的句子更容易接受。這稱為押韻原因或伊頓羅森現象。

海報與內部廣告

將你的溝通視為行銷活動。你可以在內部使用相同工具。

發明格言後，你可以將它變成海報。首先搜尋圖片。以“做快的唯一方式是做好”為例，此格言具有重複對稱的“做”，這讓它有記憶點。

用 Google 搜尋會找到有 Uncle Bob 照片的現成的梗圖，因為他喜歡重複這個格言（圖 15.2 是用可愛的怪獸重新詮釋的梗圖）。

圖 15.2 Robert C. Martin：做快的唯一方式是做好！

基於梗的海報

若你還沒有發明格言，但你要大家記得上完廁所要關門。你可以用免費的線上梗圖產生器製作海報。你可以抄襲著名的梗直到你想到最適合的訊息。我們找到“怪頭 T 先生”的梗（見圖 15.3，同樣以可愛怪獸重新詮釋，因為它很可愛）（這是我在客戶處看到的真實案例，該海報貼在廁所門上）。

圖 15.3 你很棒嗎？上完廁所要關門

梗的一個缺點是太常用會很惱人。

> **高級提示**
>
> 在訊息中間放小貓。大家都愛可愛的小貓。

資訊輻射器

海報不一定要印出來貼在牆上或窗上才看得見。有些公司的電梯有電視牆顯示各種內部溝通投影片，這是放海報的好地方。

缺點是你必須通過核准程序，你有可能被退回。

但你還是可以在牆上、螢幕保護程式、結對程式設計畫面貼海報。

幽默與廉價媒體

你可能看過如圖 15.4 所示非常廉價但有效的海報。

圖 15.4 有效的故事

說故事很有力，就算故事很短也一樣。需要訓練或好運才能做出這種精品。幸好你可以重複使用（偷或抄）現成的精品。Twitter 是很好的有趣短故事來源，但要記住有人這麼做並不表示它就是合法的。

短格言可以放在 # 號標籤中。軟體業界也喜歡用 # 號標籤命名新實踐；例如 #NoEstimates、#BeyondBudgeting、#NoProject。

注意 # 號標籤不只用於 Twitter 或 Facebook。你可以在 IRL（真實世界）中使用，甚至是聽起來很尷尬的口語中。

> **提示**
>
> 以格言命名 Wi-Fi。舉例來說，若要鼓吹環境友善行為，你可以將 Wi-Fi 網路命名為 ReduceReuseRecycle。

商品 / 裝飾物

商品（舉例來說，T 恤、紙牌、卡片、海報、杯子、筆、明信片、貼紙、糖果、小東西）不一定持久，但有時它們很有用。商品傳統上就是用於複誦訊息。你可以印上訊息而非公司名稱。

DDD 歐洲研討會最近做了不同 T 恤設計與不同格言，例如

- 顯示隱含（見圖 15.5）
- 拋棄模型

圖 15.5 顯示隱含 T 恤

漫畫

你可以用漫畫說故事，像是沮喪的使用者夢想更好的軟體。你可以使用漫畫記錄與說明新專案的理由。

執行工作與分享最重要的風險的使用者故事也很能說明－與記錄－以很容易理解業務活動的基本業務風險的方式。

我曾經在企業環境中以幼稚的漫畫說明開發團隊的程序，還有一次使用不那麼幼稚的漫畫向銀行高層說明管理程序。兩個案例都可行且受到讚賞。

有幾個線上漫畫產生器可幫助你用人物、環境、效果庫建立基本漫畫。它們讓每個沒有任何畫圖技巧的人都能建立漫畫。

資訊卡

資訊卡是受眾在螢幕上讀而非投射出來的文件投影片。資訊卡提供許多好處：

- 你可以使用部分佈局幫助說明
- 它們很容易閱讀且不使用人們不會讀的散文
- 它很容易納入圖表作為溝通中的主要元素

重點是不要將資訊卡與要投射在大量受眾前面的投影片搞混。資訊卡應該只有一點點文字。文字應該用非常大的字體，它應該要有很多圖。

Martin Fowler 表示："我覺得資訊卡很有趣，因為似乎沒有人認真看待它們…色彩豐富、很多圖表、使用大量虛擬頁的文件形式，特別是平板變得更流行[7]。

7 Martin Fowler, ThoughtWorks blog, http://martinfowler.com/bliki/Infodeck.html

視覺化與動畫

較其他選項更難製作的動畫與動畫視覺化最能說明暫時行為。

一個很好的例子是在 Raft 中美麗的分佈式一致性視覺化，它展示了節點如何在各種事件面前選舉它們的領導者[8]。另一個我個人最喜歡的是一個很瘋狂的想法，透過聲音和粗糙的顯示來展示排序演算法如何運作[9]。

樂高積木

樂高積木過去幾年在敏捷圈子很受歡迎，現在我們經常在會議中使用樂高積木作為規劃工具或表示 3D 軟體架構。其他人物或積木也可在談話過程中作為調解工具。但這些東西的問題是人們過幾天後就忘記它們是什麼。

家具

家具也可以說故事。Fred Georges 在一次演講時說明桌子在新創公司中表示內部組織：每個桌子代表一個專案團隊。沒有桌子空間表示團隊達到最大規模。若桌子未坐滿，你可以隨意加入團隊：它是直接的邀請！

此外，你可以從巨大的 iMac 螢幕看出美術設計在哪裡，而 Linux 機器可能表明開發者的工作空間。

3D 列印

現在 3D 列印模型很容易做。你可以投射應用程式並以材料列印。這可以幫助每個人使用視覺與感官從視覺上與觸碰元素來掌握。3D 與可拆卸層對展示交疊的多維問題很有用。

---

8 The Secret Lives of Data, http://thesecretlivesofdata.com/raft

9 “15 Sorting Algorithms in 6 Minutes,” http://m.youtube.com/watch?v=kPRA0W1kECg

總結

文件不一定有用。要記得讓文件更有用的一些原則與想法（像是專注於受眾、可發現性、樂趣因素），可幫助你將你的活文件建議的效應最佳化。

索引

※ 提醒您：由於翻譯書排版的關係，部分索引名詞的對應頁碼會和實際頁碼有一頁之差。

Numbers（數字）

A

B

E

F

G

H

J

K

L

M

N

O

P

S

T

U

V

X-Y-Z

高品質軟體文件｜持續分享技術與知識

作　　者：Cyrille Martraire
譯　　者：楊尊一
企劃編輯：蔡彤孟
文字編輯：詹祐甯
設計裝幀：張寶莉
發 行 人：廖文良

發 行 所：碁峰資訊股份有限公司
地　　址：台北市南港區三重路 66 號 7 樓之 6
電　　話：(02)2788-2408
傳　　真：(02)8192-4433
網　　站：www.gotop.com.tw
書　　號：ACL056300
版　　次：2020 年 07 月初版
建議售價：NT$680

國家圖書館出版品預行編目資料

高品質軟體文件：持續分享技術與知識 / Cyrille Martraire 原著；
楊尊一譯. -- 初版. -- 臺北市：碁峰資訊, 2020.07
面；　公分
譯自：Living Documentation
ISBN 978-986-502-487-1(平裝)
1.軟體研發
312.23　　109005431

讀者服務

- 感謝您購買碁峰圖書，如果您對本書的內容或表達上有不清楚的地方或其他建議，請至碁峰網站:「聯絡我們」\「圖書問題」留下您所購買之書籍及問題。(請註明購買書籍之書號及書名，以及問題頁數，以便能儘快為您處理)
http://www.gotop.com.tw

- 售後服務僅限書籍本身內容，若是軟、硬體問題，請您直接與軟體廠商聯絡。

- 若於購買書籍後發現有破損、缺頁、裝訂錯誤之問題，請直接將書寄回更換，並註明您的姓名、連絡電話及地址，將有專人與您連絡補寄商品。